AF567302

Bruno Hespeler

Die Hege

Eine durchaus kritische Betrachtung

Unsere Gesellschaft und unsere Kultur sind auf der Suche nach neuen Werten, neuen Bedeutungsinhalten, neuen Ideen. … Die Jagd wird sich an diesen Werten und Ideen zu orientieren haben.

Gerhard Anderluh,
Landesjägermeister von Kärnten 1971 bis 1992

Bruno Hespeler, Jahrgang 1943, war lange Jahre Berufsjäger und Revierleiter im Allgäu. Er ist österreichischer Staatsbürger und lebt heute als freier Journalist und Sachbuch-Autor in Kärnten.

Titelbild: Jaroslav Vogeltanz

Fotos: Franz Hafner (1) Seite 138; Dieter Hopf (1) S. 228; Kurt Kracher (4) S. 81, 85, 159, 268; Heinz Lehmann (1), S. 204; Martin Merker (2) S. 129, 150; Stefan Meyers (1) S. 135; Claude Morerod (1), S. 287; Dietmar Streitmaier (8), S. 61, 99, 101, 175, 185, 201, 224, 280; Jaroslav Vogeltanz (16); S. 16, 27, 31, 37, 94, 104, 107, 154, 180, 194, 206, 231, 240, 247, 251, 261; Markus Zeiler (12), S. 76, 113, 120, 169, 190, 196, 209, 211, 235, 270, 274, 278; alle anderen Bilder wurden vom Autor bzw. vom Verlag zur Verfügung gestellt.

Lektorat, Layout, Leitung Produktion: Michael Sternath

Verlagsassistenz und Sekretariat: Angela Pleyel

Repro: Reprozwölf, Wien

Gesamtherstellung: Christian Theiss, Sankt Stefan im Lavanttal

ISBN 978-3-85208-164-9

Inhalt

Ein Kreis schließt sich

1993. Der Motor der deutschen Automobilindustrie stottert, Deutschland und mit ihm auch Österreich rauschen nach langen Jahren des Wirtschaftswachstums in die Rezession. Eine Briefbombenserie hält Österreich in Atem, bei der Tour de France matchen sich Miguel Indurain und Tony Rominger, und Whitney Houston singt ihr unvergessliches „I will always love you". Der Computer hält gerade Einzug in den Büro-Alltag, man spricht vom papierlosen Büro, die Zeitschriften drehen von Schwarzweiß auf Bunt, und dem guten alten Buch prophezeit man den alsbaldigen Untergang.

In diese Stimmung hinein erwachte der Österreichische Jagd- und Fischerei-Verlag in Wien aus seinem Dornröschenschlaf, getragen von einer Vision: die Augen der Bücher lesenden Jäger aus dem gesamten deutschsprachigen Raum auf erfrischende Neuerscheinungen aus der Wiener Wickenburggasse zu lenken. Das erste Buch, das dort entstand, war ein kleiner Erzählband: „Die schwarze Feder oder eines Jägers Weg" von Andreas Freiherr von Nolcken. Mit seinem honiggelben Leineneinband und dem handgeklebten Titelbild trug es rein äußerlich schon jene Merkmale, die bald zum Markenzeichen des Verlages werden sollten.

Die Zielsetzung war klar: Die besten jagdlichen Köpfe in diesem Verlag zu versammeln, diese Besten freundschaftlich und verlegerisch zu begleiten und ihnen in einem sorgfältig und seriös arbeitenden Verlag eine Plattform zu bieten, um ihr Wissen weiterzugeben und für Kommende aufzubewahren.

Das zunächst sehr überschaubare Verlagsprogramm wuchs von Jahr zu Jahr. Zunächst waren es die umfangreichen Monographien von Hubert Zeiler über Rotwild, Gams, Rehe und Raufußhühner, schließlich über Fuchs und Murmel. Dann kamen die großen, über Jahre erarbeiteten Bildbände von Markus Zeiler, von denen insbesondere „Schweiß" regelrecht Kultstatus erreichte. Weitere Bildbände über „Berghirsche", „Gams" und „Steinwild" von herausragenden Fotografen wie Gunther Greßmann, Thomas Kranabitl und anderen lieferten fast spielerisch handfeste Information. Mit Paul Herberstein – kreuz- und querdenkender Kreativkopf, heute für renommierteste internationale Verlage arbeitend – wurde eine Fibel-Reihe aus der Taufe gehoben, deren Ziel es war, dem Jungjäger leicht fassliches Wild- und Naturwissen anzubieten; Wissen, das der Jungjäger früher von seinem Lehrprinzen vermittelt bekam, den es aber heute kaum mehr gibt.

Die Kernkompetenz des (guten) Jägers ist sein Wissen um die Natur und das ihm anvertraute Wild. Dieses Wissen sollte der Jäger in unserem Verlag finden. Er sollte aber – ebenso wichtig – sein Handwerk vervollständigen lernen. Bücher wie „Büchse" von Norbert Steinhauser, „Flinte" von Nicky Szápáry, „Jägerhandwerk", „Rehjagern" und „Fuchsjagern" von Bruno Hespeler konnten ihm dabei auf die Sprünge helfen.

Ein ganz wesentlicher Bestandteil des heute auf mehr als 150 Titel angewachsenen Verlagsprogrammes sind die Bücher von Bernd Balke. Er schaffte mit dem kleinen Bändchen „Dass es dem Menschen schmeckt, Jäger zu sein" eine bombenfeste Grundlegung der Jagd – die erste in der Geschichte überhaupt. Wer dieses Buch gelesen und verstanden hat, der braucht nicht mehr vom „Regulieren" und vom „Hegeauftrag" des Jägers zu schwafeln. Rechtfertigen braucht sich sowieso nur der Mensch, der ein schlechtes Gewissen hat. Wer Bernd Balke liest, begreift auch mit dem Kopf, was ihm der Bauch schon sagt: dass anständige Jagd rechtens und in der natürlichen Ordnung ist.

Nicht vergessen wollten wir auch auf die Bereiche Kunst, Karikatur und Kind. Mit dem großen Kopenhagener Natur- und Jagdmaler Steen Axel Hansen, mit Haralds Klavinius, dem Meister des Schwarzen Humors, und mit Bärbel Haas, der deutschen Star-Autorin in Sachen Kinderbuch, konnten auch auf diesen Feldern die Besten der Besten für unseren Verlag gewonnen werden.

Auch vor kritischen Büchern haben wir uns nie gescheut, im Wissen, dass es nur fundierte Kritik ist, die uns weiterbringt und uns davor bewahren kann, in Sackgassen zu laufen. So erschien etwa das Buch „Jagdethik" von Rudolf Winkelmayer, das eine harsche Kritik an der Gatter„jagd" enthält, zu einem Zeitpunkt, als eben jene Gatterjagd gerade ins Kreuzfeuer der öffentlichen Diskussion rückte.

Bruno Hespelers nunmehr vorliegendes Buch „Die Hege" ist eines dieser kritischen Bücher. In seiner Schärfe kann es ein Buch sein, das eine in Vielem erstarrte und dekadent gewordene Jagd wieder in Bewegung bringt. Fernab von allem Hegen und Regulieren könnte der Jäger dann nämlich in unserer Gesellschaft, die ihre Maßstäbe und Mitte zu verlieren droht, durchaus zum Beispiel und Vorbild werden.

Mit der „Schwarzen Feder" von Andreas von Nolcken hat es im Jahre 1993 begonnen, mit dem in Kürze erscheinenden Erzählband „Ungar-Hirsche" vom selben Autor schließt sich für mich nach einem Vierteljahrhundert Aufbauarbeit der Kreis in diesem Haus. Unsere Stammkunden haben den Verlag durch diese langen Jahre durchgetragen. Sie waren das Salz in der Suppe und haben – gemeinsam mit der eigenen felsenfesten Überzeugung – den Mut gegeben. Dafür sei Dank.

Michael Sternath, Verlagsleiter Jagd- und Fischerei-Verlag a.D.,
heute Sternath Verlag

Vorwort des Autors

> *Anderssein ist unanständig. Die Masse vernichtet alles, was anders, was ausgezeichnet, persönlich, eigenbegabt und erlesen ist. Wer nicht „wie alle“ denkt, läuft Gefahr, ausgeschaltet zu werden.*
>
> José Ortega y Gasset

Für die Anregung und die Möglichkeit dieses Buch zu schreiben, ist der Autor zu Dank verpflichtet. Was es auslösen wird – nicht weniger als den Vorwurf der Jagdgegnerschaft – ist ihm durchaus bewusst. Natürlich wird er – wenn auch aus dem Zusammenhang gelöst – zitiert und vereinnahmt werden. Damit muss der Autor leben.

Auf die Frage, wem die Hege zu dienen hat, dem Jäger oder dem Wild, fällt die Antwort der Jäger noch ziemlich geschlossen aus – natürlich dem Wild! Doch so, wie wir kleinen Kindern sagen, was sie tun müssen und was für ihre Zukunft – aus unserer Sicht – gut sein wird, so geben wir auch dem Wild vor, wo und unter welchen Bedingungen es sich wohlzufühlen hat. Nicht die Natur soll entscheiden, sondern wir. Der leichte, durch Jahrtausende dem alpinen Gelände angepasste Hirsch mit dem 5-Kilo-Geweih entspricht freilich nicht dem Hegeziel. Dieses zu bestimmen behalten wir uns vor.

Dass Rehböcke lieber Einsiedler als Kommunenmitglieder sind, stört uns auch nicht. Auch da haben wir unsere eigenen Vorstellungen. Wir wissen eben, wie viele Böcke welcher Klasse wir brauchen… Mag sein, dass eine geringe Wilddichte die Gams eher vor Krankheiten wie Räude oder Blindheit schützt als unsere gar nicht selten mit (jagd)wirtschaftlichen Überlegungen verknüpfte Hege. Doch die Pacht fürs Revier bezahlen halt wir – nicht die Gams…

Wer die Hege, so wie sie heute mehrheitlich verstanden wird, in Frage stellt, der stellt – so wird es fälschlicherweise oft gesehen – die Jagd als solches in Frage. Das ist ein ausgemachter Blödsinn! In der Tat bringen wir ja fast unser gesamtes jagdliches Tun mit dem Begriff „Hege“ in Verbindung. Schießen wir nicht, hegen wir. Schießen wir, machen wir Hegeabschuss…

Nicht zuletzt der im Eigentum der Steirischen Jägerschaft stehende Jagdzeitschrift „Der Anblick", die mich drei Jahrzehnte mitarbeiten ließ, verdanke ich die Überzeugung, dass wir Jäger nicht die unverzichtbaren Oberregulatoren sind, die der Natur zeigen, was sie falsch macht und ohne die es nicht geht. Dankbar und mit Freuden ernten, was wir schadlos ernten dürfen – Jäger bleiben und sich nicht zum Züchter, Regulator und Weltverbesserer verbiegen –, das war, wofür der „Anblick" stand. Und genau das – nicht Futtertrog und Falle – ist Hege im besten Sinne!

Die Abhängigkeit vom Futtertrog nützt dem Wild als Teil einer lebendigen, sich ständig verändernden Lebensgemeinschaft nicht. Sie schadet nur, ebenso wie die völlig unnatürliche Selektion nach Geweihmerkmalen oder die „Management" genannte Bekämpfung von Beutegreifern.

Soll Hege jenen Jägern dienen, die Trophäen und hohe Strecken als Ziel ihres Jagens sehen, ohne ihre Wirkung auf Umwelt und Glaubwürdigkeit der Jagd zu bedenken, dann war sie bisher – für diese Jäger! – erfolgreich. Es mag für jagdlich eingefärbte Sportschützen lustig sein, auf Industriefasanen zu schießen. Doch den wenigen an den Lebensraum angepassten, tatsächlich wilden Fasanen – um nur ein Beispiel herauszugreifen –, die in der Lage sind zu überleben, dienen diese als „Besatzstützung" getarnten armen Kreaturen nicht. Sie schaden ihnen ganz erheblich, ja sie führen zum Erlöschen von Reliktbeständen.

Dass wir gelegentlich per Umfragen eine denkbar große Zustimmung für die Jagd bekommen, ist nicht verwunderlich, sondern der jeweiligen Fragestellung und dem Kreis der Befragten geschuldet. Kaum ein Nichtjäger wird für Schießvergnügen auf Zuchtfasanen, für Gatterjagd, Schlageisen, in denen sich auch Greifvögel, andere geschonte Arten und Hauskatzen fangen, Verständnis haben. Nur wenige haben für den illegalen Abschuss von Luchs, Bär, Wolf und Otter Verständnis. Niemand findet es akzeptabel, wenn, wie jüngst nahe Wien geschehen, ein Jäger am hellen Nachmittag auf einer Wiese zwei geparkte Autos als Wildschweine anspricht und „erlegt". Niemand empfindet sonderliche Sympathie für uns Jäger, wenn im Dutzend illegal erlegte Rohrweihen in einem Maisacker gefunden oder Seeadler vergiftet werden.

Doch es gibt durchaus eine Hege, eine die den Bedürfnissen heimischer Wildarten und deren Lebensräumen dient; darauf wird in diesem Buch eingegangen. Sie unterscheidet sich allerdings mehrheitlich von dem, was uns als jungen Jägern traditionell als Hege ans Herz gelegt wurde – möglichst viele Exemplare weniger Arten!

Hege müsste längst ein unüberhörbarer Aufschrei gegen die fortschreitende Zerstörung der Lebensräume wildlebender Tiere sein. Sie müsste ein Aufschrei sein, gegen das absolute Primat wirtschaftlicher Interessen, gegen menschliche Gier und der dem Wahn vom „Wachsen oder Weichen" geschuldeten Vernichtung zahlloser Arten. Es gehört nicht besonders viel dazu zu begreifen, dass diese Parole letztlich das Weichen aller bis auf einen fordert. Rebhuhn und Jäger werden sicher nicht zu denen gehören, die am Schluss noch übrigbleiben!

Niemand, absolut niemand wird in hundert Jahren danach fragen, wie schwer die Geweihe unserer stärksten Hirsche waren und wer sie erlegt hat. Die meisten werden in der Müllverbrennung landen. Niemand wird fragen, in welchem ausgeräumten Stück Landschaft mit welchen Mitteln dennoch gute Strecken erzielt wurden. Mag eher sein, dass gefragt wird, wie haben sich die Jäger damals verhalten, als es um den Erhalt einer liebenswerten Landschaft und Heimat ging…

Die Jagd befindet sich in einem noch nie dagewesenen Umbruch. Die Klimaerwärmung mit all ihren Folgen für die Lebensräume und konkret für zahllose Tierarten, aber auch die komplette Zer- und Übersiedelung unseres Landes, die Minderung unserer Wasserreserven, die Vorrangstellung der Tourismusindustrie vor die Interessen der Natur, die Herabwürdigung der Landschaft zur markttauglichen Kulisse wird alles auf den Kopf stellen. Wir können solche Gedanken verdrängen, so wie wir seit drei Jahrzehnten jene an die Klimaerwärmung verdrängt und diese lange bestritten haben. Wir können, wo gerade eben die Fichtenbestände Klimastress und Käfer zum Opfer gefallen sind, gleich wieder junge Fichten pflanzen – so wie es aktuell geschieht. Aber das Rad dreht sich weiter und wir werden es wahrscheinlich nicht mehr anhalten!

Wir Jäger schreien, wenn nach einem Rotwildriegler (an dem wir nicht teilnehmen durften) eine respektable Strecke liegt. Wir schreien, wenn die Bundesforste endlich irgendwo die Rehwildfütterung einstellen. Aber wir schweigen, wenn aus Wildlebensraum Agrarsteppe wird, wenn überlebenswichtige Wildflora ebenso verschwindet wie die Insekten, ohne die auch Wachtel, Rebhuhn, Fasan und selbst Ente verloren sind. Vielleicht sind wir unfähig zu schreien, weil viele von uns in Jagd und Wild halt doch nur eine nette, aber letztlich verzichtbare Ausschmückung ihres Lebens sehen. Es gibt keinen Aufschrei; es gibt kaum ein hörbares, leicht zu besänftigendes Murren…

Kärnten, im Frühling 2019

Fütterung – eine heilige Kuh der Hege.

Was verstehen wir unter Hege?

„Früher war alles besser…"

Dieser Satz scheint unausgesprochen über jeder Hege, Jagd und Umwelt berührenden Diskussion zu stehen. Ein erheblicher Teil der Jäger bejammert den angeblichen Hass der Förster auf das Wild, den angeblich dramatischen Rückgang des Schalenwildes (der zu immer höheren Strecken führt…) und den Zeitgeist, der sich erdreistet, die Fütterung zu hinterfragen und „Raubwild" sogar dulden will. Wo die Argumente fehlen, beschwören die „ewigen Weiner" unsere angeblich Jahrhunderte alte Tradition und die Weidgerechtigkeit – die sie nicht zu definieren in der Lage sind.

Aber war früher wirklich alles besser oder zumindest vieles? Für die Mehrheit der europäischen Jäger sicher nicht, denn für die meisten der heutigen Vergangenheitsbeschwörer (Verfasser schließt sich ein) gäbe es keine Jagdgelegenheit, wären die Verhältnisse noch so wie in der Feudalzeit. Sie waren aus damaliger Sicht – jener des Adels – eher dem Pöbel zuzurechnen und in keiner Weise der Jagd würdig. Ja, man benötigte sie als Fröner bei den großen Jagden, man hackte ihnen die Hände ab, wenn sie sich am edlen Wild vergriffen oder ließ sie dafür in Kerkern verrecken oder man ließ sie, wie der Fürstbischof von Salzburg, in eine stinkende Hirschdecke einwickeln und von den – was deren Rang und die ihnen entgegengebrachte Wertschätzung betraf – weit über ihnen angesiedelten edlen Jagdhunden zerreißen. Man lese nach beim Soziologen, Kulturanthropologen und höchst erfolgreichen Autor Roland Girtler.

Was nun die reichen Wildbestände alter Zeiten betrifft, so müssen wir nicht tief graben, um eines anderen belehrt zu werden. Der Münch-

Früher war alles viel besser.
Sogar die Vergangenheit.

André Brie,
Politikwissenschaftler

ner Jäger, Mineraloge und Schriftsteller Franz von Kobell berichtet in seinem nur elf Jahre nach der – angeblich wildvernichtenden – Revolution von 1848 erschienenen Werk „Wildanger“: *„In den Jagden von Hohenschwangau waren im Jahre 1828 nicht über 50 Stück vorhanden, gegenwärtig kann der Stand auf 700 Stück angesprochen werden.“* – Soviel und ganz nebenbei zu der alles Wild vernichtenden Revolution von 1848.

Darüber, wie exakt die Zahlen erhoben wurden, wollen wir nicht streiten. Schließlich waren auch die in den letzten achtzig Jahren angegebenen Bestandszahlen des Schalenwildes eher Schall und Rauch. Doch einen Trend dürfen wir vielleicht erkennen.

Hand und Fuß hatten sicher die Aufschreibungen der Höfe und Klöster, die Einlieferung von Wild betreffend. Auch hier gibt es bei Kobell Zahlen: *„Die Tegernseer Klosterrechnungen z. B. verzeichnen von 1568 bis 1580 keinen Luchs und nur 2 Bären, auch keine Gemsgeier, die Zahl der in diesen Jahren gelieferten Gemsen betrug gleichwohl nur 16 Stück.“*

Im Kloster Benediktbeuern wurden, ebenfalls nach Kobell, von 1568 bis 1600 (also in 32 Jahren!) nur ganze acht Gams eingeliefert, auch kein Luchs und kein Bär!

Jene, die heute das bevorstehende Aussterben der Gams beweinen, sollten sich diese Zahlen einmal anschauen: In Tegernsee 1,3 Gams pro Jahr auf über 1.000 Hektar und in Benediktbeuern 0,25 Gams pro Jahr! Wenn wir das noch auf Gams je 100 Hektar herunterbrechen, dann müssen wir uns etliche Nullen für die Stellen nach dem Komma besorgen.

Das Hegeverständnis einst und jetzt

Vorbemerkung: Dieses Kapitel baut auf einem Interview des Autors mit Professor Johannes Dieberger auf, veröffentlicht in der Januar-Ausgabe 2014 der Jagdzeitschrift „Der Anblick“. Johannes Dieberger ist promovierter Forstwirt und war Assistenz-Professor an der Universität für Bodenkultur in Wien, wo er Jagdgeschichte lehrte. Als Jagdhistoriker hat er sich sehr intensiv mit der Hege und dem Selbstverständnis der Jagd beschäftigt.

Zu den Begriffen, die jedem Jäger geläufig und selbstverständlich sind und über deren Inhalt wir keine Zweifel haben, gehören die Worte „Jagd“ und mehr noch „Hege“. Das Wort hat seinen Ursprung im Hag, also einer Umzäunung im weiteren Sinne. Grundflächen wurden um-

> *Hege kann nur dem Schutz oder Erhalt naturnaher Lebensräume dienen, nicht den primären Interessen des Jägers.*
>
> Johannes Dieberger,
> Universität für Bodenkultur, Wien

hegt, das heißt beispielsweise mit Haufen aus Lesesteinen umfriedet oder mit Buschstreifen oder eben mit einem Holzzaun. Der Sinn war zunächst, Nutztiere räumlich zu binden. Sprachlich entstanden aus der Hege sowohl die Hecke wie auch das Gehege.

Dieberger wörtlich: *„Die Landwirtschaft war also die Voraussetzung für die Hege“.* Sicher wurde von den Menschen damals sehr schnell erkannt, dass so ein Hag, nicht nur das Vieh zusammenhalten, ihm vielleicht auch Schatten spenden und den Besitz markieren konnte. Sie nutzten ihn sicher sehr schnell auch zur Fleischgewinnung – nennen wir sie der Einfachheit halber Jagd. Egal aus welchem Material, aus Stein, totem Holz oder lebendem Holz, war der Hag eine wesentliche Erleichterung beim Anpirschen des Wildes. Den Zugang zum Gehege konnten unsere Vorfahren mit Fallgruben versehen. Damit hat der Bauer seine Flächen „gehegt“, das heißt, vor Nahrungskonkurrenten geschützt. An den Durchlässen konnte man aber auch vorpassen, um dem innerhalb des Geheges aufgescheuchten Wild aufzulauern, mit dem Pfeil zu erlegen, es zu erschlagen oder in Schlingen zu fangen. Damit erlangte das Wort „Hege“ endgültig auch jagdliche Bedeutung. Sie war somit bereits Lebensraumgestaltung, wenn auch nicht unbedingt im Interesse des Wildes und schon gar nicht im Sinne von Landschaftsgestaltung.

Bis ins Mittelalter hinein war die Jagd mehr oder weniger frei. Erst danach gab es im deutschsprachigen Raum durch den Adel immer größere Jagdbeschränkungen. Ein herausragendes Beispiel einer frühen (Biotop-)Hege war die Forestation, also die Unterschutzstellung von geschlossenen Waldgebieten, mehrheitlich der Jagd wegen.

Interessant ist, so Dieberger, dass Raubwild vor dem Barock nicht als Konkurrent des Jägers gesehen wurde. Seine Erlegung wurde somit auch nicht als Hege verstanden. Es galt im Gegenteil als „Spitzenwild“, weil seine Erlegung meist viel mehr jägerisches Können erforderte als die von Schalenwild. Überdies galt Raubwildfleisch als besonders edel, etwa Bärenschinken. Das mag heute nicht mehr verstanden werden, es sei aber daran erinnert, dass Dachse, Wildkatzen und Füchse noch in der ersten Hälfte des 20. Jahrhunderts vielen Menschen ganz selbstverständlich als Lebensmittel dienten. Auch in den Jahren nach dem letzten Weltkrieg landeten unzählige Füchse, Hauskatzen und Hunde in deutschen und österreichischen Küchen. Und heute? Zumindest der Dachs gilt unseren westlichen Nachbarn, den Franzosen, immer noch als hochgeschätzte Delikatesse, und nicht nur im benachbarten Slowenien wird Bärenwildbret teurer bezahlt als jenes von Hirsch und Reh! Bei den Fischen hat sich diese Wertung bis heute erhalten; die begehrtesten Süßwasserfische sind Raubfische, und der Verzehr rohen Fischfleisches wird gerade zur teuren Modeerscheinung!

Im Barock, als der Bauer schon nicht mehr jagen durfte, weitete sich der Begriff neuerlich. Eingestellte Jagen zur Belustigung und Repräsentation des Adels wurden en vogue. Jetzt wurde die Abwertung des Raubwildes zum „Raubzeug“ und seine Bekämpfung Teil der Hege. Die Jagd als Kunst des Erbeutens einzelner Wildtiere verkam zum lustbetonten „Schlachten“ möglichst vieler Wildtiere gleichzeitig. Die Bauern litten damals unter den hohen Schalenwildbeständen. Die „Überhege“ war zuvor schon Anlass für die Bauernkriege. Oft ging es bei den Bauern um „Sein oder Nichtsein“. Verbündeter der Bauern, in der Abwehr oft katastrophal hoher landesherrlicher Wildbestände wäre vielleicht das Großraubwild gewesen. Im Interesse der Landesherren und ihrer Jägerei war dies freilich nicht. *„Für die Eingestellten Jagen war Raubwild unbrauchbar“*, so Dieberger. Doch um gerade die einzigen Helfer der Bauern vernichten zu können *„bedurfte es deren Dämonisierung. Die Menschen mussten Angst vorm Raubwild haben. So wurden Wölfe zu menschenfressenden Bestien hochstilisiert und Steinadlern der Raub von Kindern aus den Wiegen heraus unterstellt“*. – Hat sich daran, wenn wir die in den letzten Jahren über die Rückkehr der Wölfe geführten Diskussionen und Behauptungen denken, wirklich etwas geändert?

Hier muss allerdings daran erinnert werden, dass teilweise auch Raubwild zur Belustigung diente, etwa beim Fuchsprellen. Daran sollte denken, wer ständig und meist völlig unkritisch das „jagdliche Brauchtum“ beschwört. Vieles war schlicht menschenunwürdige Barbarei!

Die Vernichtung von „Raubzeug“, später die „intensive Bejagung des Raubwildes“ und schließlich die „Prädatoren-Kontrolle“ wurden und blieben bis heute wesentliches Element jagdlicher Hege. Hinzu

Fuchsprellen – eine barbarische jagdliche „Belustigung" um 1700.
Dabei wurden lebende Füchse so lange in die Luft geschleudert, bis sie verendeten.

kam der Schutz des Wildes vor Futternot, so wird es heute noch in vielen Jagdgesetzen formuliert. Der Jagdhistoriker Dieberger sieht das anders:

> Noch heute glauben viele Jäger, das Wild brauche Salz. Doch das Wild braucht keine Salzsteine, und Salz war ursprünglich nur zum Anlocken des Wildes gedacht. Demselben Ziel diente auch die Fütterung. Im Barock blieb die Salzlecke dem hohen Adel vorbehalten, weil damit das Wild angelockt und im Revier gehalten werden sollte.

Für beide Aussagen finden wir in der Jagdliteratur der vergangenen beiden Jahrhunderte auf ungezählten Seiten die Bestätigung. Hinzu kam später die Überlegung, mit Futtergaben auch die Trophäenstärke zu steigern. Die Werbung mancher Futtermittelhersteller macht da bis heute keinen Hehl daraus. Auch das wird landläufig dem Begriff „Hege" zugeordnet, obwohl eine solche Fütterung dem Wohlbefinden des Wildes wie seines Lebensraumes meist entgegenwirkt. Dieberger: *„Wenn ich im Gebirge einen Hirsch züchte, der in seiner Stärke einem Auhirsch gleicht, hat das mit Hege nichts zu tun."*

Was die Sulzen oder Salzlecken betrifft, so finden wir in der Literatur zahlreiche Hinweise auf deren Zweck in alter Zeit. Sie dienten nicht dem Wild, sondern den adligen Jagdherren. Man wusste um die Lockwirkung des Salzes, und gerade deshalb waren Salzlecken vielerorts nur dem Landesherrn erlaubt. So gab es bereits 1337 den Nürnberger Reichswald betreffend – damals kaiserliches Jagdrevier – eine Anweisung zur Unterhaltung von Sulzen – also Salzlecken, die meist mit Lehm vermischt waren. Darin hieß es:

> Es soll auch der ehegenanndt Conrad Stromer und der Forstmeister und seine erben, und dem reiche machen vier sulze in dem Wald, jede sulze von zweyen salzscheuben mit Salz und mit leimen, sla wis jn beweist haben, in geschloszen baumen, also dasz die sulze allweg zu st. Michelsmesze vol sey, und sollen auch die alten sulze, und der dienst, den er dazu thun sol, ab sein.

Wenn man bedenkt, dass der Nürnberger Reichswald damals viele tausend Hektar groß war, scheinen vier neue Salzlecken nicht eben viel. Freilich ist auch die Rede davon, dass bereits bestehende Sulzen weiter gepflegt werden müssen. Vielleicht war man sich damals auch schon darüber klar, dass man des Guten zu viel tun kann und die Wirkung verpufft.

„Deppert" waren die Jäger jener Zeit nicht. Was der Jagdmanager unserer Tage mit seinem Smartphone bei Raiffeisen bestellt und mit dem Offroader abholt, kreierten die Berufsjäger alter Zeit am heimischen Herd. Die von ihnen hergestellten Lecksteine waren keine Kubusse, sondern Fladen – ein Gemisch aus Salz, Lehm und, je nach Glauben und Zugriffsmöglichkeit, diversen anderen Zutaten wie etwa Hafermehl und Lustockwurzeln, gebacken im heimischen Herd. Dietrich Stahl, einst Assistent am Institut für Jagdkunde in Göttingen, der uns diese Texte zugänglich gemacht hat, fand in einer „Hohenloheschen Handschrift" aus dem 16. Jahrhundert folgendes Rezept:

> Hirschlecken zu machen, darzu das wildtbreth auch gern geet. Willtu eine lecken machen, so nimb einen guten leyttigen leymen. Lasse darein habern mahlen, souil alls 9 odert 10 pfund sein oder wieuil du darzu haben willdt. Denselbigen habern lasse mahlen alls hundtsaß. Vnd thue ein schaaf oder vier salltz daraein, zerschlage jne vund das jn eynen kessel vund lasse es siedent heyß werden vnd wirffe darein ein halvb pfund liebstöckelwurtzel. Vnd wann das wasser seudt, so rüer das

> habermehl gleich mit einander an den Leymen. Thue nitt anders alls wann mann ein theg will machen. Dasselbige nimb, mache es zu kugelln alls ob es ein laub brot sollt werden. Heytze einen backofen vnd scheube es darein wie brot und vermache den ofen allenthalben wohl, das kein tampff daraus komme, vnd lasse den ofen mit demselbigen brot abküelen.

Da muss die Frage erlaubt sein, wem Hege dient – zu dienen hat: dem Wild oder eher dem Ego der Jäger? Dieberger:

> Herbert Nadler hat im Jahre 1910 auf der großen, internationalen Wiener Jagdausstellung seine Trophäenbewertungsformel vorgestellt. Die Wiener Ausstellung war die erste ihrer Art überhaupt, und sie verdiente den Namen „Jagdausstellung" weit mehr als die ihr folgende Internationale Jagdausstellung 1936 in Berlin, die ganz im Zeichen des Trophäenkultes stand. Dazu kamen in der Folge Abschussrichtlinien, die immer Hegerichtlinien waren, allerdings weniger auf die Interessen des Wildes zugeschnitten als auf die des Jägers. Im selben Zeitraum thematisierte Raesfeld die Hege mit der Büchse, die auf eine genetische Auslese zielte.

Ein jüngerer Zeitgenosse Nadlers und Raesfelds war Franz Vogt, der im Gatter Schneeberg Fütterungsversuche mit Rotwild und Rehwild unternahm, bei welchen Sesam eine tragende Rolle spielte und wo es erklärtermaßen um die Steigerung der Trophäengewichte ging. Vogts Erfolge erregten im gesamten deutschsprachigen Raum und darüber hinaus Aufsehen und vor allem – bis heute – Nachahmer. Seinen Erkenntnissen, nämlich dass starke Trophäen in erster Linie ernährungsbedingt und eben nicht Ausfluss der genetischen Veranlagung sind, folgte später der Herzog Albrecht von Bayern bei seinen Weichselbodener Versuchen. Die Weichselbodener Böcke erregten unglaubliches Aufsehen, weil sie – im rauen Hochgebirge lebend – kapitalste Geweihe bildeten. Was dem Herzog nachzuweisen gelang, nämlich dass es nicht die vielbeschworene Hege mit der Büchse ist (zumindest nicht im Sinne einer genetischen Auslese), wurde teils bewusst, teils nachlässig verkannt. Kopiert wurde dagegen tausendfach seine Fütterung als zentrales Element der Rehwildhege.

Längst ist die Jagd in die Kritik der Öffentlichkeit geraten. Die Notwendigkeit der Rehwildfütterung wird auch in Österreich immer häufiger angezweifelt, zumal in Ländern mit längeren und strengeren Wintern – ohne Fütterung – die kapitaleren Böcke wachsen. Aber auch in Österreich gibt es zahlreiche Reviere, in denen das Rehwild nicht gefüttert wird, gerade im alpinen Raum. Die Fütterung als Mittel der Trophäensteigerung ist jedoch inzwischen offiziell „out". Betrieben wird sie weiterhin; Argumente sind heute Tierschutz ebenso wie Schutz der Waldverjüngung. Immerhin wurden die Trophäenschauen vielerorts in „Hegeschauen" umbenannt, teils auch mit neuen Inhalten angereichert. Auch hierzu Dieberger: *Man sollte das öffentliche Bewerten von Trophäen verbieten, und der Trophäenkult, der nichts mit Hege zu tun hat, bräche zusammen.*

In jenen deutschen Bundesländern, in denen es zumindest für das Rehwild keine Pflichttrophäenschau mehr gibt, hat sich Diebergers Aussage weitgehend bestätigt. So, wie der Trophäenkult an Bedeutung verlor, sanken oder stagnierten zumindest die Jagdpachtpreise. Man vergleiche hierzu die Preise, die den Österreichischen Bundesforsten für Pirschbezirke geboten werden, mit jenen der benachbarten Bayerischen Staatsforsten. Sie stehen etwa im Verhältnis 1 zu 10 zueinander!

Und noch ein Argument schiebt der Professor nach: *„Die stärksten Rehböcke wuchsen in der Lobau in den ersten Jahren nach 1945, als kein Mensch ans Füttern dachte und die Russen unter dem dortigen Wildbestand wüteten..."*

Bei so vielen kritischen Anmerkungen zur Hege lässt Dieberger dennoch keinen Zweifel, dass Hege eine zeitbedingte Notwendigkeit hat, allerdings nicht im Sinne von Raubwildbekämpfung, Fütterung oder „Aufartung". Für ihn zählt zur Hege beispielsweise die Sorge für einen funktionierenden Gen-Austausch, weil die Lebensräume des Wildes immer mehr verinseln. Nicht der maximale Wildbestand ist ihm Hege, sondern die Vielfalt der Wildarten, auch wenn sie nicht alle für den Jäger interessant sind. Hege will er auch nicht als ausschließlich vom Jäger verwirklichbar sehen. So kann der Jäger durch allerlei Maßnahmen für Äsung sorgen. Ob diese vom Wild auch ausreichend nutzbar ist, hängt jedoch oft genug vom Verständnis anderer Interessens- und Gesellschaftsgruppen ab.

Damit erreicht die Hege völlig neue Dimensionen, die vom einzelnen Jäger oder von lokalen Jagdorganisationen nicht mehr bewältigt werden können. Wildökologische Raumplanung ist angesagt, allerdings nicht beschränkt auf die Ausweisung von Kern-, Rand- und sogenannten Freigebieten bestimmter Wildarten. Dieberger: *„Heute geht es um Verbindungen zwischen einzelnen Lebensräumen, um Korridore für Wildtiere, etwa um Grünbrücken und Durchlässe, die den Gen-Austausch sicherstellen."*

Wenn aber der Begriff Hege so leicht missinterpretiert (und missbraucht) werden kann, andererseits die Hege unabdingbarer Teil der Jagd sein soll, müssten wir da nicht zuerst die Jagd definieren? Ist es Jagd (und Hege), wenn ich auf „Kistelfasane" schieße? Kann ich da überhaupt von „jagen" sprechen oder schieße ich nur? Und wie ist es mit dem Damhirsch im gezäunten Obstgarten oder dem Kapitalhirsch beim Futtertrog? Und wie ist es mit den Jagdgattern, die man in „umzäunte Eigenjagdgebiete" umbenannt hat und in die regelmäßig zusätzlich Schwarzwild nachgeliefert wird, damit die Strecken stimmen? Alle diese Erbärmlichkeiten werden nach wie vor praktiziert und als Hege gepriesen!

Dieberger bringt es auf den Punkt: *„Jagd ist eine aneignende Nutzung von Wildtieren, und Nutzung bedeutet auch nutzen, nicht wegwerfen."*

Im Gespräch gibt er zu erkennen, was er unter „Wild" verstanden haben will: nämlich echte Wildtiere, die wild aufgewachsen sind und tatsächlich wild leben.

Damit sind wir wieder bei der Hege. Lange galt jener als besonders guter Heger, der – vor allem beim weiblichen Schalenwild – möglichst wenig schoss. Selbst heute noch beinhalten die offiziellen Abschusspläne mancherorts mehr männliches als weibliches Rehwild, und bei der Abschusserfüllung ist eine Vorliebe fürs männliche Wild unverkennbar. Noch empfindet ein erheblicher Teil der Jäger bei der Erlegung eines Bockes oder Hirsches einfach mehr Freude als bei der eines Kitzes, einer Geiß oder eines Kalbes. Was ein wesentlicher Teil der Jäger wirklich will und schätzt, zeigen die Angebote und Preislisten der Jagdvermittler. Kaum irgendwo werden Jäger ein Bockkitz zwei Tage hindurch tottrinken; bei einem Hirsch kann das schon vorkommen. Dabei ist unbestritten und keineswegs ehrenrührig, dass Jagd Spaß – oder sagen wir „Freude" – machen soll. Warum also soll der Jäger sich nicht auf die Erlegung dessen beschränken, was ihm Freude macht?

Dieberger: *„Wenn ich nur schieße, was mir Spaß macht, bin ich pervers."* Damit hat er wohl weniger jene gemeint, die zwar auf einen Hirsch, Gams oder Bock eingeladen werden, sich aber dortselbst nicht beim weiblichen Wild beteiligen. Wohl aber diejenigen Jäger, die im eigenen Revier für den Rehbock einen Sommer hindurch Zeit genug haben, nicht aber für Geiß und Kitz im Herbst. Die zu Lasten des Wildlebensraumes gehende Unternutzung des Schalenwildes ist für ihn eine ganz und gar falsch verstandene Hege!

Schließen wir dieses Kapitel mit Dieberger:

> Wenn es darum geht, die Landeskultur *(einen hochwertigen Wildlebensraum; der Verf.)* zu erhalten, gilt – ganz anders als Raesfeld sich das gedacht hat – Zahl vor Wahl!

Und zuletzt:

> Manchmal tun wir so, als habe der Liebe Gott in Sachen Wild und Natur ein paar Fehler gemacht, die wir Jäger nun korrigieren müssen, aber das hat mit Hege sicher nichts zu tun!

Zahlenhege

Das ursprüngliche Ziel fast aller Hegemaßnahmen war es, möglichst viele Tiere einer oder mehrerer für den Jäger interessanter Arten in einem bestimmten Gebiet, meist dem eigenen Jagdrevier, zu „produzieren" und/oder ihr Abwandern zu verhindern. Unter „Produzieren" ist eine möglichst starke Vermehrung zu verstehen. Diese kann erreicht werden durch

- konsequente Schonung der notwendigen Elterntiere, vor allem der weiblichen Tiere,
- Optimierung des Lebensraumes (Biotophege) oder der Lebensbedingungen (Futterhege),
- Bekämpfung natürlicher Feinde der jeweiligen Arten,
- Verhinderung des Abwanderns, etwa durch Zäune.

Das sind die Ziele der Hege, denen in der Vergangenheit die größte Bedeutung zukamen. So galt ein Revier mit einem hohen Schalenwild-

> *Wir haben im Lehrrevier Buschletten eindeutig festgestellt, dass sich ein drei- bis vierfach so hoher Rehwildbestand als der höchstzulässige (!) ohne Wildschaden und ohne Äsungsmangel halten lässt, wenn man die Maßnahmen der Reviergestaltung intensiviert.*
>
> Hubert Weinzierl,
> deutscher Umwelt- und Naturschützer,
> gelernter Forstmann und Jäger

Vielgejagter Jäger – der Rotfuchs.

Ist er ein „Feind des Niederwildes" und seine Verfolgung ein Hegeauftrag? – Wildtiere haben keine „Feinde", sie führen, anders als die Menschen, keine Kriege!

bestand als „gut gehegt". Die Hege war und ist in vielen Jagdgesetzen des deutschsprachigen Raumes definiert als „Erhaltung eines *artenreichen* Wildbestandes" und als „Schutz des Wildes vor Feinden und Futternot". Jahrzehnte hindurch wurden Forderungen, die Schalenwildbestände dem Lebensraum anzupassen damit abgeschmettert, dass man ja von Gesetzes wegen verpflichtet sei, einen *artenreichen* Wildbestand zu halten. Allerdings wurde dabei – gewollt oder aus Naivität – artenreich (also reich an verschiedenen Arten) mit zahlreich (reich an Individuen einer oder weniger Arten) vertauscht.

Die Aufforderung an den Jäger, das Wild vor Feinden zu schützen, ist geradezu schwachsinnig. Grundsätzlich haben Wildtiere keine „Feinde", denn sie führen ja – im Gegensatz zum Menschen – keine Kriege. Fasane und Rebhühner werden weder vom Fuchs noch vom Habicht „bekämpft", sondern genutzt! Beutegreifer können ihre Beutetiere auch nicht restlos nutzen, also bis deren Bestand erloschen ist, weil sie bei der Nutzung irgendwann in eine Phase kommen, in der der Aufwand des Erbeutens den Ertrag übersteigt.

Davon kann es scheinbar Ausnahmen geben, nämlich dann, wenn von einer Art durch Lebensraumschwund oder -veränderung lokal nur noch wenige Exemplare vorhanden sind und diese per Zufall ihren Nutzern zum Opfer fallen. Das wären beispielsweise die letzten Birkhühner in einem immer mehr an Fläche und Qualität verlierenden und zur Insel gewordenen Moor oder die letzten Brachvögel in einer Landschaft, in der sie keine Brutmöglichkeit mehr finden. Doch bleibt auch hier die berechtigte Frage, ob die bedrohten Arten ohne ihre „Feinde" eine Überlebenschance haben? Man muss nicht Wildbiologe sein, um zu dem Schluss zu kommen, dass eine Art ohne geeigneten Lebensraum niemals überleben kann, auch dann nicht, wenn es keine Feinde gibt. Doch gerade die Wildbiologie hat sich hier eine goldene Brücke gebaut, um sowohl den jagdlichen „Ökos" wie den „Fundis" gerecht zu werden. Sie hat die „Ökofalle" kreiert. Demnach regelt zwar die Beute den Prädator, und die Verfolgung von Beutegreifern ist wenig zielführend. Aber, so sagt uns die seit Jahrtausenden unabhängige und nur der reinen Erkenntnis verpflichtete Wissenschaft sinngemäß: Wenn es nur noch ganz wenige Exemplare einer bestimmten Beutetierart gibt, dann können schon wenige Prädatoren diese Art zum Aussterben bringen. Einfach ausgedrückt: Wenn in einem Revier noch 20 Birkhennen brüten, und der Habicht schlägt drei von ihnen, und der Fuchs holt sich ebensoviele, dann ist das Überleben der Birkhühner immer noch gesichert. Wenn aber nur noch zwei oder drei Hennen vorhanden sind, und es wird auch nur eine einzige gerissen oder geschlagen, bedeutet dies wahrscheinlich das Ende des kleinen Reliktvorkommens. Das wird dann „Ökofalle" genannt. Wäre es da nicht zumindest der Überlegung wert darüber nachzudenken, ob neben dieser Ökofalle auch so etwas wie eine kompensatorische Sterblichkeit steht...

Gefressen werden kann nur, wer vorher selbst etwas zu fressen hat!

Schutz des Wildes vor seinen Feinden (nicht vor seinen Nutzern!) kann folglich nur heißen: Schutz vor dem Menschen. Mehrheitlich ist das nicht der Jäger. Für den Verlust an geeigneten Lebensräumen sind vier Branchen verantwortlich: Politiker, Landwirte, Forstwirte und Freizeitindustrie. Sie entscheiden maßgeblich über das Überleben heimischer Tierarten!

An dieser Stelle eine kurze Zwischenbemerkung: Was das Verhältnis zu den Förstern betrifft, so hat sich im deutschsprachigen Raum in den letzten Jahren einiges geändert. Sie waren wohlgelitten, solange sie in letzter Konsequenz den Wald der Jagd unterordneten. Das ändert nichts daran, dass viele forstliche Maßnahmen auch heute noch zu Lasten einzelner Wildarten gehen, einfach weil die Lebensraumansprüche der Wildtiere zu verschieden sind, um von einem bestimmten Wald befriedigt zu werden. Insgesamt aber ist naturnahe Forstwirtschaft durchaus lebensfreundlich, in Summe jedenfalls lebensfreundlicher, als es jene artenarmen Altersklassenwälder waren, die uns Förster früherer Generationen hinterließen.

Gegen die oben angeführten vier Gruppen gehen Jäger nicht ernsthaft an. Sie bekämpfen nicht deren Entscheidungen und Maßnahmen, sondern ersatzweise die Nutzer von erwünschten Wildtieren (zu denen sie meist auch selbst gehören), nämlich die Beutegreifer. Die Jagd kann auch gar nicht gegen die vier genannten Gruppen vorgehen, weil viele Jäger gleichzeitig Angehörige einer oder mehrerer dieser vier Gruppen sind.

Schlagendes Beispiel hierfür ist Deutschland. Dort wählten die Jäger ausgerechnet einen Großagrarier zu ihrem Präsidenten, der gleichzeitig Bauernpräsident war und in großen Industriekonzernen mitmischte, der keinen Hehl daraus machte, in erster Linie die Interessen der industriellen Landwirtschaft zu vertreten. Sein Nachfolger wurde ein ehemaliger Landwirtschaftsminister, der noch dazu unter dem Vorwurf stand, er habe sich als Politiker mit Steinbockabschüssen zu Lasten der EU und ihrer Steuerzahler bestechen lassen. In fast allen deutschen Bundesländern führten konservative Politiker die jagdlichen Organisationen an. Das hatte einerseits den unbestreitbaren Vorteil, dass die Jäger auch in den Parlamenten vertreten waren. Andererseits mussten sich die in den Parlamenten sitzenden Jagdfunktionäre der Fraktionsdisziplin unterwerfen. Nun ist – angeblich – jeder Abgeordnete nur seinem Gewissen verpflichtet. Wenn er aber nicht „gehorcht“, wird er bei der nächsten Wahl kaum noch einen aussichtsreichen Listenplatz belegen!

Wer aber als Jagdfunktionär aus Parteiräson die Interessen jener vertreten muss, die Lebensräume für Wildtiere entwerten, muss auch seiner jagdlichen Klientel etwas anbieten. Dieses Angebot heißt Hege, und die wird fokussiert auf „Raubzeugvernichtung“, „Raubwildbejagung“, „Beutegreifer-Management“ oder „Prädatorenkontrolle“. Die Bezeichnungen haben sich im Laufe der Zeit geändert, und inzwischen klingt ja alles auch schon sehr zivilisiert, ja geradezu wissenschaftlich und über jeden Zweifel erhaben. Der Inhalt hat sich eher wenig geändert. Jedenfalls kann man mit solchen Worten bestens von den tatsächlichen Problemen des Wildes und den Verursachern der Probleme ablenken. Der Kitt, mit dem sich die untereinander oft zerstrittene Gemeinschaft der Jäger am sichersten zusammenhalten lässt, ist das sorgfältig gepflegte gemeinsame Feindbild! Das ist, nebenbei bemerkt, ein Kitt, der auch von anderen Gesellschaftsgruppen und am meisten von der Politik erfolgreich verwendet wird.

Der Schutz des Wildes vor „Feinden"

Die Forderung, die hier als Überschrift dient, finden wir auch in vielen Jagdgesetzen. Sie stellt eine Aufgabe des Jägers im Rahmen des Jagdschutzes dar, zu der er verpflichtet wird. Aber haben Wildtiere – ausgenommen den Menschen – tatsächlich „Feinde"? Dazu müssen wir uns erst Gedanken machen, was unter einem Feind zu verstehen ist. Klar – der Fuchs, der den Junghasen reißt, ist dessen Feind, zumindest im landläufigen Verständnis. Aber ist der Fuchs auch der Feind der *Tierart* Feldhase?

Wikipedia definiert nüchtern und wenig in die Tiefe gehend:

> Feind (von mittelhochdeutsch *vînt* und althochdeutsch *fiant*: „Hassender") ist eine Bezeichnung für einen Widersacher; in älteren Texten ist der Begriff regulär mit dem Synonym für den Teufel (als allergrößter Feind) belegt. In militärischer Terminologie spricht man grundsätzlich vom Feind anstatt vom Gegner, ohne dabei den Widersacher als Unmensch oder Hassobjekt zu klassifizieren.

Zumindest was die militärische Terminologie betrifft, sind Zweifel angesagt. In der Regel sind zwei Drittel aller getöteten Feinde zivile Opfer, also Frauen, Kinder und alte Menschen. Das Deutsche Reich hat in Russland rund sechs Millionen Zivilisten bewusst umgebracht.

> *Der Hauptursachen eine ist ohnstreitig, daß die Tilgung derer Raubthiere und Raubvögel an vielen Orten nicht fleißig observieret wird.*
>
> Heinrich Wilhelm Döbel (1699 – 1759),
> deutscher Jäger und Forstmann

„Rehräuber" Luchs?

„Räuber" ist ein Begriff aus dem Strafrecht. Der Luchs aber tötet bloß zur Nahrungsbeschaffung, wie wir Menschen auch.

Die Briten und die Amerikaner haben teilweise bewusst Industrieanlagen verschont und dafür die wehrlose Zivilbevölkerung niedergebombt. Europäische Einwanderer haben in Amerika die indigene Bevölkerung abgeschlachtet, ebenso in Australien. Die Beispiele ließen sich fortsetzen. Das alles hätte nicht geschehen können, hätte man die Abgeschlachteten nicht als Unmenschen und Hassobjekte gesehen!

Was aber tut der Habicht, der das Kaninchen schlägt, was tut der Luchs, der das Reh reißt? Beide machen, was wir Menschen täglich millionenfach machen: Wir töten im Rahmen der Nahrungsbeschaffung. Doch Tiere töten nicht aus Hass und Ideologie und nicht um eine andere Rasse auszurotten. Sie töten nicht technisch, sondern nur mit ihrer körperlichen Leistung. Ihre Beutetiere sind ihnen zwar nicht immer, aber doch vielfach körperlich überlegen. Kein Wiesel möchte die Mäuse ausrotten. Das gelingt ihm auch nicht, und wenn es ihm gelänge, wäre es selbst am Ende.

„Räuber", ein Begriff aus dem Strafrecht, nutzen ihre Beutetiere, und zwar nachhaltig. Nutzen heißt auch nicht zwingend töten. So leben einige Ameisenarten ganz gut von Blattläusen, aber nicht, weil sie diese fressen. Das Gegenteil ist der Fall: Sie pflegen die Ameisen und „melken“ sie. Wenn aber Wildtiere ihre Beutetiere nutzen, wäre es treffender, von „Nutzern“ zu reden. Die allgemeine körperliche Fitness einer Tierart, gegenüber einem potentiellen Nutzer, führt sogar zu mehr Fitness, beziehungsweise ist eine Voraussetzung für diese.

Rehe leben wohl seit Anbeginn mit zahlreichen Nutzern. Das hat ihre Anatomie und ihre Fitness bestimmt. Hätten Rehe nie vor ihren Nutzern flüchten müssen, sähen sie mit Sicherheit völlig anders aus. Gute Beispiele hierzu finden wir in der Tierwelt Australiens und Neuseelands. Dass Luchs, Wolf, Adler & Co. weniger fitte Rehe leichter erbeuten als besonders fitte, wird einleuchten. Mit dieser Konditionierung sorgten sie aber auch dafür, dass ihnen selbst bei vielen Rehen sozusagen die Luft ausgeht, ehe ihnen diese zur Beute werden.

Nehmen wir den Fuchs als Beispiel. Er erbeutet einen gesunden Althasen höchst selten. Doch Jahr für Jahr wird ein Teil der Althasen von der Kokzidiose geschwächt. Schwache Althasen werden dem Fuchs zur Beute. Er entsorgt die kranken Hasen mitsamt den Verursachern der Erkrankung und hilft so gleichzeitig den gesunden oder weniger stark von der Krankheit betroffenen Hasen. Der Fuchs nutzt Hasen, aber er bekämpft sie nicht. Somit ist er auch kein Feind des Hasen. Zum echten Feind wird der Mensch, der dem Hasen den Lebensraum zerstört.

Nehmen wir ein anderes Beispiel – den Steinadler. Er ist als „Hauptfeind“ der Murmeltiere verschrien. Doch was er erbeutet, sind überwiegend junge Murmel oder kranke erwachsene oder solche, die ihrem natürlichen Ende nahekommen. Das ist durchaus positiv zu sehen, denn die adulten Murmel müssen die jungen im Winter am Leben halten. Je höher der Anteil von Jungtieren während des Winterschlafs ist, umso höher auch deren Mortalität!

Häufig wird argumentiert, der Jäger müsse Murmeltiere erlegen, um die Vermehrung des Bandwurmes hintanzuhalten. Diese Handlungsweise wird als Hege verstanden. Der Jäger gibt vor, mit seiner Büchse den Bestand der Murmeltiere gesundzuhalten. Tatsächlich aber erkennt er kaum, welche Murmel besonders stark von Bandwürmern parasitiert werden, ganz anders jedoch der Adler! Wollen wir den jetzt wirklich als größten Feind der Murmeltiere bezeichnen?

Unverantwortlich ist die Winterfütterung von Rehen in Wäldern mit hohem Tannenanteil. Die Tanne wird besonders gerne verbissen und dann von der Fichte überwachsen. Auf Dauer wird aus dem Mischwald ein reiner Fichtenwald.

Ulrich Wotschikowsky, Wildbiologe,
und Alfons Heidegger, ehemals Leiter
der Jagdschule Hahnebaum

„Der Schutz des Wildes vor Futternot“

Auch der Schutz des Wildes vor Futternot ist Teil der Zahlenhege. In diesem Punkt kann man den Jägern nicht einmal einen Vorwurf machen. Sie führen das Gesetz ja nur aus, haben es aber nicht gemacht. Nun können Wildtiere ja nicht nur dadurch vor Hunger bewahrt werden, dass man ihnen Futter vorlegt. Wenn wir die Jagd nicht als Sonderform der Landwirtschaft begreifen, dann muss doch an erster Stelle das Bemühen stehen, Wildtiere zahlenmäßig ihrem Lebensraum anzupassen und nicht umgekehrt.

Differenziert muss die „Biotophege“ betrachtet werden. Sie kann durchaus Bereicherung der Landschaft sein, wobei sie nicht selten weit mehr jenen Tier- und Pflanzenarten nützt, die den Jäger nicht direkt interessieren. Daneben gibt es aber auch eine Biotophege, die Probleme schafft und dem Ansehen der Jagd abträglich ist. Zu denken wäre hier an den wenig naturnahen, dafür aber mit Bruthütten bestückten Ententeich oder an jenen Teich, der primär der Hundeabrichtung dient.

Die Gesetze haben bezüglich der Fütterung mehrheitlich auch nur den Begriff „Schalenwild“ verwendet. Das bedeutet, dass alle anderen Tierarten *nicht* vor Futternot bewahrt werden müssten. Wenn wir aber die Fütterung der Gesellschaft als ein Stück Tierschutz verkaufen wollen, dann müssen wir den Steinmarder ebenso füttern wie das Kaninchen, den Fischotter wie die überwinternde Ringeltaube und natürlich auch die Greifvögel. Das wäre machbar und gleichermaßen ein Riesenunsinn! Der Gesetzgeber muss folglich seriöserweise konkretisieren, welche Arten vor Futternot zu bewahren sind: alle oder nur ein paar wenige jagdliche interessante Arten, an denen dem Jäger gelegen ist?

Also bemüht der Gesetzgeber die Wildschäden. Doch dass die einfache Formel „Fütterung, um Wildschäden zu minimieren" untauglich ist, wird daran sichtbar, dass die Schäden mit Intensivierung der Fütterung eher zu- als abnehmen. Die Fütterungspflicht wurde durch das Reichsjagdgesetz festgeschrieben und später von den Jagdgesetzen Deutschlands und Österreichs übernommen. Folglich wird seit rund achtzig Jahren mehr oder weniger intensiv gefüttert. Da dürften Wildschäden – wenn die Fütterung die ihr zugedachte Aufgabe erfüllt – längst kein Thema mehr sein. Immerhin heißt es seit rund einem Jahrhundert auch, das Schalenwild muss, der von ihm verursachten Schäden wegen, dringend reduziert werden.

Ganz interessant ist, wie Martin Strasser von Kollnitz (1556-1624), oberster Sazburger Jägermeister, dereinst die Sache sah. Er war Praktiker, wurde weder von Meinungen und Wünschen in einschlägigen Medien manipuliert noch von der Futtermittelwerbung behämmert. Er schrieb vor fast vierhundert Jahren, was uns heute noch Leitlinie sein könnte. Er meinte, man solle dem Hochwild *„Heu und Gruemedt zueliefern und fürschlagen, auch werechige Paumb, Haselstaudach und dergleichen für- und niderhakhen"*. Von Fütterungen im heutigen Sinne ist jedoch nirgends die Rede. Er war auf dem richtigen Weg, der, wäre er durch die Generationen konsequent weiterverfolgt worden, das Rotwild nicht im Wintergatter hätte enden lassen. Strasser war durchaus bekannt, dass die Überwinterung analog den „Steinhirschen" die dem Wild artgemäßeste ist:

> Wan die Khölten und Wasser- oder Eisgüssen so groß bei den Auen sein, so weichen si zu den Feuchtgehülzen und Sunpergen, wo si die Würmb und Sicherhait vor deren Güssen und der Kolten haben. Ich habe auch gesehen, dass die Hürsch und das Wilprait Sommer und Wünter bei den hochen Pürgen verblüben, ja höcher gestanden als die Gämbs an etlich unterschidlichen Orten. In suma, si haben bei etlichen Gepürgen Gelögenheit und Waidt genug, Sommer und Wünter, absonderlich die Hürsch, absonderlich das Schmalwilprait.

Soll heißen, wenn dem Rotwild in den Tälern Schnee und Kälte zu viel werden, zieht es in die höchsten Lagen, wo das Klima günstiger und die Nahrung genug ist.

Interessant an den Ausführungen Martin Strasser von Kollnitz' ist, dass er zwei Dinge widerlegt, die heute gebetsmühlenhaft vorgetragen werden. Nämlich, dass in alter Zeit das Rotwild im Winter das Gebirge verließ und ins Flachland zog und/oder, dass es von den Hochlagen herunterstieg und in den Fluss-Auen überwinterte. Ersteres wird bei dem die Ränder des alpinen Raumes oder die Mittelgebirge besiedelnden Rotwild der Fall gewesen sein, inneralpin kaum. Dass es in den engen Tälern mehr Schnee hat und oft kälter ist als in sonnigen, steilen Hochlagen kann jeder selbst erfahren.

„Qualitätshege"

Unter Qualitätshege fällt das Bemühen, Wildtiere durch eine auf Körpermerkmale gerichtete Selektion, durch Fütterung oder durch Zufuhr fremder Tiere zu „verbessern". Nun gehört schon ein gerütteltes Maß an Selbstüberschätzung und Arroganz gegenüber der Schöpfung dazu, wenn wir das, was Evolution und Lebensraum teils über Jahrmillionen geschaffen haben, als unzureichend deklarieren. Wenn in der Heide oder auf Urgestein die Rehe schwächer und die Geweihe der Böcke leichter sind, dann hat das ja wohl Gründe. Diese Rehe sind ja auch nicht krank, genetisch minderwertig oder „degeneriert" – sie haben sich schlicht dem Lebensraum angepasst. Sie durch Fütterung zu Kalkböcken machen zu wollen, mag man als Hege bezeichnen, allerdings eine Hege, der jedes Naturverständnis fehlt.

Das gilt natürlich auch und noch viel mehr für das Rotwild. Die Natur hat im Laufe der Evolution im Gebirge einen leichten – angepassten – Typus entstehen lassen. Ziel der Hege war und ist es, den

> *In rauhen, unzugänglichen Lagen, wo nur die kräftigsten Individuen die Not des Winters überstehen, überdies der Fuchs die schwachen und kranken Stücke holt, ist man oft überrascht, weit stärkeres Wild und kapitalere Böcke zu sehen, als in mancher milden Gegend, wo überdies durch reichliche Fütterung alles Wild, ob stark oder schwach, dem Wildstande erhalten bleibt.*
>
> Ernst Silva-Tarouca (1860 – 1936),
> Verfasser des Buches „Kein Heger, kein Jäger!"

angepassten Typus durch einen ganz anderen, viel schwereren Typus zu ersetzen, der ohne menschliche Hilfe vielfach Probleme hat, strenge Winter zu überleben. Hege hat aus überlebenstüchtigen Wildtieren Sozialhilfeempfänger gemacht, die auf uns angewiesen sind. Wir haben mit Hegemaßnahmen und „Management" sinnvolle Verhaltensweisen von Wildtieren verändert und uns nachträglich immer Rechtfertigungen konstruiert. Wir behaupten, dass heute natürliche Wanderungen zwischen den Sommer- und Winterlebensräumen nicht mehr möglich seien, was lokal zutreffen mag, nicht aber generell. Wir behaupten – obwohl wir diese Zeit nicht erlebt haben und Zeitzeugen uns etwas anderes berichten – dass Rotwild früher den alpinen Raum geräumt und im Flachland überwintert habe. Zur Klärung solcher Fragen könnten wir bei Martin Strasser von Kollnitz in seinem 1624 erschienenen „Jagdbuch" nachlesen. Im Gegensatz zu uns, war er noch „dabei".

Wir müssen aber nicht auf Strasser zurückgreifen. Das Bemühen, Rotwild vom Menschen abhängig zu machen, lebt bis in unsere Tage weiter. Erinnert sei an die Steinhirsche in den Niederen Tauern, die innerhalb weniger Jahrzehnte nach und nach in ein ordentliches Rotwildmanagement einbezogen und von Fütterungen abhängig gemacht wurden. Dabei haben wir ein wunderbares Argument, dem Rotwild im Winter seine Freiheit zu nehmen: der Tourismus, die Varianten-Schifahrer, die Gleitschirmflieger. Aber hätte es dem Wild und der Jagd eventuell mehr gedient, wenn wir jene Kraft, die wir Jahrzehnte hindurch und bis heute in die Verteidigung der Fallenjagd und in die Forderungen nach Rabenvogel- und Greifvogelbejagung aufbrachten, in geschützte Überwinterungsräume für Rot- und Gamswild investiert hätten?

Aber bei diesem Thema geraten viele Jäger in einen Interessenskonflikt, den sie zu Lasten des Wildes austragen. Warum? Weil sie wirtschaftliches Interesse an der grenzenlosen Nutzung des Lebensraumes durch den Tourismus haben!

Im Rahmen eines akademischen Lehrgangs wurde ganz klar gesagt, wie Wintertourismus und Gamswildhege unter einen Hut zu bringen sind – durch Fütterung!

Das Entscheidende ist doch, dass wir großräumige Wanderungen des Rotwildes gar nicht wollen, dass wir sie mit allen Mitteln verhindern! Das Thema „Genetische Verarmung und Verinselung" drang ja erst Ende des 20. Jahrhunderts ins Bewusstsein der Jägerschaft. Und

Starker Rothirsch.
„Qualitätshege“ trachtet danach, Wildtiere durch Selektion, Fütterung usw. zu „verbessern“.

erst dann wurden Grünbrücken und Wilddurchlässe ein ernstes Thema. Dieses Thema scheint mir im außeralpinen Raum ohnehin dringender zu sein als im Gebirge. Betrachtet man beispielsweise die Autobahn Venedig – Salzburg, dann ist sie vor allem dort wenig durchlässig, wo es ohnehin kein Rotwild gibt – in der Tiefebene. Vom Beginn des Gebirges in Friaul bis nach Salzburg gibt es in großer Zahl Tunnels, ebenso Brücken und Durchlässe, die ein Wechseln von einer auf die andere Seite ermöglichen. Ähnlich ist es auf der Brennerstrecke, der zweiten großen Nord-Süd-Verbindung. Zwischen diesen beiden Achsen ist dem Rotwild der freie Wechsel sicher erschwert, aber er wird keineswegs unterbunden. Auch die Autobahn von Villach nach Wien bietet dieser Wildart immer noch Wechselmöglichkeiten, dafür sorgt die oft kühne Trassenführung. „Eng“ wird es wieder außerhalb des Gebirges – wo es kein Rotwild gibt.

Die zweite Säule der Qualitätshege ist die Selektion, die Einteilung des Schalenwildes in Klassen. Soweit es sich dabei um Altersklassen handelt, sind diese im Prinzip sinnvoll, weil sie die Fokussierung der Jagd auf starke Trophäenträger einbremst und dafür sorgt, dass ein den natürlichen Abgängen vergleichbarer Anteil an Jungwild erlegt wird. Völlig absurd und für die langfristige Arterhaltung kontraproduktiv ist aber die Unterbringung von erwünschten und unerwünschten Geweihmerkmalen in den Klassen und Abschussrichtlinien. Warum muss das Geweih eines Hirsches in einer Krone enden? Warum muss das Geweih eines ausgewachsenen Berghirsches acht Kilogramm und mehr wiegen? Was tun wir einem Hirsch eigentlich an, wenn wir ihn mit unseren Abschussrichtlinien und Hegezielen zum Tragen eines solchen Ballastes zwingen? Warum wuchs Jahrhunderttausende hindurch im Gebirge ein leichterer Rotwildschlag? Das hatte doch wohl Gründe.

Man mache sich die Mühe, hierzu die Arbeit der Wildbiologin und Publizistin Karoline Schmidt zu lesen. Sie hat untersucht, welche Hirsche in Polen bevorzugt den Wölfen zum Opfer fallen. Es waren zunächst – wie nicht anders zu erwarten – junge Hirsche. Bei den wirklich alten Hirschen waren es die besonders starken, jene mit überdurchschnittlich schweren Geweihen – jene, die überdurchschnittlich schwere Geweihe „herumschleifen" mussten. Man könnte auch sagen, jene, die der Mensch in seinem Wahn nach immer größer und immer schwerer herangezüchtet hat. Jene, die er zur Beschaffung von Devisen wie zur Befriedigung seines Egos bevorzugt!

Was nun die Absicht betrifft, eine gewisse Zahl der Hirsche alt werden zu lassen, so hat die kantonale Jagdverwaltung Graubündens vor Jahren einen simplen Weg eingeschlagen: Sie sperrte für einige Jahre einfach den Abschuss von Kronenhirschen, ungeachtet ihres von den Jägern geschätzten Alters. So wurden auf einfache und diskussionsfreie Art innerhalb weniger Jahre Hirsche alt. Allerdings war dadurch auch wieder eine Selektion nach Geweihmerkmalen gegeben.

Noch etwas ignorieren wir rücksichtslos: Wir verengen mit unserer Selektion nach Körpermerkmalen (Primat des möglichst starken Kronengeweihs) die genetische Bandbreite dieser Wildart. Wir kratzen dabei permanent an ihrer Überlebenstauglichkeit! Das sind nicht bloß Mutmaßungen, dazu gibt es schon lange umfangreiche und fundierte Untersuchungen, etwa von Schreiber, Klein und Lang in Frankreich. Dort gibt es zwei völlig unterschiedliche Jagdsysteme. Das Jagdgesetz im Elsass ist praktisch eine Fortschreibung deutschen Jagdrechtes, und bei der Schalenwildjagd geht es immer noch primär um die Trophäe, was sich in den Hegerichtlinien niederschlägt. Im französischen Mutterland sind die Verhältnisse völlig anders. Dort wird der Hirsch teilweise noch – ohne Blick auf sein Geweih – mit der Hundemeute gejagt und abgefangen. Was zählt, ist einzig die Leistung der Hunde und Reiter; das Geweih spielt keine Rolle, da eh ungenießbar. Doch die genetische Bandbreite des Rotwildes ist im Mutterland signifikant breiter als im selektierenden Elsass. Schreiber, Klein und Lang schreiben:

> Die Abnahme der genetischen Vielgestaltigkeit schafft eine Hypothek, die auf der Anpassungsfähigkeit und auf der Evolution der Art lastet. Die Selektion ist also sehr wohl eine künstliche, denn die Natur hat in unserem Gebiet Hirsche mit wenig Geweihenden keineswegs eliminiert, genausowenig den Knöpfler und Tiere, die weniger korpulent sind als der Durchschnitt. Dies darum, weil die Gesamtheit der Genotypen, von denen die Zukunft einer Spezies abhängt, erhalten bleiben muss.

Zu bedenken ist, dass kein Körpermerkmal von einem einzigen Gen gesteuert wird. So ist auch, darauf weist etwa der deutsche Rotwildexperte Kurt Reulecke hin, der genetische Code für das Geweih in mehreren Genen festgelegt, die miteinander in Beziehung stehen. Durch eine einseitige Selektion, etwa Eliminierung des Merkmals „Kronenlosigkeit“, werden stets auch Merkmale getilgt, die überhaupt nicht bekannt sind.

Einmal angenommen, der im Korpus möglichst schwere Kronenhirsch wäre wirklich der Favorit der Natur und sie würde ihn als Vererber tatsächlich bevorzugen, dann hätte sie von der letzten Eiszeit bis heute Zeit und Gelegenheit genug gehabt, in diesem Sinne zu selektieren. Die Geweihe sind aber seither nicht größer, sondern kleiner und eher endenärmer geworden. Kritiker werden an dieser Stelle auf geänderte „Äsungsverhältnisse“ verweisen. Möglicherweise sind Endenreichtum und Kronenbildung – anders als Körper- und Geweihmasse – in erster Linie genetisch fixiert und nicht vorrangig eine Frage der Ernährung; schließlich können auch dünn- und kurzstangige Hirsche Kronen bilden. Überdies wäre, sollten diese Attribute phänotypisch sein, unsere auf Kronen fixierte Selektion ohnehin Unfug.

Ein aus den zeitgenössischen Abschussrichtlinien resultierender Wahlabschuss kopiert, wenn auch nur sehr unzureichend, Selektion im Landwirtschaftsbereich. Dort führen aber Zugewinne, etwa bei Körpergröße und Fleischmasse, durchaus auch zu erheblichen Nachteilen bei Skelett, Kreislauf und Nervensystem. Lang schreibt 1986 in einer Studie, dass die bei Haustieren gefundenen selektionsbedingten Nachteile auch in vollem Umfang beim Rotwild auftreten.

Müssen wir uns da nicht fragen, woher wir eigentlich die Berechtigung nehmen, eine Wildart langfristig genetisch zu schädigen, nur weil wir größere Geweihe wollen? In Deutschland und Österreich ist das Wild grundsätzlich herrenlos. Es ist ein Kulturgut, das dem Volk gehört und erst nach seiner Erlegung in den Besitz des Jägers übergeht!

Nun könnte man das Bestreben, schwächere Geweihe durch starke und Gabelenden durch Kronen zu ersetzen, als nicht so relevant bezeichnen. Fragen wie die, ob unsere Kinder und Enkel in einer restlos übervölkerten Welt noch ausreichend Trinkwasser haben werden oder ob sich die Rückstände der Atomindustrie tatsächlich einige Millionen Jahre in Schach halten lassen oder ob wir unsere Nachfahren doch damit umbringen, sind sicher dringlicher. Aber Selektion nach Geweihmerkmalen wirkt sich auch auf andere, uns völlig unbekannte Merkmale aus. Die den Geweihaufbau beeinflussenden Gene sind nämlich zusammen mit anderen Genen auf Chromosomen gebunden. Diese anderen Gene kennen wir aber gar nicht. Sie können die Verdauung betreffen, das Haarkleid, die Vermehrung, die Wintertauglichkeit, die Resistenz gegen alle möglichen Umwelteinflüsse – schlicht alles. Wir aber versuchen immer noch – im Rahmen der Hege – die internationalen Punkte der Geweihe der von uns erlegten Hirsche zu steigern, die mehrheitlich einmal in einer großen vorm Haus stehenden Blechwanne landen, in der unsere Wahnvorstellungen entsorgt werden.

Wem der Weg über die Selektion zu lang oder sonst nur schwer begehbar war, der versuchte ihn dadurch abzukürzen, dass er gleich Wild aussetzte, das seinen Vorstellungen entsprach. So wurden Tiere lokaler Rot- und Rehwildstämme aus und in ganz Europa durcheinandergemischt.

Qualitätshege kann sich auch in Biotophege äußern. Es ist (vereinfacht ausgedrückt) meist der Schritt von der Fütterung weg, hin zur Wildwiese, zum Wildacker oder zum Feuchtbiotop. Die Wildwiese in einer Fichtenwüste ist sicher nicht nur wildfreundlich, sie ist auch „menschenfreundlich". Sie wertet das Landschaftsbild auf, sie hebt den Erlebniswert des Erholungssuchenden und sie erhöht mit Sicherheit die Artenvielfalt, auch wenn sie ein Mehr an Arten bringt, die den Jäger wenig interessieren.

Geht man ein halbes Jahrhundert zurück, dann war Biotophege gelegentlich auch schlicht Naturzerstörung. Meine Generation lernte noch, wertvolle Feuchtwiesen trockenzulegen und sie hernach in Äsungsflächen umzuwandeln. Was das Rehwild betrifft, so wurde ihnen dabei nicht selten mehr Äsung entzogen als geboten, weil Kräuter (damals Unkraut) vernichtet und durch leistungsstarke Gräser ersetzt wurden. Dass Rehe keine Grasfresser sind, war auch Ende des 20. Jahrhunderts längst noch nicht allen Jägern geläufig. Sie sahen ja immer Rehe in den Wiesen stehen, also mussten es Grasfresser sein…

Feuchtwiesen wurden aber auch trockengelegt, um Rehe von Leberegeln zu befreien, deren Larven sich ja in Schnecken entwickeln. Dabei lebt die Weiße Heideschnecke *(Xerolenta obvia)*, ein wichtiger Zwischenwirt des Kleinen Leberegels *(Dicrocoelium dendriticum)*, bevorzugt in trockenen Lebensräumen. Nur der Große Leberegel *(Fasciola hepatica)* hat die Zwergschlammschnecke zum Zwischenwirt. Wenn, dann hätten wir aus Gründen der Rehwildhege und eben zur Parasitenbekämpfung nicht nur Feuchtgebiete und Moore trockenlegen müssen, sondern auch Trockenrasen vernässen. Natürlich wussten die Wissenschaftler, die uns solchen Unfug empfahlen, sehr wohl, was die Verbreitung des Leberegels gebremst hätte – eine dem Lebensraum angepasste Absenkung des Rehwildbestandes! Das allzu laut zu sagen, war nicht opportun, weil man damit bei vielen Jagdfunktionären aneckte. Wer sich allerdings um die Finanzierung von Forschungsprojekten sorgen muss, kann sich das schwerlich leisten!

Noch 1972 lesen wir in dem Standardwerk über Wildkrankheiten von Wetzel und Rieck über die Bekämpfung des Großen Leberegels:

> In geeigneten Fällen kann man im Revier den Schnecken durch Trockenlegen (Dränage) nasser Wiesen, Zuschütten von Tümpeln, wiederholte Reinigung der Gräben, Erhöhung der Strömungsgeschwindigkeit des Wassers usw. die Lebensgrundlage entziehen. Eine weitere Möglichkeit bietet die Vernichtung der Zwischenwirte durch Chemikalien. Zurzeit werden Natriumpentachlorphenolat (Preventol) und Frescon bevorzugt, die in ihrer Wirksamkeit das früher übliche Ausstreuen von Kupfersulfat und Hedrichkainit weit übertreffen.

Natriumpentachlorphenolat gilt nach der EU-Gefahrenstoffkennzeichnung aus der Verordnung (EG) Nr. 1272/2008 (CLP) als umweltgefährlich und sehr giftig.

Zwei andere Wissenschaftler, Boch und Schneidawind, schrieben 1988 in „Krankheiten des jagdbaren Wildes“: … *ist im Bedarfsfalle eine Bekämpfung dieses Parasiten nur im Endwirt möglich. Hierfür hat sich das gut wirksame und hervorragend verträgliche Rafoxanid bei Rehwild in freier Wildbahn bewährt.*

Als Mittel zeitgemäßer Schalenwildhege wurde noch bis in die 1980er-Jahre hinein die regelmäßige Entwurmung des Wildes an der Fütterung gesehen. Zum Einsatz kam vor allem Thiabendazol (TBZ). Dieses Mittel und seine völlig unkontrollierte Verabreichung an wiederkäuendes Schalenwild wurde in zahllosen Beiträgen in Jagdzeitschriften publiziert und von Veterinärmedizinern in Hegeringversammlungen und anderen jagdlichen Veranstaltungen dringlich empfohlen. Eigentlich ist dieses noch heute erhältliche Mittel ein Fungizid, welches auch gegen das Ulmensterben eingesetzt wurde. Derzeit darf es in Deutschland und Österreich nur mehr als Wundverschlussmittel im Obst- und Gartenbau eingesetzt werden. Die Schweiz lässt auch die Behandlung von Saatkartoffeln zu.

Ich erinnere mich noch gut daran, dass wir dieses Mittel in den 1970er-Jahren in der Regel in 1.000-Milliliter-Dosen vorrätig hatten und einmal von einem Mitarbeiter der Pharmaindustrie auch in einem Fünf-Liter-Eimer bekamen. Ich gehe wohl nicht fehl in der Annahme, dass damals die meisten Jäger ganz bewusst überdosierten. Empfohlen wurde die mehrmalige Entwurmung im Laufe des Winters, wobei angeregt wurde, vor und nach jeder Applikation Losungsproben auf Wurmlarven untersuchen zu lassen. Das Ergebnis wurde dann schriftlich geliefert. Gleichwohl erinnere ich mich nicht, irgendwann einen absolut negativen Befund bekommen zu haben. Die aufgeführten Arten wechselten, der Wurmspiegel blieb immer in etwa gleich. Immerhin – wir hatten etwas für die Hege der Pharmaindustrie getan…

Der simple Gedanke, dass auch die von uns so bezeichneten Parasiten eine Funktion haben und ein gewisser Parasitenspiegel normal und wahrscheinlich sogar wichtig ist, kam kaum einem von uns. Immerhin durften wir uns auf die Veterinärmedizin berufen, die mehrheitlich dringend zur Entwurmung riet. Schon das Wort „Parasit" ist reichlich verwegen. So lebt der Magenwurm zweifellos von seinem Wirt, meinetwegen einem Reh. Aber er bringt es nicht um. Wohl aber kann die Wurmbelastung kritisch werden, wenn das Reh weitere körperliche Probleme hat. Aber wir deklarieren Politiker ja auch nicht als Parasiten, weil sie uns mit Steuern und Abgaben eindecken, die für manchen von uns existenzbedrohlich sind!

Ähnliche Heldenstücke aber werden täglich, namentlich auch vom Otterfang, berichtet. Das ist aber nicht mehr Jagd, sondern gemeine Tierquälerei, vielmehr Schinderei. Ich kann aber alles Fallenstellen, auch, wenn es etwas glimpflicher für das arme Opfer abläuft, nicht als weidgerechte Jagd anerkennen, so viel Mühe und Gewandtheit auch dabei aufgewendet werden mag, sondern sehe darin, ebenso wie in allem Fuchs- und Dachsgraben, nur einen rohen und grausamen Sport.

Kurt Graeser, 1904

Beschäftigungstherapie

Hege kann auch pure Beschäftigung oder Ablenkung sein. Einem führenden deutschen Jagdfunktionär wird mit Blick auf die Jagdhornbläser die Bemerkung zugeschrieben: *„Solange sie blasen, wollen sie nicht jagen.“* – Dieser Spruch passt auch zu mancher Form der Hege. Den Ausgeher im Niederwildrevier, der sich die Fallenjagd zur Lebensaufgabe macht und bei den Jagden als Obertreiber unverzichtbar ist, muss man nicht als Schützen berücksichtigen… Natürlich gibt es auch Ausgeher in großer Zahl, ohne die der Abschuss nie und nimmer erfüllt würde. Sie leisten in diesem Punkt tatsächlich einen Beitrag an echter Hege! Selbstverständlich gibt es auch genug Revierinhaber, die selbst verbissen die Fallenjagd ausüben, während ihr Ausgeher, so sie einen haben, berufsbedingt gar keine Zeit dafür hat. Es ist auch absolut nachvollziehbar, dass es Jäger gibt, denen die Fallenjagd oder der beim Ansitz erbeutete Fuchs einfach Freude bereitet. Bedenklich wird es erst, wenn einer glaubt, damit das Niederwild zu retten, während sich manche seiner Funktionäre für die Verwendung von Glyphosat und die Agrokonzerne einsetzen!

Beschäftigungstherapie kann auch als „Reviergestaltung“ verabreicht werden. Da gibt es Jäger, die jede Möglichkeit nutzen, im Revier Äsung und Deckung zu schaffen. Das ist grundsätzlich nicht schlecht. Da werden momentan ungenutzte Holzlagerplätze in temporäre Wildäcker umgewandelt oder wenig benutzte Erdwege in Wildwiesen. Manche säen zwischen die frisch gepflanzten Fichten Waldstaudenroggen und knüpfen damit an eine uralte Form der Waldnebennutzung an. In der kahl gewordenen Feldflur pflanzen sie Hecken und pflegen kleine Feldgehölze oder sorgen dafür, dass in den Maiswüsten ein paar chemiefreie Streifen verbleiben. Was soll daran schlecht sein? Nichts ist schlecht daran! Auch dann nicht, wenn die jagdlich interessanten Arten oft am wenigsten davon profitieren. Nicht nur die Insektenvielfalt ist auf dem einmal im Sommer gemähten und etwas gepflegten Erdweg im Wald eine andere als auf einem ungemähten, auch und gerade in Verbindung mit den wild wuchernden Stauden und Gehölzen auf den Banketten. Viele derartige Maßnahmen dienen gleichzeitig der Jagd – der Abschusserfüllung. Was soll daran schlecht sein? Nichts! Aber was als „Hegemaßnahme" gedacht war, ist mitunter schlicht Naturschutz, manchmal Landschaftspflege und gelegentlich halt auch Beschäftigungstherapie.

Andererseits wird manch gutes Projekt nachträglich entwertet. Etwa dann, wenn Jäger im Rahmen der Biotophege Feuchtgebiete schaffen, diese dann aber auch noch mit Entenbrutkästen und Entenfütterung bestücken. So zeigen sie jedermann, um was es ihnen geht: um mehr Enten für die Jagd!

Menschliche Anmaßung – menschliche Leere

Wir haben gesehen, dass Hege nicht grundsätzlich den Wildtieren hilft, ja dass sie diese vielfach belastet, ja ihnen schadet. Welchen Nutzen soll ein Berghirsch von einem acht Kilogramm schweren Geweih haben, das er im steilen und oft auch noch dicht bewaldeten Gelände mit sich herumtragen muss? Es nützt ihm nicht, es belastet ihn nur, und unter naturnahen Verhältnissen schadet es ihm und kann sogar tödlich sein. Schließlich sind Geweihe keine Waffen, mit denen der Hirsch ihn verfolgende Feinde abwehrt. Der Wolf weiß sehr wohl um die Gefährlich-

> *Jeder hat gerade so viel Eitelkeit,*
> *wie es ihm am Verstand fehlt.*
>
> Alexander Pope (1688 - 1744),
> englischer Dichter

keit dieser Knochen. Er stoppt den flüchtenden Hirsch durch Bisse in die hinteren Extremitäten, und er versucht schon gar nicht, den Hirsch alleine zu Fall zu bringen; er jagt ihn im Rudel.

Wozu also soll das Geweih gut sein? Kommen Hirsche mit besonders großen Geweihen bevorzugt zur Fortpflanzung? Auch das wird man so nicht bejahen können. Ein vierjähriger Hirsch, der ein Geweih mit vierzehn Enden trägt, ist einem zehnjährigen Hirsch mit schlichtem Zehnergeweih in aller Regel unterlegen. Er punktet nicht mit Geweihgewicht, sondern mit seiner Autorität, die er sich im Lauf seines Lebens „angelebt" hat, mit seiner Erfahrung im Abschätzen von Artgenossen und im Umgang mit ihnen. Die Kronen im Geweih eines Hirsches werden dem Kahlwild kaum imponieren, und dass es in der Lage ist Geweihenden zu zählen, ist eher zu bezweifeln. Wenn, dann schützen sie Hirsche davor, sich im Brunftkampf selbst zu massakrieren. Im Gegensatz zum Menschen wollen sie ihre Gegner ja auch nicht „neutralisieren", um diesen zynischen Begriff für töten oder ermorden zu verwenden. Sie wollen mit ihm nur Kräfte messen, sehr bedacht darauf, aus diesen Rangeleien unverletzt hervorzugehen. Für jeden Hirsch ist ein Gegner mit Sechsergeweih im Prinzip gefährlicher als ein körperlich gleich- oder ähnlich starker Kronenhirsch! Sowohl die Geweih- wie die Körpermasse wird für einen Berghirsch schnell zum lebens- oder überlebensbedrohlichen Handicap! Es bedarf hierzu keiner akademischen Begründungen: Der Pensionist mit Wohlstandsbauch und satten 90 Kilo Lebendgewicht erreicht einen Berggipfel signifikant später als ein gleichaltriger Kollege, der 20 Kilo weniger wiegt! Hängen wir unserem menschlichen, 90 Kilo schweren Erntehirsch auch noch einen 20 Kilo schweren Rucksack auf den Rücken, müssen wir jede Hoffnung, er werde auf dem Gipfel (im übertragenen Sinne) für zumindest gleichwertige „Kälber" sorgen, aufgeben.

Auch in den Alpen lebt seit Jahrmillionen Rotwild, und erst in den letzten Jahrzehnten begann der Mensch mit der züchterischen Verunstaltung und Entwertung dieser Tierart, indem er alles negiert, was sich die Natur in Jahrmillionen gedacht hat. Sie hat bis heute weder Matura noch Promotion, aber sie schaffte es, im anstrengenden Gelände einen Typus Hirsch entstehen zu lassen, dessen Körper- und Geweihgewicht deutlich geringer sind als jene eines Auhirsches. Mit dem Kaputtselektieren dieses Typus, mit seiner Umwandlung zum Flachlandhirsch im Geiste der Hege, haben wir nicht nur dem Berghirsch als Art geschadet, sondern auch dessen Lebensraum, denn wir muten diesem oft sehr empfindlichen Lebensraum Schalen zu, auf die viel Wildbret und Geweihknochen drückt und viele große Pansen…

Warum tun wir das? Warum opfern wir einen von der Natur in Jahrmillionen geformten und geschliffenen – umweltverträglichen – Hirsch einem Lustobjekt unserer Eitelkeit? Weil wir damit unser Ego pflegen, weil wir im Hirsch längst nicht mehr einen Teil der Landschaft sehen, sondern ein Kultobjekt, das nicht jedem zugänglich sein soll, ein „Kapitalobjekt"? Wir haben aus dem Hirsch eine Währung, gemacht, mit der man Freundschaften und gesellschaftliche wie geschäftliche Leistungen bezahlen kann. Und wir messen uns mit dem Hirsch – je schwerer sein Geweih, umso höher die Bewunderung, die wir für seine Erlegung empfangen. Dem simplen Hirschkalb mag der Nimbus des Hirsches fehlen, aber seine Erlegung erfordert so viel oder so wenig Anstrengung wie die eines Kapitalhirsches. Nur preisgünstiger ist sie, weil uns gerade auf der Jagd der Unterschied zwischen preiswert und billig abhandengekommen ist. Wir sind dabei, die Werteskala „Erlebnis" durch ein Punktesystem zu ersetzen. Was den Jägern anderer Länder höchst peinlich ist, die Verwendung des Wortes „Trophäe" und deren ruhmreiche Zurschaustellung, das ist manchen von uns zur Droge geworden. Wir erleben nicht mehr, wir messen, wiegen und zeigen. Wir streben nach dem Rekord, für den es nie ein Ende geben darf, weil er sonst wertlos wird, weil ihn sonst irgendwann einfach zu viele von uns besitzen!

Während bei allen von uns gehegten Schalenwildarten zumindest die erwachsenen männlichen Tiere Trophäen tragen, fehlen solche den Niederwildarten. Gut, der bescheidene Jäger freut sich über die Erpellocken wie über die Malerfedern der Waldschnepfe. Aus den Fangzähnen des Fuchses fertigt der Goldschmied wunderschöne Radel oder Broschen, ebenso aus den Nagern von Murmel, Biber oder Nutria. Schließlich hinterlassen uns eine ganze Reihe von Arten wunderschönes Pelzwerk – traurig, dass viele Jäger kein Interesse mehr daran haben! Aber für Fasanenhahn und Stockerpel, für Rebhuhn und Ringeltaube gibt es nicht einmal eine CIC-Formel. Was hätten die Erfinder derselben auch messen und bewerten sollen?

Also liegt für die jagdlichen Greise (auch wenn manche noch sehr jung sind) der Wert dieser Wildarten in der Zahl der bei einer Jagd erbeuteten Kreaturen. Nun, wenn fünf oder zehn Jäger an einem

Herbsttag mit ihren Hunden übers Feld ziehen, Fasane suchen oder buschieren, wird jeder bestrebt sein, den einen oder anderen Vogel auf sich zu verbuchen, und wenn am Abend ein paar Fasane mehr liegen als an anderen, vergleichbaren Jagdtagen, wird sich jeder freuen. Wahrscheinlich ist jener, der die meisten erlegt hat, auch besonders stolz. Das ist gut und richtig, auch wenn die Zahl der erlegten Fasane eine sehr relative ist, weil ihr nicht unbedingt die Zahl der abgegebenen Schüsse gegenübergestellt wird. Manche Jäger vergessen bei einem solchen Jagderl auch einmal die gebotene Contenance, lassen schon einmal einen Vogel vor die Füße des Nachbarn fallen, aber auch das ist schlicht menschlich.

Dann gibt es aber auch noch jene, für die es sich absolut nicht lohnt, für zwei, drei oder auch fünf selbst erlegter Fasane einen Nachmittag zu opfern. Da sind jene, die es fast als Affront empfinden, wenn andere – vielleicht sogar gesellschaftlich niedriger stehende – Jäger den einen oder anderen Fasan mehr erlegen als sie selbst. Sie wollen einfach so jagen, dass es sich nach ihrer Werteskala „lohnt"; sie wollen satt Strecke machen, und diese Strecke muss ihrem gesellschaftlichen Stand entsprechen, zumindest aber ihrer finanziellen Potenz.

Dafür sehen sie über manches hinweg. Etwa über die Umstände, denen sie ihr Weidmannsheil" verdanken. Den „Profis" ist vor allem wichtig, dass und wie die Vögel fliegen. „Hoch und pfeilschnell" sollen sie dem Schützen begegnen, also schwierig zu treffen sein. Das reduziert zwar den Anteil jener Tiere, die sofort tödlich getroffen werden, erhöht aber den Anteil jener, die schlecht getroffen noch mehr oder weniger lange leiden. Aber das ist der Preis der vielbeschworenen Weidgerechtigkeit. Einen Fasan anders als fliegend zu beschießen, verstößt gegen die im Gesetz verankerte Weidgerechtigkeit! Die ist zwar in diesem Punkt absolut tierquälerisch, aber immerhin gesetzeskonform. Die Jagd auf wirklich „gut fliegende" Fasane hat einen absolut sportlichen Aspekt, und ich habe berufsbedingt hervorragende Schrotschützen erlebt. Doch diese stellen in einer auf Flugwild jagenden Jagdgesellschaft selten die Mehrheit dar. Am ehesten begegnete ich hervorragenden Flintenschützen beim Adel, am seltensten sind sie wohl auf „Verkaufsjagden" anzutreffen. Es scheint Jäger zu geben, für die eine möglichst hohe Zahl abgegebener Schüsse Trost für eine eher bescheidene Zahl tödlich getroffener Vögel zu sein scheint.

Sulze im 17. Jahrhundert.

Die großen „Heger“ und Lehrer

Einst haben die Kerls auf den Bäumen gehockt,
behaart und mit böser Visage.
Dann hat man sie aus dem Urwald gelockt
und die Welt asphaltiert und aufgestockt,
bis zur dreißigsten Etage.
Da saßen sie nun, den Flöhen entflohn,
in zentralgeheizten Räumen.
Da sitzen sie nun am Telefon.
Und es herrscht noch genau derselbe Ton
wie seinerzeit auf den Bäumen.

Erich Kästner, 1932

Heinrich Wilhelm Döbel

> „Als Hege werden im Jagdrecht Maßnahmen zusammengefasst, die die Lebensgrundlage von Wild betreffen. Die Hege ist demnach ein Grundelement des Selbstverständnisses der Jäger, der sogenannten „Weidgerechtigkeit“. Im Jagdrecht verpflichtet das Hegegebot die Jäger, der Artenvielfalt des Wildes nicht zu schaden. Diese Pflicht zur Hege erstreckt sich nicht nur auf solche Wildarten, die durch die Jagd- und Schonzeitregeln erfasst werden, sondern auch auf Wild, das permanent nicht bejagt werden darf.“

Vorstehender Absatz ist die Definition des Hegebegriffes nach Wikipedia. Er hebt auf die „Weidgerechtigkeit“ ab, die ihrerseits nie und nirgends verbindlich definiert und in der Vergangenheit auch von der Justiz je nach Bedarf und Klientel ausgelegt wurde. Damit lässt sich nichts anfangen. Es hilft nichts, wir müssen auf der Suche nach den Inhalten der Hege ziemlich weit zurück. Was ihre Verknüpfung mit der Weidgerechtigkeit betrifft, so werden wir sehen, dass nahezu alles, was wir heute eher unter „jagdliche Schweinereien“ einordnen, schon einmal als weidgerecht galt und meist Teil der Hege war!

Fragen wir doch einfach einmal beim alten Döbel nach. Der wurde 1699 im Erzgebirge geboren. Vater und Großvater waren gelernte Jäger; er selbst erlernte bei ihnen dieses Handwerk. 1717 wurde er in Harzgerode, nach erfolgreich bestandener Prüfung, wehrhaft gemacht. Danach ging er noch drei Jahre lang auf Reisen, um sich fortzubilden, wie es damals für die meisten Handwerker selbstverständlich war; ein Brauch, der sich bei den Zimmerleuten am längsten gehalten hat.

Am Ende seiner Reisezeit fand er zunächst wechselnde Anstellungen, um schließlich die Ländereien seiner Ehefrau Henriette Trümpler zu verwalten. Sie starb schon 1746. Er selbst verbrachte die letzten elf Jahre seines Lebens beim Freiherrn Peter von Hohenthal, dessen Forstbesitz er verwaltete.

Heinrich Wilhelm Döbel hinterließ seiner Nachwelt ein umfassendes Werk über Jagd- und Forstwesen seiner Zeit – seine „Jäger-Practica". Von den rund 900 Seiten seines Werkes beschäftigen sich nur 268 Seiten mit dem Forstwesen. Grundsätzlich erfolgte der Einstieg in den Forstberuf über das Erlernen der Jägerei. Die Jagd war das wesentliche Element des Forstberufes, und die Hege war tragendes Element der Jagd!

Georg Franz Dietrich aus dem Winckell

Winckell wurde 1762 in Priorau (Sachsen) geboren und studierte ab 1780 zunächst Jura an der Universität Leipzig. Ein Reitunfall veranlasste ihn, das Studium aufzugeben und beim Hofjäger Hähnel in Sitzenroda (Sachsen-Anhalt) eine Lehre zu beginnen. Nach abgeschlossener dreijähriger Lehre hoffte er auf eine Anstellung im Hofjagddienst, die ihm aber wegen einer „Mesalliance" in seiner Ahnenreihe verwehrt wurde. Also zog er sich auf sein Rittergut Schierau zurück.

So soll es sich sogar dem schlafenden Bär unbemerkt nähern, ihm ins Gehör kriechen und ihn, trotz der heftigen Ausbrüche seiner durch Schmerzen erzeugten Wuth, töten.

Georg Franz Dietrich aus dem Winckell
zum Wiesel

Später verkaufte er das Gut an den regierenden Fürsten von Dessau, in der Hoffnung, so doch noch eine Anstellung im Jagddienst zu erlangen. Allerdings wurde er nur Kammerjunker.

Auch ein nochmaliges Ansuchen im Jahre 1807 blieb ohne Erfolg. In der Folge schrieb er sein „Handbuch für Jäger, Jagdberechtigte und Jagdliebhaber".

Winckell, der das Jagd- und Forstwesen ja immerhin bei einem Berufsjäger erlernt hatte und einer der zu seiner Zeit noch seltenen jagdlichen Fachbuchautoren war, hat seiner Nachwelt nicht sonderlich viel hinterlassen. Seine Bedeutung liegt eher darin, dass der ihn tragende Geist teilweise bis heute nachwirkt.

Wenn wir heute in Winckells Buch, das Hermelin betreffend, lesen *„... ja selbst junge Rehe ... beschleicht es im Lager ..., springt ihnen ins Genick, verfängt sich augenblicklich so fest, dass es weder durch das Aufspringen, noch durch das wüthenste Fortrennen durch Gesträuch und Hecken zum Loslassen gebracht wird, und saugt den Schweiß aus, bis das Thier endend zu Boden stürzt"*, mögen heute die meisten Jäger eher mitleidig lächeln. Doch Verfasser hat genau diesen Unfug in den Siebzigerjahren des 20. Jahrhunderts sinngemäß im Vorbereitungslehrgang zur Revierjagdmeisterprüfung noch gelernt!

An anderer Stelle lesen wir bei Winckell zum Hermelin:

> Den Erfahrungen des Professor Titius zufolge, welche er im Wirtenbergischen Wochenblatt v. J. 1773, Seite 11, bekannt gemacht hat, richtet es auch in den Bienenstöcken großen Schaden an. Von Vegetabilien nimmt es – nach Bechstein – nur einige Arten von Pilzen (Fungi) an. Auch soll es sich in Viehställe schleichen und den Kühen die Milch aussaugen, dabei aber die Euter gefährlich verwunden.

Georg Ludwig Hartig

Etwas mehr als ein halbes Jahrhundert nach Döbel wurde Georg L. Hartig (1764 - 1837) als Sohn eines Oberförsters Friedrich Christian Hartig geboren. Auch er begann als Jägerlehrling und wurde bereits nach zwei Jahren freigesprochen. Danach wechselte er für drei Jahre an die Universität Gießen. Das war für die damalige Zeit ungewöhnlich. Die meisten „Forstmeister" begannen als Jägerlehrlinge und dienten sich ohne besondere Schul- oder gar Universitätsausbildung hoch.

Jäger und Förster stammten großteils aus alten Dynastien, und Dienstposten wurden mehr oder weniger intern in den Kreisen von Verwandten oder Freunden vergeben. Hartig, der nach seiner Unizeit zunächst wieder ins Elternhaus zurückkehrte und sich dort zwei Jahre vor allem mit der Jagd beschäftigte, bekam 1785, unter Überspringung aller Zwischenstufen, eine Stelle als „Forstaccessist". Schon ein Jahr später wechselte er nach Hungen in Mittelhessen, wo er die Stelle des Forstmeisters bekam.

Immerhin hatte Hartig erkannt, dass der Forstberuf mehr war als eine Nebenbeschäftigung für Jäger. Das brachte ihn dazu, 1791 eine Art „Meisterschule" für das Jagd- und Forsthandwerk zu gründen. Damit war seine Karriere nicht mehr zu bremsen. Bereits 1797 wurde er als Landforstmeister nach Dillenburg berufen. Da er mit seinem Salär als Landforstmeister Mühe hatte, Frau und neun Kinder zu ernähren (!), folgte er einem Ruf, als Oberforstrat nach Stuttgart zu gehen. Lange hielt er es dort nicht aus, weil in Württembergs Forstverwaltung die Jagd dem Forstwesen übergeordnet war. Also ging er 1811 als Staatsrat und Oberlandforstmeister nach Berlin. Zumindest formal gab es in Preußen ab 1820 eine Forstakademie und ab 1830 auch eine Forstschule für die Försterlaufbahn.

Hartig trat mit mehreren Lehrbüchern in Erscheinung und war zwei Mal Herausgeber forstlicher Zeitschriften, in denen aber Jagd und Hege immer eine große Rolle spielten. Immerhin bewies Hartig eine für seine Zeit schon erstaunliche Artenkenntnis. In seinem Werk „Lehrbuch für Jäger und solche, die es werden wollen" ist der dritte Hauptteil überschrieben: *„Von der Wildzucht im Freien"* und der vierte Hauptteil mit *„Von der Wildzucht in Tiergärten"*. Die „Hege" war also eine ganz zentrale Aufgabe der Jägerei, und ihr Ziel war ganz klar die Schaffung möglichst hoher (Nutz-)Wildbestände zur Sicherung jagdlichen Vergnügens!

> *Der Schaden ist aus der Nahrung ersichtlich. Man sucht daher diese für die Jagd vorzüglich schädlichen Tiere so viel als möglich zu vermindern.*
>
> Georg Ludwig Hartig
> zur Wildkatze

> *Früher ein ausschließliches Vorrecht der bevorzugten Stände und des nach strengen Regeln in langer Lehrzeit ausgebildeten Berufspersonales, ist die Jagd heute ein Gemeingut aller geworden, welche Lust, Zeit und körperliche Eignung besitzen.*
>
> Raoul Ritter von Dombrowski

Raoul Ritter von Dombrowski

Raoul Ritter von Dombrowski wurde 1833 in Prag geboren und ergriff zunächst die Offizierslaufbahn. Ein Augenleiden zwang ihn im Jahr 1856, als Oberstleutnant die österreichische Arme zu verlassen. In der Folge studierte er an der Landwirtschaftlichen Akademie Hohenheim (damals Königreich Württemberg) Land- und Forstwirtschaft. Nach Abschluss lebte er auf seinen eigenen Gütern in Böhmen. Im Jahr 1878 wurde er als Hofforstmeister in den Hofjagddienst des österreichischen Kaiserhauses übernommen. Als unruhiger Geist zog er sich 1883 ins Privatleben zurück und widmete sich dem Schreiben. Bis dahin hatte er schon mehrere Bücher veröffentlicht, darunter auch Monografien zum Reh- und Rotwild sowie zum Fuchs. Unter anderem brachte er auch ein Lehr- und Handbuch für Berufsjäger heraus. Er starb 1896 in Wien.

Ferdinand (von) Raesfeld

Der nächste in der Reihe war Raesfeld, ebenfalls ein unsteter Geist, der heute vor allem mit dem Darß – einer Halbinsel in der Ostsee – in Verbindung gebracht wird. Er steht im deutschsprachigen Raum heute noch für „Hege" schlechthin, ja er gilt vielen als deren „Vater". Dabei klammern seine Bewunderer alles aus, was nicht in ihre Vorstellung von Hege passt.

Raesfeld, der das Prädikat „von" unberechtigt trug, wurde 1855 im westfälischen Dorsten geboren. Er war durch sein Elternhaus nicht jagdlich vorbelastet, wohl aber schon als Jugendlicher weit über die Jagd hinaus an der Natur interessiert. Raesfeld gehörte bereits zu einer Forstgeneration, die zwingend Forstschule oder Studium genoss.

Wegen ihres großen Schadens, den sie durch ihren Raub der Jagd zufügt, wird sie mit aller Macht verfolgt und genießt keine Schonung.

Ferdinand (von) Raesfeld
zur Wildkatze

Am Anfang stand nicht mehr eine Jagd-, sondern eine zweijährige Forstlehre, die er in Rumbeck an der Weser ableistete. An diese schloss sich ein viersemestriges Forststudium in Eberswalde an. Im Vergleich dazu studiert ein „gewöhnlicher Förster" heute außerhalb Österreichs mindestens sechs Semester, ein Forstakademiker zumindest acht. Die Abschlussprüfung schaffte er nicht, weil es ihn ausgerechnet im Fach Botanik warf, welches Theodor Hartig unterrichtete, der Sohn Georg Ludwig Hartigs. Raesfeld musste ein Jahr später in diesem Fach noch einmal antreten. Dem Studium folgte, um eine Wartezeit zu überbrücken, ein Jahr Militärdienst. Nach seinem Abschied begann er als Referendar und legte 1881 sein Staatsexamen als Oberförster ab – was dem heutigen Diplom-Ingenieur entsprach.

Sozusagen aus dem Stand heraus trat er in die Fürstlich Orlowschen Forsten an der unteren Wolga (Russland) ein. Zwei Jahre später zündeten ihm aufständische Arbeiter das Haus an. Dem Angebot, den gesamten 500.000 Hektar großen Betrieb als Leiter zu übernehmen, widerstand er. *(Zum Vergleich: Die Österreichischen Bundesforste verfügen über 339.000 Hektar Wirtschaftswald und eine Gesamtfläche von 850.000 Hektar.)* Nach fünf Jahren als Verwaltungsassessor am preußischen Forstamt Meisenheim landete er schließlich im Jahr 1890 als Revierverwalter auf dem Darß, wo er dreiundzwanzig Jahre blieb. Dort entstanden seine ersten drei jagdlichen Werke. Sein Wirken und seine auf dem Darß gemachten Erfahrungen bestimmten aber auch seine späteren Werke, vor allem „Die Hege in freier Wildbahn", erschienen 1920.

1913 ging er, frustriert über Querelen mit Vorgesetzten *(Es ging wohl um Trophäenträger…)* in Frühpension, fortan reiste er und schrieb. Schließlich ließ er sich in Marquartstein in Oberbayern nahe der Tiroler Grenze nieder, wo er 1929 im Alter von 73 Jahren verstarb.

Das Ideal jedes Weidmannes ist es natürlich, starke Hirsche zu schießen und zwar soviel als möglich.
Ernst Emanuel Silva-Tarouca

Ernst Emanuel Graf Silva-Tarouca

Nur zwei Jahre jünger als Raesfeld war der 1860 in Mähren geborene Ernst Emanuel Graf Silva-Tarouca. Der studierte Jurist galt als bedeutender Dendrologe, obgleich er in diesem Fachgebiet Autodidakt war. Er veröffentlichte zahlreiche Publikationen, von denen sich aber nur zwei mit der Jagd beschäftigten, darunter „Kein Heger – kein Jäger! Ein Handbuch der Wildhege für weidgerechte Jagdherren und Jäger".

Silva-Tarouca war ein Herrenjäger alter Schule, gleichwohl für seine Zeit durchaus „modern". Noch im 19. Jahrhundert hatten Trophäen in der Donaumonarchie nur geringe Bedeutung. Selbst die Geweihe der von seiner Majestät erlegten Hirsche verblieben mehrheitlich am Wildkörper und wurden vom Wildbrethändler weiterverkauft, beispielsweise an Knopffabriken. Tarouca hingegen war schon durch und durch Trophäenjäger. Er war auch einer der Ersten, die versucht haben, das Schalenwild durch Zählung und differenzierte Abschussvorgaben zu managen, auch wenn der Begriff „managen" damals im deutschsprachigen Raum noch unbekannt war.

Franz Vogt

In die Reihe großer Heger reiht sich auch Franz Vogt ein. Wo und wann genau er geboren wurde, finden wir nicht mehr. Wohl aber, dass er 1922 von Wien nach Tetschen-Bodenbach an der Elbe in Nordböhmen übersiedelte und dort schon ein Jahr später ein 3.000 Hektar großes Revier von Fürst Franz Anton von Thun-Hohenstein pachtete. Als er 1928 in Pension ging, widmete er sich ganz dem Heranfüttern kapitaler Rot- und Rehwildtrophäen. Zu diesem Zweck richtete er in seinem Pachtrevier ein 150 Hektar großes Gatter ein, welches er in drei Sektoren gliederte.

> *Es ist eines Volkes heiligste Pflicht, seinen Kindern jenes Erbe zu erhalten und zu pflegen, das es von seinen Vätern übernommen hat.*
>
> Franz Vogt als Rechtfertigung massiver Trophäenzucht mittels Kraftfutter und genetischer Selektion

Was Franz Vogt „Hege" nannte – die serielle Produktion von starken Trophäen durch Verabreichung von energiereichem Kraftfutter und Vitamingaben in einem 150-Hektar-Gatter – wird bis heute als vorbildlich und nachahmenswert dargestellt.

Walter Frevert

Walter Frevert wurde 1897 in Hamm (Westfalen) geboren. Er studierte in Eberswalde, Hannoversch Münden und München Forstwirtschaft und legte im Jahr 1924 die Große Forstliche Staatsprüfung ab. Bereits 1928 wurde er Leiter des Forstamtes Battenberg in Hessen. Im selben Jahr trat er in den nationalsozialistischen Deutschen Reichskriegerbund Kyffhäuser ein und wurde 1933 Mitglied der NSDAP. Im selben Jahr trat er auch noch der SA-Reserve bei. Damit lag seiner Karriere parteipolitisch nichts mehr im Weg.

Auf Veranlassung des Oberstjägermeisters Ulrich Scherping wurde er im Jahr 1936 in die Rominter Heide (Ostpreußen) versetzt, wo er schnell Karriere machte und schließlich Leiter des auf Görings Wunsch gegründeten Staatsjagdrevieres Rominter Heide wurde.

Von Göring wurde ihm auch die Einrichtung des Oberforstamtes Bialowieza und eines weiteren, vor allem für ihn, Göring, gedachten Jagdgebietes in der Größe von 260.000 Hektar beauftragt. Im Zuge der Einrichtung dieses Jagdgebietes wurden 34 Dörfer niedergebrannt und ein Großteil der Bevölkerung ermordet. Dies führte dazu, dass Frevert nach Kriegsende wegen Kriegsverbrechen gesucht wurde.

Gleichwohl wurde er bereits 1947 Leiter des Forstamtes Forbach I im Murgtal in Baden. 1948 wurde er – nicht zuletzt mit Hilfe des Oberforstmeisters Fritz Nüßlein – „entnazifiziert". Das machte ihm den Weg frei, Leiter des Forstamtes Kaltenbronn zu werden. Dort baute er

Der Hirsch als Symbol der Macht.

Standbild vor dem Eingang zur Internationalen Jagdausstellung in Berlin 1937.

einen ganz auf die Trophäenhege ausgerichteten Staatsjagdbetrieb auf. Aus seiner Vergangenheit hatte Frevert nichts gelernt und sah sich bis zuletzt nicht als Täter, sondern eher als Opfer. Als er 1958 den Nazi Franz von Papen als Jagdgast nach Kaltenbronn einlud, erregte er damit heftigen Unmut im Landtag und im zuständigen Ministerium. Franz von Papen war zeitweise Vizekanzler unter Adolf Hitler gewesen und bereitete den Anschluss Österreichs an das Deutsche Reich vor. Gegen Kriegsende war er Hitlers Botschafter im Vatikan. Bei den Nürnberger Kriegsverbrecherprozessen wurde er freigesprochen. Im Entnazifizierungsverfahren wurde er 1947 als „Hauptschuldiger" eingestuft und zu acht Jahren Arbeitslager verurteilt, aber bereits 1949 entlassen. Seinen Lebensabend verbrachte er auf Schloss Benzenhofen in Oberschwaben.

1962 wurde Frevert tot in seinem Forstbezirk aufgefunden. Die Staatsanwaltschaft Baden-Baden stellte schriftlich fest, dass alle Indizien, insbesondere die Lage des Toten und die seiner Waffe, für eine Selbsttötung sprachen. Staatsanwaltschaft und Forstverwaltung einigten sich jedoch, einen Jagdunfall zu dokumentieren, um der Familie Freverts die Unfallfürsorge zukommen zu lassen.

Das Horrido ist für den Jäger dasselbe, was im öffentlichen und politischen Leben das „Sieg Heil" und was beim Militär das „Hurra" bedeutet. Man bringt daher in Jägerkreisen auch auf den Führer oder den Reichsjägermeister kein „Sieg Heil", sondern ein dreifaches „Horrido" aus.

Walter Frevert

Erst im Jahre 1971 – als er schon lange tot war – wurde auf Antrag der Oberstaatsanwaltschaft beim Landgericht Darmstadt ein Ermittlungsverfahren gegen Frevert und gegen 23 weitere Personen wegen der Kriegsverbrechen in Bialowieza eröffnet.

Frevert gilt heute noch in weiten Teilen der deutschsprachigen Jägerei als Symbol für die Hege des Rotwildes, für jagdliches Brauchtum und für die Führung des Hannoverschen Schweißhundes. Im Vorwort seines Buches „Das jagdliche Brauchtum" schreibt er völlig offen, in wessen Auftrag er es geschrieben hat und dass sein Inhalt keineswegs die vor der Machtergreifung der Nazis gepflegten regionalen Bräuche wiedergibt. Im Kapitel „Völkisches Brauchtum" lesen wir: *„Nicht ohne tieferen Grund wird im neuen Reiche Adolf Hitlers die Pflege des alten Brauchtums, insbesondere des bäuerlichen Brauchtums und der Zunftsitten gefordert."*

Ulrich Scherping

Ulrich Scherping wurde 1889 in Krackow (Pommern) als Sohn eines Gutsbesitzers geboren. Mit 19 Jahren trat er freiwillig in den Militärdienst ein, besuchte die Kriegsschule in Kassel und schlug die Offizierslaufbahn ein. Mit Ende des 1. Weltkriegs stand er ohne Ausbildung und zivilen Beruf da. Ein Jahr später übernahm er – als Autodidakt – die Verwaltung des Forst- und Jagdgutes Rogau-Rosenau in Schlesien. Wenige Jahre später wurde er zum „Oberförster" ernannt. 1923 wurde ihm die Verwaltung eines anderen Forstbetriebs angeboten – die Herrschaft Schirokau in Oberschlesien. 1927 stieg er zum Geschäftsführer der Deutschen Jagdkammer in Berlin und 1928 zum Geschäftsführer des Reichsjagdbundes auf.

Mit der Machtergreifung der Nazis wechselte Scherping ins Preußische Ministerium für Landwirtschaft, Domänen und Forsten. Dort war er zunächst maßgeblich an der Schaffung des Preußischen Jagdgesetzes und nachfolgend des Reichsjagdgesetzes beteiligt. Letzteres trat 1934 im Deutschen Reich in Kraft und 1938, nach dem Anschluss Österreichs, auch dort.

Scherping repräsentierte die Jagd im Deutschen Reich nicht nur, er lenkte sie auch in vielen Bereichen absolut positiv. Er war Praktiker, keiner, der nur auf einen Posten geschoben oder gehoben wurde, weil seine politische Vergangenheit zur Durchsetzung jagdlicher Interessen nützlich erschien. Er war auch kein Spätberufener, den gesellschaftliche Bedürfnisse zur Jagd brachten; er wuchs mit und in der Jagd auf, wusste, wovon er sprach und konnte auch an der Spitze der Deutschen Jägerschaft auf ihm nachgeordnete Einsager verzichten.

Wenn ihm heute seine Mitgliedschaft in der NSDAP und in der SS angelastet wird, so hat er nichts anderes getan, als das, was auch heute noch in Österreich wie auch in Deutschland in Politik und Verwaltung üblich, ja selbstverständlich ist. Letztlich wurden überzeugte Nazis ab 1949 ungeniert in hohe politische Funktionen der Adenauer-Regierung übernommen, deren politisches Wirken im Dritten Reich wesentlicher war als das Scherpings.

Im Kontext dessen, was bis in die Mitte des 20. Jahrhunderts der Hege zugeordnet wurde, war Scherping eher Außenseiter als Mitläufer. Während der Großteil der Forstleute unter „Hege" noch den Aufbau hoher Schalenwildbestände verstanden, auf sorgfältigen Wahlabschuss und Fütterung pochten, wetterte er schon lautstark gegen die allgegenwärtige Überhege beim Rehwild. Ihm war das Verbot von Tellereisen und Gift zu verdanken, ebenso wie das Verbot des Schrotschusses auf Schalenwild. Tellereisen und Gift wurden später in Teilen Österreichs

> *Wir leben heute in einer Demokratie, und ich habe mich belehren lassen, dass es in einer Demokratie eine Opposition geben muss, sonst ist es keine Demokratie.*
>
> Ulrich Scherping
> in „Krone des Waidwerks"

wieder zugelassen. Was den Schrotschuss auf Schalenwild betrifft, so schuf sich Scherping damit nicht weniger Gegner als jene, die heute den Schrotschuss auf Rehwild wieder lautstark fordern. Scherping sprach sich schon vor einem Jahrhundert auch offen und leidenschaftlich gegen die Frühjahrsbejagung der Waldschnepfe aus, ebenso gegen die Balzjagd auf Raufußhühner. Damit hatte er die überwiegende Mehrheit der Jäger sicher gegen sich. Dazu brauchte es auch Mut und eine klare Meinung, die wir heute bei so vielen, die vorgeben, uns zu vertreten, vermissen.

Hans Behnke

Hans Behnke wurde 1912 in Schleswig-Holstein geboren, war Berufsjäger, machte den Zweiten Weltkrieg mit, in dem er ein Bein verlor. Er war 1949 Mitbegründer des Deutschen Jagdschutz-Verbandes. Zwanzig Jahre hindurch, von 1954 bis 1974, wirkte er als Geschäftsführer des Landesjagdverbandes Schleswig-Holstein. In dieser Zeit wurde er erst zum Revieroberjäger und dann zum Wildmeister ernannt. 1998 verstarb er in Beldorf, ebenfalls in Schleswig-Holstein.

Behnke hatte mit Schalenwild nicht allzu viel am Hut. Sein jagdliches Wirken galt vor allem dem Niederwild oder, wenn man diese sprachliche Spitze wagen darf, der Bekämpfung des Raubwildes. Behnke genoss hohes Ansehen, auch bei manchen Jagdwissenschaftlern seiner Zeit. Man darf ihn als Vordenker der organisierten Jägerschaft in den ersten Nachkriegsjahrzehnten bezeichnen, zumindest wenn es um Niederwild ging. Sein Credo war gleichermaßen einfach wie eingängig: Jene beseitigen, die uns Konkurrenten sind! Dabei berücksichtigte er auch Bedenken des Naturschutzes, einfach mit der Behauptung, dass intensivste Raubwildbejagung zu mehr Raubwild

> *Das wilde Raubzeug sind die Krähen und die Elstern. Sie genießen keinerlei Schonung und Schonzeit. Der Jäger schießt in der Brutzeit, vor allem in den Vormittagsstunden, die Horste mit der Kugel aus.*
>
> Hans Behnke, Wildmeister

Krummschnabel.
Auch eine Art von Hegeverständnis: Jene beseitigen, die für uns Konkurrenz sind.

führt, weil ja durch die intensive Bejagung die Lebensbedingungen jener Arten verbessert werden, die den Jäger interessieren. Das waren vor allem Hase, Kaninchen, Fasan, Rebhuhn und Stockente. Er war es, der sprachlich immer zwischen „Raubzeug“ und „Raubwild“ unterschied, doch im Umgang mit diesen beiden Gruppen gab es kaum einen Unterschied. Verfasser erinnert sich selbst noch an Begegnungen mit Behnke, bei denen er sich ganzer Berge in seinem Hof liegender geschossener Bussarde rühmte und an Gespräche mit Kollegen, die als Lehrlinge bei ihm waren.

Man täte Behnke Unrecht, würde man ihn völlig auf die Vernichtung von Raubzeug und Raubwild reduzieren. Ohne Zweifel hatte er auch die Notwendigkeit der sogenannten Reviergestaltung erkannt. Das kommt in seinem Buch „Hege und Jagd im Jahreslauf“ und im einen oder anderen Zeitschriftenbeitrag zum Ausdruck. Grundsätzlich aber stand die Bekämpfung von Tieren im Vordergrund, die ihm jagdlich nicht „nützlich“ erschienen.

Behnke lehnt offiziell die Verwendung von Gift ab, propagierte aber gleichzeitig das Auslegen von Gifteiern. Konkurrent des Jägers war und ist auch der Mensch – der Wilderer. Heute dürfte die Mehrzahl der überführten „Wilderer" Jagdscheininhaber sein. Doch zumindest in Behnkes Zeit war der Wilderer, der ein Kaninchen fing, in manchen Köpfen auch nicht so viel höher angesiedelt als eine im Feld herumstreifende Hauskatze. Der „Spiegel" zitiert Hans Behnke in Ausgabe 19/1985 so: *„Jedermann, den ich im Revier treffe, ist ein Wilderer, bis ich mich vom Gegenteil überzeugt habe".*

Es gehörte schon ein gerütteltes Maß an Arroganz dazu, sich in einen solchen Satz zu versteigen, noch dazu in Form eines Interviews mit einem Magazin, das von Millionen gelesen wurde. Gut, da mag sich der Wildmeister vielleicht etwas vergaloppiert haben, doch seine Denkweise deckte sich mit der vieler anderer alter Jäger. Der Autor dieses Buches, ebenfalls Berufsjäger, lernte noch, man solle nur im äußersten Notfall auf Menschen schießen, dann aber unbedingt so, dass der Beschossene nicht mehr aussagen könne. Heute sind solche Sprüche auch in Jägerkreisen absolut undenkbar. Doch in den ersten Nachkriegsjahrzehnten waren die meisten Jäger noch Kriegsteilnehmer. Viele von ihnen hatten Menschen in großer Zahl erschossen, die keine Kaninchen gewildert hatten…

Behnke wusste griffig zu formulieren, und wer nur seine Worte aufnahm, ohne sich eigene Gedanken zu machen, der mochte ihm voll Recht geben: *„Ein freilaufender Hund ist ein wildernder Hund, ein Wolf, denn er sucht im Revier weder ein Sofakissen noch einen Schlachterladen; er sucht Wild."*

So einfach kann man es sich machen, und so leicht lassen sich gleich oder ähnlich Denkende mobilisieren. So leicht lässt sich aber auch von honorigen Jägern – ohne dass sie sich dessen bewusst werden – Stimmung gegen die Jagd machen!

Otto Henze

Otto Henze wurde 1908 in Spaichingen auf der Schwäbischen Alb geboren und starb 1991 in Überlingen am Bodensee. Er trat nie als Jäger hervor und als Heger nur insoweit, als es um den Schutz der Singvögel ging. Er war Bayerischer Landessachverständiger für Vogelschutz, Leiter der vormaligen Vogelwarte Garmisch-Partenkirchen und später Mitarbeiter des Institutes für angewandte Zoologie der Forstlichen Forschungsanstalt in Freiburg. Mit seinen Behauptungen zur Schädlichkeit der Greif- und Rabenvögel wie auch der Marderartigen

Die Spatzenbruten werden aus den Nistkästen im Garten ... ausgenommen, einerlei ob man erst Eier, kleine oder schon flügge Junge antrifft.

Otto Henze in seinem Buch „Vogelschutz gegen Insektenschaden in der Forstwirtschaft"

für Singvögel, prägte er das Denken und Handeln zweier Förstergenerationen und vieler Jäger. Er trat für die rigorose Verfolgung von Elster und Eichelhäher zum Schutze der Singvögel ein. Seine Sympathie galt jedoch keineswegs allen Singvögeln, vielmehr unterschied er sauber zwischen „nützlich" und „schädlich". Nützliche Arten wurden gefördert, schädliche vernichtet.

Henze wurde darob geachtet und vielfach gefeiert. Was also will man Jägern vorwerfen, die heute noch glauben, was er als Wissenschaftler gelehrt hat?

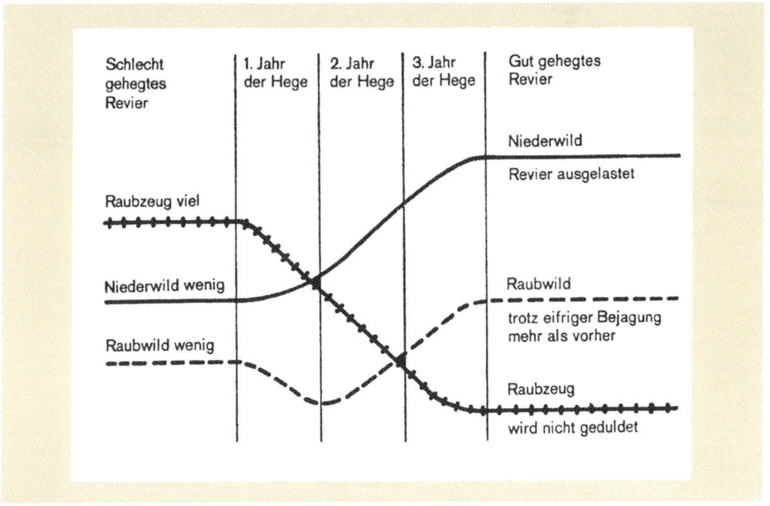

Erdachte Hegekurve nach Behnke, wie sie teilweise selbst im universitären Betrieb bis in die Gegenwart verwendet wird: Raubwild nimmt bei starker Bejagung zu...

Hühnerjagd mit dem Netz im 17. Jahrhundert.

Vom Jagen zum Fangen

Um was es einmal ging

Die Fallenjagd ist zwar sicher nicht so alt wie die Jagd schlechthin, aber auch nicht sehr viel jünger. Fallen gehören daher zweifellos zu den ältesten Jagdgeräten überhaupt. Gleichwohl entbehren manche Bilder, die heute von früher Fallenjagd verbal wie mit dem Pinsel gemalt werden, nicht eines guten Schusses Phantasie. Aber dazu müssen wir zunächst den Begriff „Falle“ definieren. Um Fallen im heutigen Sinne herzustellen, bedurfte es gewisser Werkzeuge. Man denke an die vielkolportierte Fallgrube, in der sich das Mammut fing. Doch mit bloßen Händen grub keiner ein mammutgroßes Loch in den steinigen Boden, und ohne relativ weit entwickelte Werkzeuge beförderte keiner tonnenschwere Felsbrocken aus einem zumindest drei Meter tiefen Loch an die Oberfläche.

Als frühe Naturfalle, die keine menschliche Bearbeitung erforderte, darf der Abgrund gelten, über den Tierherden in den Tod gejagt worden sein sollen. Das mag in Einzelfällen so gewesen sein, entbehrte aber sicher der Systematik. Einzeltiere lassen sich nicht gezielt über einen Abgrund jagen; sie wissen perfekt auszuweichen. Größere Tierherden hingegen waren sicher auch in der Urzeit – selbst mit Feuer – äußerst schwer in Bewegung zu setzen und noch viel schwerer in eine bestimmte Richtung zu drängen. Zweiflern sei empfohlen, sich einfach einmal beim Zusammentreiben von Rindern oder Pferden in einer Koppel zu betätigen. Es hilft auch weiter, sich anzuschauen, wie wenig sich Rentierherden um Wölfe kümmern oder afrikanische Steppentiere um Löwenrudel. Davon, dass Wölfe oder Löwen in der Lage sind, ein Huftierrudel gezielt in eine vorbestimmte Richtung zu treiben, kann schon überhaupt keine Rede sein. Das Gegenteil ist der Fall. Große Beutegreifer versuchen immer, Rudel „aufzulösen“ und dann Einzeltiere anzugreifen, während die Rudel oder Herden den Weg bestimmen.

Noch etwas sollten wir bedenken: Die Erbeutung größerer Säuger war für die Urmenschen wohl mehrheitlich „defizitär“, denn die Menge des erbeuteten Fleisches war zwar groß, aber der Aufwand ebenso und die Zahl der Verwerter war klein. Die Verwesung und vor allem die

Nutzung durch Großkatzen und Bären waren sicher schneller als die Verwertung durch Menschen. Neben großer Mühe und hohem Risiko seitens der Jäger hätte ein eher kleiner Nutzen gestanden. Leichte, transportable und schnell selbst verwertbare Beutetiere waren daher sicher sinnvoller.

Bestimmt haben unsere Vorfahren mit Prügeln schon Wild erschlagen oder mit Steinen totgeworfen, ehe sie dazu in der Lage waren, eine Schlinge aufzuhängen oder eine Fallgrube zu bauen. Zur Herstellung der Schlinge bedurfte es neben der Idee und gewisser Fertigkeit auch eines geeigneten Materials.

Als die Menschen irgendwann doch dazu in der Lage waren, Fallgruben auszuheben, ging es ihnen beim Bau einer irgendwie gearteten Fanganlage sicher nicht um „Prädatoren-Management". Nein, sie wollten etwas zum Fressen haben. Der Hirsch wird ihnen dabei als Beute lieber gewesen sein als ein Wolf. Doch noch lieber waren ihnen vielleicht die Reste eines von Wölfen gerissenen Hirsches. Es kam eben sicher weniger auf die Art eines gefangenen Wildes an als auf dessen Größe. Daran änderte sich so lange nichts, als die Jäger wirklich Jäger blieben und nicht Züchter und Selektierer sein wollten.

Der erste Schritt, in der Fangjagd etwas anderes zu sehen als Nahrungsbeschaffung, dürfte relativ spät gesetzt worden sein. Er erfolgte, als der Mensch Tiere fing, weil er Angst vor ihnen hatte oder sie als Konkurrenten sah, nämlich vor allem Bär und Wolf. Die Falle diente jetzt zwei Zwecken: der Nahrungsbeschaffung und der Sicherheit. Noch zu Zeiten eines Georg Franz Dietrich aus dem Winckell hat kein Jäger einen gefangenen Wolf, nachdem er ihn getötet hatte, vermessen, die CIC-Punkte ermittelt und sich die Kadaverreste präparieren lassen. Nein – er hat ihn garantiert gefressen, und zwar ohne EU-Wildbret-Richtlinie und ohne Trichinenbeschau!

Interessant ist, dass der Abstieg des Niederwildes zu einem Zeitpunkt begann, als so ziemlich alles, was Fangzähne oder krumme Schnäbel hatte, gnadenlos bekämpft wurde. Gift, Drahtschlingen, Tellereisen, Selbstschüsse – alles war noch gebräuchlich und weitgehend auch legal. Trotzdem!

Der Niedergang von Rebhuhn und Feldhase begann mit dem Einzug der Dampfmaschine in die Landwirtschaft. Es war der Engländer John Fowler, der schon bald nach der Revolution von 1848 ein aus zwei Dampfmaschinen und einem Kipp-Pflug bestehendes System

Der Rückgang von Rebhuhn und Hase lässt sich klar mit der veränderten Situation in der Landwirtschaft in Verbindung bringen. Die Flächenzusammenlegung nach der Enteignung der privaten Grundeigentümer in Tschechien ließ die Besätze dramatisch schrumpfen.

Miroslav Vodnansky

entwickelte, das die Landwirtschaft revolutionierte. Für den Einsatz waren möglichst große, gerade Flächen erforderlich. So wurden immer mehr kleine Strukturen zerstört. Was anfangs noch rare Sensation war, griff rasch um sich und wurde weiterentwickelt.

Kurz nach der Jahrhundertwende gelang überdies dem Chemiker Fritz Haber die katalytische Ammoniak-Synthese, und Carl Bosch erfand dazu ein Verfahren, mit dem Ammoniak erstmals in großem Stil hergestellt werden konnte. Das war die Voraussetzung für die industrielle Produktion von Stickstoffdüngern, und es war auch die „Todeserfindung" für zahllose Tierarten!

Über den Einfluss der Landwirtschaft auf Rebhühner und Hasen in Tschechien berichtet recht anschaulich Vodnansky in der Februar-Ausgabe 2018 des „Anblick". Er zeigt den dramatischen Absturz der einst enorm hohen Rebhuhnstrecken von bis zu drei Millionen Stück auf fast null auf. Dieser Absturz begann mit der Flächenzusammenlegung. Aufhalten konnten ihn weder teure Auswilderungsprogramme noch die damals fast unlimitierte Verfolgung der Beutegreifer! Die Feldhasen ereilte mit zwei Jahrzehnten Verzögerung genau dasselbe Schicksal. Von 1973 bis 2017 brach Tschechiens Hasenstrecke um mehr als 97 Prozent ein! Vodnansky berichtet auch über Studien zur Belastung der Feldhasen mit Schwermetallen, deren Ergebnisse jedoch nicht veröffentlicht werden durften.

Der Einsatz von Fallen aller Art bei der Niederwildhege entwickelte sich fast zwangsweise sehr früh, einfach weil lokal und temporär viel Kleinwild vorhanden war, Feuerwaffen aber noch nicht erfunden und später zunächst noch wenig praktikabel waren. Bis zur Erfindung der Vorderlader war die Niederwildjagd mit Feuerwaffen eine wenig rentable Angelegenheit.

Die Weiterentwicklung der Feuerwaffen reduzierte die Verwendung von Fallen nach und nach auf den Fang von „schädlichem Wild". Dabei war die Jägerei in der Wahl der Mittel nie besonders zimperlich. Daran hat sich bis in unsere Tage wenig geändert. Wenn heute auf manche Fallen verzichtet wird, dann weniger kraft eigener besserer Einsicht, eher unter dem Druck der Öffentlichkeit und gegen den Widerstand vieler Interessensvertreter. Wir dürfen nicht vergessen, dass noch vor etwas mehr als einem Jahrhundert die Drahtschlinge lokal für den Fang von Rehwild zugelassen war. Viele Fanggeräte, von denen wir heute nichts mehr wissen wollen, sind noch bis zur Jahrtausendwende verwendet worden. In der Deutschen Demokratischen Republik (DDR) war das Tellereisen noch bis zur Einverleibung in die Bundesrepublik Deutschland legal und lieferte einen hohen Anteil der Fuchsstrecken. Um die Jahrtausendwende standen noch in vielen Revieren Prügelfallen aller Art: Dreiecksprügelfalle, Scherenfalle, Marderschlagbaum, die große Hundefalle, in der sich auch Kinder fangen konnten. Sie alle fingen zwar oft sofort tötend, aber genauso oft fingen sie quälerisch und vor allem unselektiv!

Verfasser muss gestehen, während seiner aktiven Dienstzeit als Berufsjäger mit Fallen gejagt zu haben. Fehlfänge wurden der eigenen Stümperhaftigkeit zugeschrieben, was den Ehrgeiz, ein guter Fänger zu werden, eher noch anstachelte. Es waren die Gespräche im vertrauten Kollegenkreis, die ihm klarmachten, dass es weniger das eigene Unvermögen als die grundsätzliche Unzuverlässigkeit der Fallen war.

In der zweiten Hälfte des vergangenen Jahrhunderts schrieb mancher, der als Berufsjäger etwas hervortreten wollte, ein Fallenbuch. Es waren überwiegend „wissenschaftliche Werke", denn einer schrieb vom anderen ab. Und schon gar keiner wagte, die Folterinstrumente kritisch darzustellen. Er hätte sich damit nicht nur im Kollegenkreis ins Abseits manöveriert. Allen ging es bei ihrem Tun um die Rettung des Niederwildes, also um Hege.

Widersprüche gab es genug, und diese Widersprüche blieben bis heute. Noch im 19. Jahrhundert wurde auch viel „Friedwild" (ein idiotischer Name!) gefangen. Erinnert sei hier nur an die Verwendung von Netzen – Tiraß, Steckgarn – beim Fang von Wachteln und Rebhühnern. Für Wildenten gab es sehr aufwändige Fanganlagen, die sogenannten Entenkojen. Selbstverständlich wurde auch Schwarzwild gefangen. In der DDR geschah das in großem Stil und mit ebenso großem Erfolg bis zum Inkrafttreten des westdeutschen Bundesjagdgesetzes. Verfasser stand in den 1970er-Jahren in einer der Kühlhallen eines süddeutschen Wildbrethändlers, in der wohl weit mehr als hundert DDR-Sauen hingen, die meisten mit sauberem kleinkalibrigem Schuss in den Kopf erledigt. Was damals noch üblich und gute Praxis war, wurde mit dem Inkrafttreten des Bundesjagdgesetzes auf dem Gebiet der ehemaligen DDR über Nacht zur Schweinerei und Tierquälerei. Bis heute verhindern manche deutsche Jagdverbände den Einsatz von Saufängen bei der Schwarzwildreduktion – auch im Angesicht der Afrikanischen Schweinepest!

Der mit seinen Fängen oder Schwingen im Schwanenhals hängende Bussard wird hingenommen und „beschwiegen", ebenso die mit ihrer Brante im Eisen hängende Wildkatze… Es geht eben um die Hege!

Von Hasen- und Kaninchengärten

Die Idee, zur Steigerung der Jagdstrecken „Gehege" anzulegen, ist nicht neu, im Gegenteil. Nicht erst Hartig gibt in seinem Buch „Jäger-Practica" Anleitung hierzu. Allerdings verstand man zu jener Zeit unter einem Gehege nicht unbedingt einen geschlossenen Zaun, in dem eine bestimmte Wildart „gehegt" wurde. Vielmehr waren es Gehölze und Brachflächen in der Feldmark, die dem Wild schlicht mehr Deckung und Äsung boten als die bewirtschafteten Flächen, die ein solches „Gehege" umgaben. Die Maßnahmen, mit welchen Feldhasen, Wildkaninchen, aber auch Federwild aller Art gehegt werden sollten, waren

> *Wäre nun in einer solchen Gegend eine neue Ansiedlung von Hasen zu machen, so suche man vor allen Dingen die Füchse, Feldkatzen, Wiesel und Raubvögel so viel als möglich wegzuschaffen und setze nachher im Frühjahr eine nicht zu kleine Anzahl irgendwo gefangener Häsinnen und den dritten Teil so viele Hasen oder Rammler in einem Feldholz oder in einer Gegend, wo viele Remisen oder Hecken im Feld liegen, aus.*
>
> Georg Ludwig Hartig

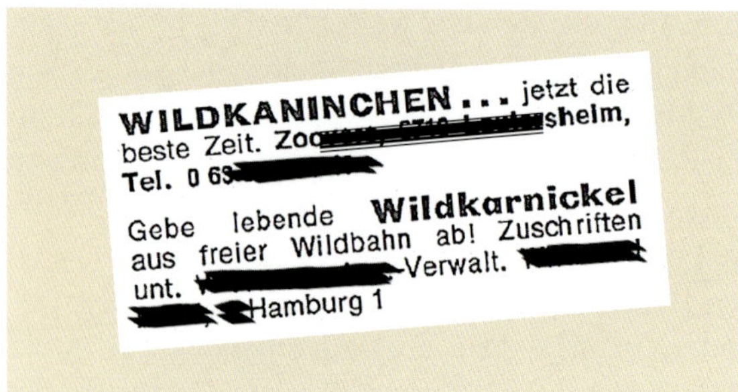
WILDKANINCHEN . . . jetzt die beste Zeit. Zo[illegible]sheim, **Tel. 0 6**[illegible]

Gebe lebende **Wildkarnickel** aus freier Wildbahn ab! Zuschriften unt. [illegible]-Verwalt. [illegible] Hamburg 1

Kaninchen zur Blutauffrischung…

im Prinzip dieselben wie heute. Allerdings wurde die Hege zu Hartigs Zeiten weder von menschlicher Vernunft noch durch Gesetze behindert, die dem Tier- oder Artenschutz dienen sollten. Zumindest Letztere gibt es heute, ob sie nun wirklich überall beachtet werden oder nicht. Eines wusste Hartig jedenfalls schon, auch wenn sich dieses Wissen nicht überall bis heute halten konnte: Wer mehr Hasen will, darf sie nicht totschießen!

Zur Hege von Kaninchen gibt der Meister dieselben Empfehlungen wie beim Feldhasen. Nur den immer noch so oft von deutschen Jagdfunktionären zu hörenden Spruch *„Die Fallenjagd ist unverzichtbar"* kannte er offenbar noch nicht. Dennoch sehen wir, dass sich das Verständnis von Hege über die Jahrhunderte kaum veränderte. Nicht unser besseres Wissen limitiert dieses Verständnis, sondern eine aufgeklärtere Gesellschaft!

Hartig erwähnt, dass Kaninchen, wo der Lebensraum passt, zu einer „wahren Landplage" werden. Gleichwohl empfahl er, auch dort, wo dies zutrifft, in kleinen Feldgehölzen mit sandigen Böden, „bauähnliche" Höhlen zu graben und Kaninchen zusätzlich auszusetzen, sie etliche Jahre zu hegen und so viel wie möglich Raubzeug zu vermindern. Hartigs Resümee: *„… so wird man bald über ihre nur allzu starke Vermehrung und über den großen Schaden, den sie anrichten, erstaunen."*

Das klingt nun alles wie aus fernen Tagen. Aber noch im letzten Quartal des 20. Jahrhunderts wurden in Jagdzeitschriften in großer Zahl Wildkaninchen zum Aussetzen angeboten. Und dies, obwohl die Myxomatose gerade dort zugeschlagen hatte, wo die Kaninchendichte besonders hoch war. Eine echte, der Arterhaltung und nicht Massenstrecken dienende Hege wäre auf eher niedrige Dichten ausgerichtet gewesen!

Wenn man auf 300 Hektar ebenso viele Sauen zusammenpfercht, so braucht man zur Verwaltung eines solchen „Sauparks" keinen Jagdverwalter, sondern einen Schweinehirten, der infolge seiner Dorfpraxis meist wissen wird, ob noch „Sauen" Platz haben oder nicht und wieviel man schütten muss.

Franz Krichler, Redakteur der Deutschen Forst- und Jagdzeitung, im Jahr 1891

Wozu überhaupt Gatter?

Darüber, ob man im Gehege oder Gatter jagen kann, wurde in der Vergangenheit unendlich viel und kontrovers diskutiert. Die Befürworter sehen im Gatter einen geschützten Raum, in dem das Wild besser „gehegt" werden kann als in freier Wildbahn, und sie führen gleichzeitig an, dass durch Gatter Wildschäden außerhalb derselben vermieden würden. In diesem Punkt dürfen sie sich auf Maria Theresia berufen.

Gegner vertreten die Auffassung, dass vor allem Bewegungsjagden in Gattern mit Jagd nichts zu tun hätten, vielmehr handle es sich nur um reines Abschießen – darum, möglichst sicher möglichst viel totzuschießen. Sie sehen das Ansehen der Jagd durch diese Praktiken beschädigt und ihre Zukunft gefährdet.

Zur Verteidigung der Jagdgatter wird angeführt, das Wild könne sich in diesen frei bewegen und flüchten. Gern wird darauf verwiesen, dass viele Gatter deutlich größer seien als die von den Jagdgesetzen festgeschriebenen Mindestgrößen für Eigenjagden. Das stimmt. Doch wenn in einem 150 Hektar großen freien Jagdrevier eine Drückjagd auf Schwarzwild abgehalten wird, flieht dieses und verlässt den bejagten Bereich. Damit ist die Jagd – auch wenn ihr Ende nach der Uhr angesetzt wurde – beendet, und das Wild hat nach einer nicht zu langen Flucht wieder seine Ruhe. Im Gatter führt die Flucht rasch zu einem diese behindernden Zaun oder einer Mauer. Die Büchsen schweigen auch dann nicht. Vielmehr wird geschossen solange noch Wild vorhanden und die festgesetzte Zeit nicht vorüber ist. Die Hunde halten das Wild in Bewegung, und der Zaun hindert es an weiträumiger, die Hunde abhängender Flucht.

Es wäre unsachlich, die Gatterjagden mit den eingestellten Jagen der Feudalzeit zu vergleichen. Doch die Ziele sind ähnlich – möglichst viel zu töten. Man will aber nicht eine möglichst hohe Strecke erzielen, um ein Problem mit untragbaren Wildschäden zu lösen. Die hohe Strecke dient – das war auch bei den eingestellten Jagen so – dem Lustgewinn!

Für die eingestellten Jagen wurde das Wild mit einem ungeheuren Aufwand an Menschen und Material zusammengetrieben und letztlich mit Tüchern an der Flucht gehindert. Dieser Aufwand ist heute aus vielerlei Gründen nicht mehr möglich und würde wohl auch von der Mehrheit der Bevölkerung verabscheut und von der Politik nicht mehr gestützt. Heute werden die Jagdgatter während der meisten Zeit des Jahres als Orte der Erholung gesehen. Nicht selten sind derartige Gatter auch mit „Schaufütterungen" verbunden, die nicht nur zur Deckung der Betriebskosten beitragen, sondern die Besucher auch der Natur näherbringen sollen. Die meisten Besucher sind sich wohl über den eigentlichen Zweck eines solchen Gatters nicht bewusst, und viele würde der Gedanke an den Zaun auch nicht stören. Letztlich wird von denen, die im Gatter schießen, ja auch immer wieder betont, dass sie größten Wert auf weidgerechtes Jagen legen.

Diesen Begriff, der ja auch ständig mit der Hege in Verbindung gebracht wird, haben auch die feudalen Jäger der eingestellten Jagen für sich in Anspruch genommen. Auch sie reklamierten die Tradition, pompöses Brauchtum und Liebe zu Jagd und Wild. Den Schlusspunkt unter diese Art von Hege und Jagd setzte das Jahr 1848. Tatsächlich hat die nie näher definierte Weidgerechtigkeit dem Tier kaum je gedient. Häufig war und ist das genaue Gegenteil der Fall! Die Befürworter mögen die Gatterjagd weidgerecht nennen. Das Wohl der Tiere – wenn man darunter mehr verstehen will als das Gefühl satt zu sein – ist sicher nicht gewährleistet. In einem Land mit tatsächlich gelebter Demokratie wie der Schweiz ist Gatterjagd undenkbar. Der Versuch, sie zuzulassen, würde absolut sicher mit einer Volksabstimmung zu Fall gebracht, bei der ebenso sicher auch die weit überwiegende Jägermehrheit dagegen stimmen würde!

Selbstverständlich soll der Zaun oder die Mauer verhindern, dass außerhalb Wildschäden entstehen oder dass das Wild abwandert. Beides bedingt sich. Unnatürlich hohe Wilddichten sind meist erwünscht, aber ohne Zaun nicht zu halten. Eine Verteilung des Wildes auf

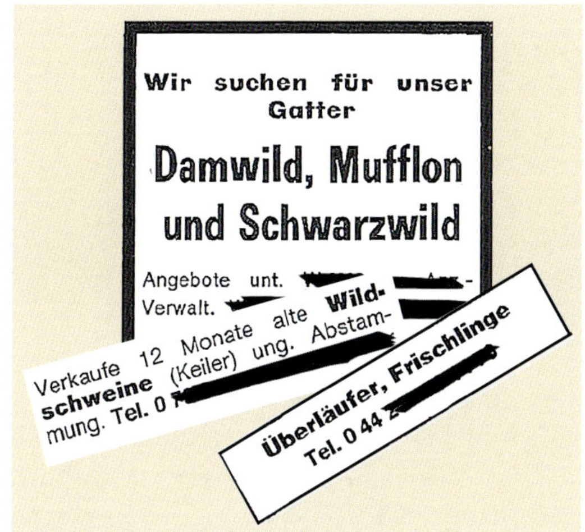

Nachschub fürs Gatter.

Ein Gatter mit Wilddichten wie in freier Wildbahn und mit freier Fluchtmöglichkeit für das Wild macht keinen Sinn. Was nicht schnell genug heranwächst, lässt sich zukaufen.

benachbarte Bereiche würde hohe Wildschadensforderung nachziehen oder aber Ertragseinbußen auf eigenem Grund.

„Normale“ Wilddichten erfordern keinen Zaun. Doch wenn die Wilddichten signifikant höher sein sollen als jene der Umgebung, muss man die Tiere am Weglaufen hindern! Das geht auch nicht ohne intensive Fütterung, häufig ganzjährig. Intensive „Bejagung“ erfordert nicht selten permanenten Nachschub lebender „Abschussware“. Der Förderverein für Umweltstudien mit Sitz in Achenkirch (FUST) schreibt hierzu in seiner „Position 0/7“:

> Teilweise werden solche Tiere vor Beginn der „Jagd“ in die Nähe von Schützenständen gebracht, um sie knapp vor oder während der Abschussaktion freizulassen. Auch „Vorbestellungen“ der Strecken-Stückzahl und beim Schalenwild auch der Stärke der Tiere vor der „Jagd“ kommen vor.

Wie wird im Gatter gejagt?

Jagdgatter werden fast ausschließlich entweder zur jagdlichen Repräsentation oder zur kommerziellen Nutzung betrieben. Vielfach ist wohl beides der Fall, wobei die kommerzielle Nutzung die Repräsentation finanzieren muss. Die Kosten für die Instandhaltung eines Jagdgatters und für dessen laufenden Betrieb sind beachtlich und mit einer „Verkaufsjagd“ alleine nicht zu erwirtschaften. Daher werden häufig meh-

> *Bewegungsjagden in Jagdgattern sind keinesfalls zur Bestandsreduktion oder zur Vermeidung von Jagddruck notwendig und daher besonders tierschutzrelevant. Unter Zugrundelegung der Maßstäbe des Tierschutzrechts kann hier sehr schnell der Tatbestand der Tierquälerei erfüllt sein.*
>
> Karoline Schmidt, Wildbiologin

rere solcher „Abschussveranstaltungen“ eingeplant. Das funktioniert aber nur, wenn sich ungleich mehr Wild im Gatter befindet als auf vergleichbarer Fläche in freier Wildbahn normalerweise vorhanden wäre. Das bedeutet aber auch, dass ganzjährig massiv zugefüttert werden muss. Mitunter befinden sich in den Jagdgattern noch kleinere Sektionen, die sogenannte „Überlebensgatter“. In diesen wird während der Jagden jenes Schwarzwild vorübergehend eingesperrt, welches entweder vor schießwütigen Gästen geschützt werden soll oder bei der nächsten Jagd noch zur Verfügung stehen muss. In erster Linie geht es wohl um den Schutz der Bachen und stärkeren Keiler.

Eine Möglichkeit, während der gesamten Drückjagdsaison über ausreichend „Material“ zu verfügen, ist der Zukauf. Häufig handelt es sich um Frischlinge und Überläufer aus landwirtschaftlicher Produktion. Sie werden teilweise erst ein, zwei Tage vor der geplanten Jagd im Gatter aus den Kisten gelassen.

Eine Variante stellt das bereits genannte Überlebensgatter dar. Verfasser, der während seiner aktiven Dienstzeit immer wieder als Nachsuchenführer zu „Gatterjagden“ abgeordnet wurde, hat auch erlebt, dass Frischlinge und Überläufer – während die Schützen ihre Gulaschsuppe löffelten und vor deren Augen – aus einem nahezu baumlosen, vorm Haus des Wirtschaftsführers gelegenen Kleinstgatter ausgetrieben wurden. Sozusagen fertig machen zum letzten Gefecht…

Wenn es darum geht, besonders hochrangige Schützen mit dem Anlauf besonders starken Wildes, etwa Keiler oder Schaufler zu beehren, haben sich Laufzäune in den Dickungen, die das Wild lenken, sehr bewährt…

Innerhalb eines bayerischen Großgatters befand sich ein nur wenige Hektar großer zusätzlich gegatterter Hügel. In diesen Zaun im Zaun wurden im Spätwinter, also nach der letzten Jagd, die Bachen „eingefüttert". War genug Wild drinnen, schloss man die Tore, und die Bachen konnten, so sie es nicht schon getan hatten, ungestört frischen. Weglaufen konnte niemand!

Vom Personal bekam dieser gegatterte Hügel den Namen „Karussell". In gewissen Abständen führten von dem den Hügel umgebenden Zaun innenseitig kurze Stichzäune Richtung Zentrum. Kurz nach Ende jedes Stichzaunes befand sich ein Schirm. Begannen nun die Hunde zu jagen, flüchteten die Sauen mehrheitlich bald am Zaun entlang in eine bestimmte Richtung. Die kurzen Stichzäune waren Leitzäune, welche die zur Exekution vorgesehenen Kreaturen zwangen, die Schützen anzulaufen. Diese saßen in Schirmen, jeweils kurz nach Ende der Leitzäune. Wer nicht getroffen wurde, suchte sein Heil in panischer Flucht in Gegenrichtung – wieder zum Außenzaun. Von hinten drängten anderes Wild und die Hunde nach, das Karussell dreht sich – bis es nichts mehr zu drehen gab…

So und ähnlich war es in vielen Gattern von alters her Brauch – in Deutschland wie in Österreich. Für Wilhelm II. – wie für den österreichischen Thronfolger Franz Ferdinand – war das rituelle Erschießen möglichst vieler Wildtiere Jagd. Es waren, wie Eckhard Fuhr in der „Welt" schrieb *„repräsentative Massenschlächtereien höfischer Jagden"*.

Wilhelm II. tat dies nicht nur in relativ großen Gatterrevieren wie dem Saupark in Springe, wo bei einer einzigen Jagd 599 Stück Wild erschossen wurden, sondern auch in kleinen Gehegen, in die das von ihm exekutierte Wild vorher gebracht wurde. In Königs Wusterhausen trieb man ihm die Kapitalhirsche in ein Kleinstgatter, wo er binnen einer Stunde 14 Hirsche hinrichtete und im Laufe eines Jagdtages 28. Nur so war es möglich, dass Wilhelm II. im September 1898 in der Schorfheide seinen 1.000. Rothirsch schoss – einen Zwanzigender. Zwei Jahre vor Beginn des Ersten Weltkriegs meldete das Hofjagdamt, Seine Majestät habe inzwischen 47.443 Stück Wild erlegt. Am Ende seiner Laufbahn, als ihn das Volk zum Teufel jagte, hatte er es auf 70.000 Stück gebracht, ungleich weniger, als er zwischen 1914 und 1918 Menschen auf den Schlachtfeldern sinnlos verbluten ließ…

Sein „Kollege", Thronfolger Franz Ferdinand von Österreich-Este, der in Sarajevo erschossen wurde und damit, von ihm unbeabsichtigt, den Ersten Weltkrieg auslöste, brachte es auf 274.899 eigenhändig erschossene Kreaturen.

Zankapfel Wolf.

Ganz vorne: Das ökologische Gleichgewicht

Gedanken über einen Begriff

Kaum ein anderer Begriff wird, wenn es gilt, bestimmte, von der Jagd eingemahnte, gesetzte oder verteidigte Handlungen zu begründen, so häufig benutzt wie der des ökologischen Gleichgewichtes. Dabei waren es nicht die Jäger, die ihn erfunden haben; sie haben der Wissenschaft nur nachgeplappert, dem Begriff jedoch einen ihrem Denken angepassten Sinn gegeben.

Im jagdlichen Sprachgebrauch verstand man unter einem ökologischen Gleichgewicht fortan stabile Verhältnisse in der Natur. Diese sollte berechenbar sein. Eine bestimmte Zahl von Pflanzenfressern sollte mit bestimmten Pflanzengesellschaften zusammenleben, ohne sich wechselweise in Bedrängnis zu bringen. Ebenso sollten die Fleischfresser die Pflanzenfresser nicht ausrotten. Doch genau das fand in der Natur so niemals statt, kann nicht stattfinden. Natur lebt von der Bewegung, vom ständigen Auf und Ab. Natur lässt Pflanzen wachsen und fördert damit Pflanzenfresser. Sie nutzt Feuer, um Freiflächen zu schaffen, und sie streut Samen, um Freiflächen zu verbuschen. Natur lässt Schalenwildbestände anwachsen und ruft damit gleichzeitig Wölfe, um diese anwachsen zu lassen. Geht das Schalenwild zurück, weil es von den Wölfen gefressen wird oder weil seine Nahrung knapp wird oder

Die Dichte der Räuber wird in der Regel durch das Angebot an Beutetieren bestimmt. Ihr Eingriff ist im Allgemeinen gering, hängt aber von der Beutedichte in Bezug auf die Biotopkapazität ab. Ausschaltung der Räuber bewirkt nur eine kurzfristige Vermehrung der Beutetiere, bis andere Sterblichkeitsfaktoren die Dichte auf das vom Lebensraum gegebene Niveau zurückdrücken.

Heribert Kalchreuter, Wildbiologe

weil ihm Umweltereignisse zusetzen, bekommen die Wölfe ein existentielles Problem.

Wir aber schwafeln etwas von einem ökologischen Gleichgewicht und machen es zur Grundlage jagdlicher Buchhalterei. Die Wissenschaft gab dem Gesetzgeber und den Behörden ergänzend Zuwachsraten als Grundlage für Abschusspläne vor. Die Voraussetzung zur Verwendung der Zuwachsraten war, zu wissen, wie viele Tiere einer bestimmten Art in einem bestimmten Revier leben, wie viele dieser Tiere männlich und wie viele weiblich sind. Dies auch noch, wie früher üblich, auf Revierebene. Natürlich wusste die Jagdwissenschaft, dass das nicht funktioniert, gar nicht funktionieren kann, aber sie prostituierte sich bei ihren Geldgebern, bei jenen, die ihre Forschungsprojekte finanzierten. Das waren zu einem erheblichen Teil jagdlich ambitionierte Unternehmer und Verbände. Oder es waren Behörden, die Mittel aus der Jagdabgabe zur Verfügung stellten, über deren Verwendung die Jagdfunktionäre mitentschieden. An diesem geradezu schwachsinnigen System jagdlicher Buchhalterei wird mancherorts bis heute festgehalten.

Natürlich will der Jäger – ich muss es plakativ sagen – kein Auf und Ab. Er pachtet ein Revier, und er will in diesem für die Dauer seiner Pachtperiode regelmäßig eine bestimmte Zahl Tiere erlegen. Das war nicht immer so. Vor 1934 (damals trat in Deutschland das Reichsjagdgesetz in Kraft) waren Abschusspläne für Schalenwild, außerhalb der preußischen Staatsforsten, weitgehend unbekannt. Gleichzeitig waren die Pachtzeiten für Jagdreviere relativ kurz. Da war es durchaus üblich, gegen Ende der Pachtzeit richtig „abzuräumen". Es wurde – sofern man seine Jagdpacht nicht verlängern wollte – so viel wie möglich totgeschossen. Das „edle Wild", so der recht pathetische Sprachgebrauch, sollte nicht in die Hände der „Schinder" fallen. Wir können das in der Jagdliteratur hundertfach nachlesen. Die Jäger sahen also zumindest Teile ihrer Standesgemeinschaft als Schinder oder Aasjäger, eine Wertschätzung, die sich bis heute halten konnte. Sie hielt sich in Bezeichnungen wie „feindliche Grenze", „Killertypen" oder in der plakativen wie recht dummen Behauptung, Förster seien Wildfeinde und wollten das Wild ausrotten.

Eine solche Haltung, nämlich am Ende einer Pachtzeit nichts zu hinterlassen, war durchaus auch beim Adel üblich, der ja noch unter dem Verlust des Jagdregals litt. Er musste akzeptieren, dass bürgerliches und gar bäuerliches „Gesindel" – auch so der vielfach nachzulesende Sprachgebrauch – ihm an den Eigenbesitz angrenzende Jagden wegpachtete. Diese angrenzenden Jagden versuchte der Adel (und später auch das Großbürgertum) als „Schutzjagden" selbst zu pachten. Daraus wurde gar kein Hehl gemacht. Im Gegenteil – die Schinder sollten wissen, dass solche Reviere vor der Neuverpachtung leergeräumt wurden. Sie sollten begreifen, dass es sich – auch angesichts der kurzen Pachtperioden – nicht lohnt, dem Adel oder Großbürgertum in die Quere zu kommen. Dieses Verhalten hatte auch nichts mit dem sozialen Stand des Adels zu tun; der handelte rein pragmatisch und nicht anders, als es später unzählige bürgerliche Jagdherren und Bauern taten.

Der größte „Schalenwildzüchter" war, noch bis in die zweite Hälfte des 20. Jahrhunderts hinein, der Staat. Die Förster standen bei den Privatjägern in ganz hohem Ansehen. Das rührte nicht zuletzt daher, dass sie über Jahrhunderte hinweg den Privaten auf die Finger schauen mussten. Sie galten als Garanten für Hege und hohe Wildbestände.

Dieses hohe Ansehen der staatlichen Forstverwaltungen und ihrer Bediensteten führte auch dazu, dass zahllose Verpächter (Gemeinden, Genossenschaften und Eigenjagdbesitzer), wenn sie ihre Reviere zur Verpachtung ausschrieben, auf gemeinsame Grenzen mit dem Staat verwiesen!

Das ökologische Gleichgewicht, um auf diesen Begriff zurückzukommen, bedeutete forstlich mehrheitlich Reinbestände einer bestimmten Baumart, unterbaut mit Hirschen und Rehböcken. Wer den Verfasser jetzt der Hetze oder üblen Nachrede zeiht, möge in der forstfachlichen Literatur des 19. und 20. Jahrhunderts nachlesen.

Die Erkenntnis, dass sich die Natur nicht in ein jagdliches Rechensystem einbinden lässt, ist bis heute höchst unpopulär, sie wird ausgeklammert, wird ignoriert.

Evolution jagdlichen Sprachgebrauchs

Noch in meiner Jugend wurde von den Jägern, wenn es um Fuchs oder Marder ging, schlicht von „Raubzeug" gesprochen. Standard war auch die Auffassung, dass dieses nicht geduldet werden könne. Diese (Un-)Geisteshaltung bestimmte die jagdliche Praxis. Dabei hatten die Protagonisten des Reichsjagsgesetzes durchaus schon sauber zwischen

Will man seinem Wildstande im Ernste wohl, dann bestimme man für Wurf- resp. Brütequartal: März, April und Mai die doppelte Prämie für jedes erlegte Stück Raubzeug; dadurch begegnet man dem Feinde unseres Wildes am wirksamsten, in dem dadurch die Gefahr sozusagen im Keime erstickt wird; für jedes Ei und für jeden im Mutterleib vorgefundenen Embryo, sowie für die übrigen Monate gelten die einfachen Prämien und Schusslöhne.

W. Stach, gräflich Czernin´scher Oberförster, Verfasser von „Raubzeugvertilgung im Interesse der Wildhege", 1898

Raubzeug und Raubwild unterschieden. Zum Raubwild zählten alle Arten, die dem Jagdrecht unterstanden und somit herrenlos waren. Raubzeug war Privateigentum (etwa Hauskatzen und Hunde) oder es unterstand weder dem Jagd- noch dem Naturschutzrecht (etwa Rabenvögel).

Die Jäger meiner Jugend machten da keinen Unterschied. In der Praxis galt: „Alles, was Fangzähne oder einen krummen Schnabel hat, gehört weg!" Das wurde „Hege" genannt.

Unter dem Druck einer sensibler gewordenen Öffentlichkeit wurde so ab den 1970er-Jahren (zumindest in Deutschland) auf saubere Trennung Wert gelegt. Einer der ganz großen Säulenheiligen der deutschen Jagdverbände war Wildmeister Hans Behnke, Geschäftsführer des LJV Schleswig-Holstein. Er schrieb in seiner in großer Zahl verbreiteten Broschüre „Raubwildjagd und Raubzeugbekämpfung" recht entlarvend: *„Reviere, in denen das Raubzeug nicht geduldet und das Raubwild so kurz als möglich gehalten wird, sind heute wie je Wildkammern…"*

Dieser, die Schöpfung restlos verachtende Grundeinstellung, nämlich beispielsweise Rabenvögel (Wildtiere!) ebenso wie Haustiere, auf denen Eigentum beruht, einfach nicht in der Natur zu dulden, ist zutiefst faschistoid! Was aber bedeutet „Raubwild so kurz als möglich zu halten"? Nichts anderes, als dass ich es ebenfalls nicht dulde, dass ich so viel als irgend möglich fange oder schieße. Wo also ist der Unterschied zwischen Raubzeugbekämpfung und Raubwildjagd? Das wirklich Erschreckende daran ist, dass sich kaum ein Spitzenvertreter der

Rette sich, wer kann!

„Alles, was Fangzähne oder einen krummen Schnabel hat, gehört weg!" – Das war ein unhinterfragter Grundsatz und wurde dann „Hege" genannt.

Jagd öffentlich von diesem Geist distanziert hat; eher war bisher das Gegenteil der Fall!

Inzwischen ist man im Sprachgebrauch subtiler geworden. Aus Raubwild wurden zunächst „Beutegreifer" und schließlich – Raubwild und Raubzeug zusammenfassend – „Prädatoren". Bekämpfung und Jagd wurden durch „Regulation" und Management ersetzt und schließlich – völlig unblutig und schmerzfrei – zu Prädatoren-Management.

Blässhühner vertreiben Enten…

> *Das Blässhuhn gilt als Störenfried auf Entengewässern und wird deshalb vom Jäger nicht gerne in größerer Zahl gesehen. Der Jagdberechtigte darf die Gelege der Blässhühner zerstören.*
>
> Herbert Krebs,
> Revierförster, Redakteur, Buchautor, im Jahr 1972

Herbert Krebs war in seiner Zeit – in der zweiten Hälfte des 20. Jahrhunderts – bereits ein „moderater" Jäger, was auch das einleitende, gemäßigt erscheinende Zitat erklärt. Der Jägermehrheit galten Blässhühner damals noch als Feinde der Entenjagd, die es zu bekämpfen galt. Der Gesetzgeber unterstützte diese Haltung, indem er den Blässhühnern – wie den Haubentauchern – jede Schonzeit verweigerte. Sie waren einfach Ungeziefer, das bekämpft werden musste. Blässhühner galten als „zänkische" Vögel, die systematisch die Stockenten vertrieben. Das fand auch in der Jagdpresse und selbstverständlich in der Ausbildung Widerhall. Dabei muss bedacht werden, dass Vorbereitungskurse als Bedingung für die Jägerprüfung kaum irgendwo verlangt und nur selten abgehalten wurden. Wer Jäger werden wollte, verließ sich auf „das von den Alterfahrenen Gehörte". Wer über ein jagdliches Thema schrieb, tat gut, sich ebenfalls daran zu orientieren – sofern er Wert darauf legte, gedruckt zu werden!

Erschreckend daran war und ist, dass völlig unkritisch nachgeplappert wurde und wird, ohne draußen die Augen offenzuhalten. Denn jeder konnte und kann sich im Revier vom Gegenteil überzeugen. Oft brüten Stockente und Blässhuhn in nächster Nachbarschaft. Zänkisch zeigen sich die Blässhühner gegenüber der eigenen Art, was auch für die Stockenten gilt. Ungeachtet dessen wird das Blässhuhn in nicht wenigen Vorbereitungskursen zur Jägerprüfung auch heute noch als Schädling dargestellt. Nur der Sprachgebrauch hat sich gemäßigt: Es wird nicht mehr bekämpft, sondern reguliert, womit wir wieder beim ökologischen Gleichgewicht wären.

Auch die Jagdwissenschaft wollte ihre Klientel und Sponsoren nicht vergrämen. Mitunter umschiffte sie das Thema und vermied es, klar Position zu beziehen. Sehr schön ist das in „Diezels Niederjagd", 16. Auflage von 1954, bearbeitet von Detlev Müller-Using, zu sehen. Er trifft im Kapitel über das Blässhuhn, immerhin rund vier Druckseiten, selbst keine Aussage, zitiert aber kommentarlos andere Autoren, die blumig die Jagd auf Blässhühner, Massenstrecken eingeschlossen, beschreiben.

Die meisten heute noch von Jägern in Deutschland und Österreich im Rahmen der Hege geschossenen Blässhühner werden schlicht weggeworfen. Eher wenige dienen zuvor noch als Schleppenwild bei der Einarbeitung von Jagdhunden. Das war nicht immer und überall so. Am Bodensee, genauer am Untersee, hatte die „Belchenschlacht" eine lange Tradition, ebenso wie die Zubereitung der erlegten Vögel in der Küche. Schon in alter Zeit brachen die Schweizer und die deutschen Jäger am frühen Morgen mit Booten auf, um die in großer Zahl auf dem Zug oder schon im Winterquartier befindlichen „Belchen“, so der lokale Name für Blässhühner, einzukesseln.

Rechtsgrundlage war ein aus dem Jahre 1854 stammendes Abkommen zwischen der Schweiz und dem Großherzogtum Baden. Jagdlich war alles in Ordnung, nachdem nach dem Zweiten Weltkrieg das Wort „weidgerecht“ in das Abkommen eingefügt worden war. Zugelassen waren 150 Schweizer und 50 deutsche Boote. Gejagt wurde – selbstverständlich höchst weidgerecht – auch in der strengen Notzeit, nämlich bis 31. Jänner. Die Strecken betrugen bis tausend „Belchen“. Den Belchen haben diese Strecken keinen Abbruch getan, aber der dabei unvermeidliche Druck auf Tausende anderer Wasservögel war ebenso enorm wie die Negativschlagzeilen für die Jäger.

1984 erzwang die Bevölkerung Thurgaus eine Volksabstimmung, bei der sich eine große Mehrheit für die Abschaffung der Belchenschlacht aussprach. Um die Hege ging es übrigens auch bei dieser Jagd. Ein Großteil der Thurgauer Belchenjäger war nämlich gleichzeitig Fischer. Die fürchteten um ihre Fischbestände und argumentierten damit, dass die Blässhühner Wasserpflanzen fressen und dabei auch in den Pflanzen abgelegten Fischlaich aufnehmen würden…

Stockenten: Wo Hege lächerlich wird…

Manche meiner Jahrgangsgenossen werden sich noch – so sie jagdlich nicht zu den Spätberufenen gehören – an die Zeit erinnern, als in den Jagdzeitschriften und an Stammtischen die Regulierung des Geschlechterverhältnisses bei den Stockenten diskutiert wurde. Empfohlen wurde der Abschuss von Rauerpeln, also in der Mauser befindlichen Erpeln. Erpel mausern vor der weiblichen Ente und sind in dieser Zeit nicht oder nur eingeschränkt flugfähig. Die Ente sitzt auf dem Gelege und mausert zeitverzögert. Um sie nicht zu beunruhigen, wurde der Abschuss mit dem Kleinkaliber empfohlen.

Natürlich war das Unfug, aber der Heger bildete sich ein, für ein ausgewogenes Geschlechterverhältnis sorgen zu müssen. Tatsächlich sind die Enten, die sich im Spätherbst und Winter bei uns aufhalten, selten jene, die sich bei uns verpaart und gebrütet haben. Gerade die

Die glücklichsten Schüsse lassen sich bei dieser Jagdmethode hauptsächlich dann machen, wenn man dieselbe so früh beginnen kann, daß noch einzelne Eisstücke auf der Oberfläche des Wassers herumschwimmen, auf die sich die Enten oft in bedeutender Menge bei hellem Sonnenschein und nachdem sie bei hinlänglich eingenommener Äsung ihren Hunger gestillt haben, setzen und schlafend ausruhen. Hier hat ein waagerecht auf sie eindringender Schrothagel unglaubliche Wirkung...

Carl Emil Diezel, (1779 - 1860),
deutscher Forstmann, Jäger, und Schriftsteller

Erpel vergesellschaften sich während der Mauser und verstreichen mitunter in entferntere Reviere. Klar, die weiblichen Enten verteilen sich im Spätwinter, suchen ihre späteren Brutgewässer auf, und die Erpel folgen ihnen. Da lassen sich dann vielleicht ein paar Enten auch an einem Teich mit fehlender oder dürftiger Ufervegetation nieder. Stockenten sind flexibel und brüten mitunter weit entfernt vom nächsten Gewässer. Hat der Erpel seinen Beitrag zur Arterhaltung geleistet und sitzt die Ente auf den Eiern, braucht er gute Deckung, denn er wird ja flugunfähig. Da bietet ihm der vom Jäger geschaffene, mit Bruthütten umstellte und mit Futter eutrophierte Teich gar nichts – er muss verstreichen!

Auf den Mausergewässern aber sieht der Jäger einen exorbitanten Überhang an männlichen Enten. Früher glaubte er, unbedingt eingreifen zu müssen, holte sein Kleinkaliber, um so wenig wie möglich Unruhe zu verbreiten und schickte den Hund ins Schilf, damit dieser die flugunfähigen Erpel in Bewegung brachte.

Weil die Natur dringend des Jägers Hilfe benötigt, schien auch das Absammeln der Enteneier dringend erforderlich, eine Maßnahme, die sich mancherorts bis heute halten konnte. Dafür gab es vor allem zwei Gründe: An vielen Gewässern war bruttaugliche Ufervegetation Mangelware, was zu erheblichen Verlusten durch Nutzer von Ente und Eiern führte. Zu diesen Nutzern gehörten aber nicht nur Ratte, Fuchs und Uhu, sondern auch die Fischer. Raesfeld schreibt in seinem Stan-

Müssen auch Stockerpel reguliert werden?

Es gab Zeiten, da bildete der verantwortungsvolle Heger sich ein, auch bei den Enten für ein ausgewogenes Geschlechterverhältnis sorgen zu müssen.

dardwerk „Die Hege in freier Wildbahn“: *„Der größte Feind allen Wassergeflügels ist der Fischer. Er betrachtet von jeher jedes Gelege am oder auf dem Wasser als sein Eigentum. Und da er in seiner Beschäftigung völlig unkontrollierbar ist, so fallen ihm die meisten Gelege der Enten zum Opfer.“*

Aus dieser Einstellung heraus resultierte, dass in manchen Revieren die Gelege systematisch abgesammelt wurden. Sie wurden Hühnerglucken unterlegt, die sie ausbrüteten. Die Jungenten wurden später wieder ans Gewässer gebracht und ausgewildert. Mit Beginn der Jagdzeit, wenn sie fliegen konnten, machte sich die Hege bezahlt…

„Amtshilfe“ für Sportfischer

Es ist unglaublich, welche Tierarten wir schon im Rahmen der Hege umzubringen suchten. Gewiss, vieles ist Vergangenheit. Doch wie schnell aus längst Totgesagtem wieder pulsierendes Leben wird, erleben wir gegenwärtig am Beispiel Fischotter. Jahrzehnte hindurch war er nahezu ausgestorben und wir Jäger haben das bedauert. Doch kaum

„Hege und Jagd im Jahreslauf“ erschien, Geschäftsführer eines deutschen Landesjagdverbandes. Das Aussetzen rechtswidrig gefangener Igel im Stadtpark – so es denn ernst gemeint war – ersparte dem treusorgenden Heger das Töten der Igel. Natürlich musste Behnke wissen, dass Igel territorial sind und im Stadtpark keine „Junggesellen-Rudel“ bilden. Und er wusste ganz sicher, dass sie nicht „autofest“ sind.

Noch in meiner Jugend lernte ich, dass der Igel im Niederwildrevier als „Eierdieb“ ein großer Schädling sei und nicht geduldet werden könne. Dabei war der Igel damals schon ganzjährig geschützt. Zu dem, was ich als Berufsjäger lernte, gehörte auch die Empfehlung, den Igel nach Möglichkeit vom raubzeugscharfen Hund totbeißen zu lassen, weil man damit weniger Aufsehen erregte. Wenn wir ehrlich sind, dann müssen wir eingestehen, dass auch heute noch gar nicht so wenige Jäger stolz sind, wenn ihr Hund auch einen Igel rasch erledigt. Tut dies der Hund, weil ihn gezielte Zucht so gemacht hat, dann wollen wir nicht den Stab über ihn brechen. Vielfach ist es aber die Ermunterung, das gezielte Hinarbeiten auf eine verlässliche „Raubzeugschärfe“.

DGStB Mara ist im Gebäude u. Haar
einwandfrei, rabiate Raubzeugschärfe,
sonst roh u. unverdorben, zu verkauf.
Preis auf Anfrage. Rückporto. DD-Zwin-
ger „vom Jägerhaus“

Kaufe Jungfüchse, jede Menge, 6–8 Wochen alt. Tel.

Hochbrutflug- u. Stocken-
ten, wildf., zur Zucht u. Hundedres-
sur abz Entennester, handge-
Enten-
, Tele-

Alter Jäger (Rheinländer), 43 J.,
led. gehend, m. best. deutscher Gesinnung, vor d. Kriege als rechtschaff.
Jagdaufseher tätig gew., gute Wild-
kenntn. i. Hoch- u. Niederwildjagd,
gut. Heger u. Pfleger, bin kaltblütig u.
bewegl., ein erstkl. Schütze, besitze
Führersch. Kl. I u. III, sucht Stelle als
Jagdaufseher oder Jäger, (Nehme in
gegen geringes Entgelt.

umph v. d. Kiebitz-Heide
r. 8111, dkl. Brschl., 5× I,
uf Such., 3× höchst. Aus-
f Ausst. u. Zuchtschau,
„gut“ all. Such., rabiat scharf,
bester Vererb., Bild u. Ahnent. a. Anfr.,
deckt gute Hünd.

Anzeigen in Jagdzeitungen erzählten von „rabiat scharfen Hunden“ und „kaltblütigen Jägern mit bester deutscher Gesinnung“. Und davon, dass der Wild-Verschleiß bei passionierten Hunde-Abrichtern groß war.

Igel fangen sich besonders gut in am Boden gestellten Prügel- oder Totschlagfallen. Sind solche Fallen – wie in Teilen Österreichs – legal, bleibt der Fang dieser geschützten Art für den Jäger ohne Folgen.

Im Neudammer Jäger-Lehrbuch, in den 1930er-Jahren immerhin ein Standardlehrwerk, lesen wir: *„Der Igel sollte auf gut besetzten Niederjagdrevieren kurzgehalten werden, weil er sich an Gelegen und Junghasen vergreift. Wertvoll kann seine Anwesenheit insofern sein, als der Igel Kreuzottern tötet."*

Man muss sich das Zitat auf der Zunge zergehen lassen: Der Igel als Junghasenkiller... Autor war kein geringerer als der Geheime Regierungsrat Dr. phil. August Ströse, ein renommierter Autor und Jagdwissenschaftler. Dabei war Ströse, aus Überzeugung oder eingebremst vom Reichsjagdgesetz, unter den Autoren jener Zeit, weiß Gott kein Radikaler, eher einer der Gemäßigten.

Der Feldhamster als Niederwildkiller

Wie der Igel, so wurde auch der Hamster im Interesse der Niederwildhege vielerorts radikal verfolgt. Der gräfliche Oberförster Paul Wittmann gibt in der 1896 in Wien erschienenen „Jagd-Zeitung" seine Erfahrungen zur Hamstervernichtung im Interesse der Niederwildhege bekannt. Er stuft den Hamster wie folgt ein: *„Er ist fürs Erste ein nicht zu unterschätzendes Raubzeug ... denn namentlich alte Hamstermännchen sind arge Nestplünderer und wurden in den Backentaschen dieser Thiere öfters Theile von frischgesetzten jungen Hasen, Kaninchen, Embryos von Fasanen und auch Frösche und Mäuse vorgefunden..."*

Wittmann fand im Schwefelkohlenstoff das geeignete Mittel, das Niederwild vor den Hamstern zu schützen. Er schreibt, mit 400 Kilogramm dieses Giftes sei es ihm gelungen, die Hamster im Revier auszurotten.

> *Wenn daher auch dem Berufsjäger selten genug Zeit übrig bleibt, sich mit dem Graben der Hamsterbaue zu befassen, so wird es ihm doch möglich sein, hin und wieder eines dieser bösartigen und äußerst schädlichen Thiere zu tödten und so zu der Ausrottung derselben beizutragen.*
>
> Otto Grashey (1833 – 1912),
> deutscher Jagdmaler, Schriftsteller und Redakteur.

Rabenvögel sind intelligent…

Als die Europäische Union die Krähenvögel unter Schutz stellte, löste sie damit bei den deutschen Jägern eine unglaubliche Entrüstung aus. Allen Ernstes wurde behauptet, dadurch würden die Singvögel aussterben. Dabei gab es zuvor schon ganze Landstriche, in denen die Jäger nicht das geringste Interesse hatten, Rabenvögel zu schießen. Kaum ein Jäger kam zuvor auf die Schnapsidee, im Hochwildrevier auf Rabenkrähe, Elster oder gar Eichelhäher zu ballern. Doch deshalb gab es in den Hochwildrevieren ohne jegliche Rabenvogelbejagung nicht weniger Singvögel als in jenen Niederwildrevieren, in denen Rabenvögel fanatisch geschossen und gefangen wurden.

Es ist nicht übertrieben, aber zehn volle Jahre hindurch habe ich in Deutschland keine Jahreshauptversammlung einer jagdlichen Organisation und keine Trophäenschau erlebt, in der die Rabenvogelbejagung nicht offiziell eines der Hauptthemen war. Nichts schien die Jäger mehr zu bewegen. Ich habe auch kein einziges Mal erlebt, dass ein als Gast anwesender Politiker etwas anderes gesagt hätte, als das, was man von ihm hören wollte. Jäger, die anders dachten, schwiegen fast immer, aber es war tröstlich zu wissen, dass es sie gab.

Ich bin jagdlich in einer Zeit großgeworden, in der uns die Landratsämter alljährlich – auf Druck der jagdlichen Organisationen – mit der Vergiftung der Rabenvögel beauftragten. Damals bezahlte sogar die Staatsforstverwaltung, in den reinen Hochwildrevieren des bayerischen Alpenraumes, Schuss- und Fanggelder für Eichelhäher – zum Schutze der Singvögel. Denn – so das einfache Strickmuster – Singvögel waren notwendig, um den Wald vor Schadinsekten zu schützen.

Natürlich berief sich die Forstverwaltung dabei, ebenso wie die Jäger, immer auf „Fachleute“. Einer war der schon genannte Forstwissenschaftler Oberforstmeister Dr. Otto Henze. Für ihn waren sowohl Eichelhäher als auch Sperber eine Gefahr für die Wälder. Der Häher,

> *Was der Marder nicht erwischt und was dem Sperber entgeht, vernichtet zu einem hohen Prozentsatz der im ganzen Reich sehr häufige Eichelhäher.*
>
> Otto Henze (1908 – 1991),
> Oberforstmeister

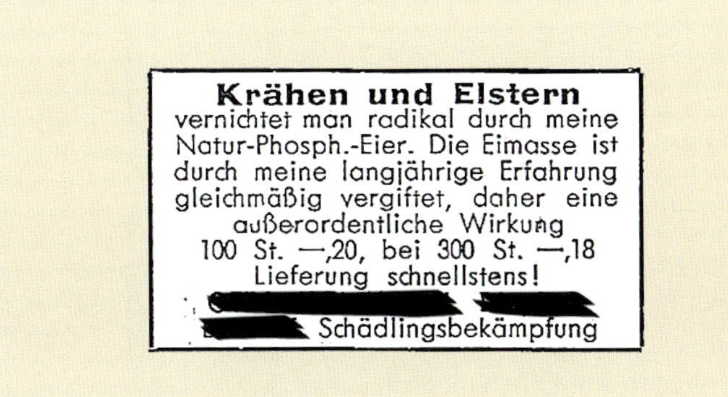

Gift-Anzeige in einer deutschen Jagdzeitung im Jahr 1953.

Gift war durch alle Zeiten ein Mittel, Konkurrenten des Jägers in großer Zahl zu vernichten. Daran hat sich bis heute nicht viel geändert. Noch immer werden Greifvögel, Füchse und Marder vergiftet. Doch während die Heger stolz darauf waren, distanzieren sie sich heute davon und bringen andere Gesellschaftsgruppen ins Spiel. Deutsche Heger brüsten sich, ihren Giftbedarf in Österreich zu decken… In Frankreich und Spanien ist es heute noch vielerorts Brauch, Aufbrüche des Schalenwildes gleich mit Gift zu kontaminieren.

weil er Singvogelgelege plünderte, der Sperber, weil er die Singvögel selbst fraß. Somit trug für Henze der Eichelhäher wesentlich dazu bei, dass sich Schadinsekten in den Wäldern hemmungslos vermehren konnten. Henze forderte auch die intensive Bejagung des Sperbers, weil ein Brutpaar, so hatte Henze errechnet, alleine während der Aufzucht seiner Jungen 1.000 Singvögel frisst. Dass der Sperber auch erwachsene Häher fraß, hatte Henze übersehen. Er bestimmte über Jahrzehnte den Vogelschutz in der Forstverwaltung und das Denken vieler anderer Menschen, die sich dem Natur- und Vogelschutz verpflichtet fühlten.

Der Leser gestatte mir, einen kleinen Ausschnitt zu wählen und zu betrachten – den unser Haus umgebenden Garten. Ich will versuchen, Wirkung und Gegenwirkung von menschlichen Eingriffen deutlich zu machen. Im und um den Garten herum lebt so ziemlich alles, was Singvögeln das Leben schwer macht: Ratten, Igel, Äskulapnatter, Hermelin, Steinmarder, Fuchs, Eichelhäher, Elster, Raben- und Nebelkrähe, Sperber und sogar der Wanderfalke jagen über uns. Unsichtbar hinzu kommen auch noch unsere Nachbarn, viele davon Natur- und Gartenfreunde, die Schnecken, Nagern und Insekten mit Gift und allgemeinem Sauberkeitswahn das Leben schwermachen. Sie entziehen den Singvögeln die Nahrung. Fast alle Nachbarn sind überdies Katzenhalter. Und so wird unser Garten zumindest von zehn Stubentigern täglich oder nächtlich durchstreift.

Eine Nachbarin denkt anders; sie füttert sogar jeden Morgen die Krähen – einfach, weil es ihr Spaß macht. Ich berichte das nicht, weil ich der Meinung bin, es sei sinnvoll, Krähen zu füttern, sondern völlig wertneutral. Über diese Krähen regen sich die in unserem Garten brütenden Elstern auf. Die drehen aber auch durch, wenn sie von den Junggesellentrupps der eigenen Art bedrängt werden. Krähen wie unverpaarte Elstern verhindern regelmäßig den Bruterfolg unserer „Haus-Elstern". Sie hatten in den letzten Jahren nie Nachwuchs. Mag sein, dass die Elstern schon das eine oder andere Singvogelgelege geplündert haben. Doch über unsere beiden „Alpha-Elstern" regen sich die in offenem Nest brütenden Amseln auf, und diese leben auch nicht vegan. Ihretwegen zittern und zetern Rotkehlchen und Zaunkönig. Und, und …

Was, wenn ich jetzt beginnen dürfte und wollte, die Krähen zu regulieren? Oder wäre es vernünftiger, mit Habicht oder Wanderfalke anzufangen? Sie schlagen ja neben Krähen auch Ringeltauben und Rebhühner? Unsere Elstern würden sich über eine Verminderung der Krähen freuen, ebenso, wenn ich unterstützend auch noch einige ihrer eigenen Junggesellen „entnehmen" würde. Ihre Chancen, im Garten ein Gelege zum Ausfliegen zu bringen, würden steigen. Die Amseln hingegen müssten sich um ihre Gelege Sorgen machen. Vielleicht wäre es dennoch notwendig, auch die Amseln zu regulieren, denn sie setzen unsere Rotkehlchen unter Stress. Jetzt hätte ich nur noch das Problem mit dem Wendehals. Dem schauten wir letztes Jahr zu, wie er an einem unserer Nistkästen das Schlupfloch erweiterte und sich die jungen Blaumeisen einverleibte. Also, weg mit dem Wendehals!

Ein Randproblem wäre dann noch der Zaunkönig. Er vertilgt völlig undifferenziert – nützliche wie schädliche – Kleinlebewesen. Diese fehlen zum Teil unseren Blaumeisen. Sollten wir auf den Zaunkönig vielleicht ebenfalls verzichten…? Allerdings setzen dem Zaunkönig bereits Igel und Äskulapnatter zu. Aber für Igel gab es in alter Zeit ja schon einmal Erlegerprämien, und nicht wenige Jäger sind heute noch stolz, wenn sie einen absolut raubzeugscharfen Hund haben, der auch dem Igel den Garaus macht. Die Äskulapnatter lässt sich mit einem einfachen Prügel regulieren. Aber vielleicht sind insektenfressende Vögel – in Zeiten eines dramatischen Insektenschwunds – alle gar nicht mehr schützenswert? Sie fressen ja die für Obstbaum und Mensch gleichermaßen wichtigen Insekten!

Krähen sind vielen Landwirten ein Dorn im Auge, vielleicht ist daran die Intelligenz der Rabenvögel schuld? So mangelt es auch nicht an Forderungen seitens der Landwirte, „etwas zu tun". Man muss es ihnen nur einimpfen!

Dass die Anschauungen und Überzeugungen einem zeitbedingten Wandel unterliegen, soll abschließend ein Zitat aus Hubert Weinzierls 1968 erschienenen Buch „Reviergestaltung" verdeutlichen:

> Welche gewaltigen Verluste Rabenkrähen den Niederwildbeständen, insbesondere durch Plünderung der Gelege von Rebhühnern, Fasanen und Enten (!) zufügen, ist in Jägerkreisen allbekannt. Aber auch Junghasen fallen immer wieder den Krähen zum Opfer, und die Krähen hemmen den Aufbau arten- und individuenreicher Singvogelbestände.

Auf einen anderen, wichtigen Aspekt bei der Verfolgung der Krähen weist Wolf-Eberhard Barth hin. Er schreibt: *„Eine Bejagung von Rabenkrähen und Elstern sollte unterlassen werden, da nur über diese Nestbauer unsere Eulen und Falken zu ihren Nestern kommen, da sie selbst keine bauen können."*

Die Gespaltenheit vieler Jäger zeigt sich besonders deutlich in einer 1936 erschienenen Schrift von „Hegendorf" – ein Pseudonym, hinter dem sich der Jagdschriftsteller Ludwig von Merey verbarg. Diese Schrift widmete er ausschließlich der Herstellung von Gifteiern und ihrer Verwendung im Revier. Zu diesem Zeitpunkt war die Verwendung von Gift durch das Reichsjagdgesetz bereits verboten. Höchst pathetisch endet die Schrift:

> Eine Hebung der Jagd kann nur erreicht werden, wenn sie die wahren Begriffe über rationale Wildhege verallgemeinert, wozu wir durch radikale Krähenvertilgung die Grundlage schaffen. … Und dass es uns gelingen möge, darauf allen, denen unser edles deutsches Weidwerk ans Herz gewachsen, ein kräftiges Weidmannsheil!

Ein Fall für die Falle?

Dauerkrieg um die Fallenjagd

Warum fangen wir?

Ein besonders trübes Kapitel der Jagd im deutschsprachigen Raum ist die Fallenjagd. Vor allem deutsche Spitzenvertreter der Jagd postulierten immer wieder, sie sei „unverzichtbar". Dabei wird von diesen Repräsentanten kaum einer die Fallenjagd je selbst ausgeübt haben. Warum aber soll sie unverzichtbar sein? Zum Schutze des Niederwildes wird gesagt, und damit die Singvögel nicht aussterben.

Was den Schutz des Niederwildes betrifft, so wird kein halbwegs glaubwürdiger Jäger Fang und Abschuss von Beutegreifern fordern und anschließend selbst die Flinte nehmen, um die offenbar zu hohen Niederwildbestände wieder „einzuregulieren". So doof kann kein Jäger sein!

Zumindest ein Teil dieser Spitzenvertreter der Jagd waren aber auch Politiker und Verfechter einer industriellen Landwirtschaft, in der es weit mehr um Exporte und Gewinnmaximierung denn um Volksernährung geht. Genau diese Form landwirtschaftlicher Bodennutzung, die ohne Milliardensubventionen durch den Steuerzahler kaum Überlebenschancen hätte, bedeutet das Aus für nahezu alle Niederwildarten, ebenso wie für zahlreiche Kleinvogelarten, Kleinsäuger, Lurche

Die Möglichkeit Krähen und Elstern in großer Zahl lebend zu fangen, wird in anderen Ländern mit bestem Erfolg praktiziert. Wir haben nach den Plänen holländischer Wildbiologen derartige Krähenfänge im Lehrrevier Buschletten aufgebaut und erproben das Gerät auch in anderen Revieren. … Besonders imposante Fangzahlen werden aus Holland berichtet; so nennt Dr. Hardenberg Fänge bis zu 100 Stück an einem Tag keine Seltenheit.

Hubert Weinzierl,
deutscher Natur- und Umweltschützer

und Insekten und für die tatsächlich noch bäuerliche Landwirtschaft! Bis heute hat die Jagd dagegen nicht einmal protestiert.

Weiter wird zur Verteidigung der Fallenjagd angeführt, es handle sich bei ihr um ein uraltes Kulturgut der Jagd. Wer aber so dümmlich argumentiert, müsste auch die Zulassung der Drahtschlinge als legales Jagdmittel fordern, ebenso die grausame Fuchsangel, die Leimrute, das Strychnin und zahllose andere Jagdtechniken. Sie alle haben eine weit, weit ältere „Tradition“ als unsere Zielfernrohre, Weitschussbüchsen, im jagdlichen Einsatz befindlichen Drohnen, Entfernungsmesser und viele weitere Errungenschaften. Auch die eingestellten Jagen, in denen das Wild, zum Pläsier des Adels, in ganz großem Stil abgeschlachtet wurde, ebenso das Fuchsprellen waren durch Jahrhunderte Tradition! Für den, der diese historische „Jagdart“ nicht kennt: Beim Fuchsprellen wurden in einem kleinen, umzäunten Bereich, etwa einem Schlosshof, sogenannte „Prellen“ ausgelegt. Das waren mehrere Meter lange Tücher oder Gurte, die an ihren Enden mit Knebeln zum Festhalten versehen waren. Zuvor musste die Jägerei Füchse lebend fangen, die in diesem Bereich geprellt werden sollten. Liefen sie über die Prellen, zog die adlige Jägerei ruckartig an den Knebeln, wobei sich die Tücher oder Gurte strafften und das Wild in die Luft schleuderten. Dieser Vorgang wurde so lange wiederholt, bis das Tier tot war. Geprellt wurden keine Einzeltiere, sondern immer möglichst viele. Neben Füchsen war es üblich, auch Dachse, Biber, Otter, Hasen und sogar Frischlinge zu prellen.

Die Jagd sollte sich endlich einmal Gedanken darüber machen, in welcher Zeit wir leben, was die politischen Ziele unserer westlichen Gesellschaft sind und was diese Gesellschaft in vor uns liegenden Zeiten noch akzeptieren wird. Gut, die Jagd hat einen immens großen politischen Einfluss. Anders wäre nicht möglich, was bei uns jagdlich noch möglich ist. Aber Ziel der Politik ist auch grenzenloses Wachstum. Das heißt permanenter Verlust an unverbauter Fläche, an Wildlebensraum! Das heißt auch immer mehr Bevölkerung, die in einem immer höheren Anteil in Städten leben wird, und vor allem: immer mehr Konflikte der Jagd mit dieser Bevölkerungsmehrheit! Jene Träumer, die immer noch glauben, Österreich sei anders, sei eine Insel der Seligen, auf der jagdliche Interessen immer Vorrang hätten, sollten unbedingt einmal über den rotweißroten Tellerrand schauen…

Fangen Fallen selektiv?

> *Niemand weiß, welche Raubzeugart den Köder wittert oder eräugt. Das Wiesel will man fangen und den Fuchs fängt man, und unendlich oft sitzt statt einer Krähe etwas viel besseres im Eisen. Gerade mit Raubvogel-, Krähen-, Elster und Hehereisen kann bei ungenügender Befestigung viel „Pech" erlebt werden (wenn statt einer Krähe ein Adler kommt oder nachts ein Fuchs), während bei guter Befestigung das mit Sperling und dergl. beköderte Stacheleisen (Nr. 27), und die am Teichufer und Grasböschung, auf Wiese und Kleefeld liegenden und durch Flaumfedern und Ei verlockend gemachten Nesteisen und Kräheneisen (Nr. 29) usw. dem Fänger die merkwürdigsten Ueberraschungen bringen.*
>
> Hoflieferant E. Grell, 1912,
> Raubtierfallen-Fabrikant

Das vorstehende Zitat wurde dem Hauptkatalog der Firma Grell entnommen, noch zu Beginn des vorigen Jahrhunderts „Königlicher Hoflieferant für Raubthierfallen". Wer damals mit dem Tellereisen einen Steinadler fing, konnte dies stolz und unangefochten in der Tageszeitung verkünden. Die ihm entgegengebrachte Hochachtung war fix.

Wer heute im Hochgebirge den Steinadler im Schwanenhals fängt, wird „stolz schweigen". Werden Fallen mit „Fehlfängen" gefunden, so outet sich in der Regel niemand als Besitzer oder Benutzer. Und wenn doch einmal einer so botschert ist und sich erwischen lässt, dann war die Falle ausschließlich und unter Aufwendung aller erdenklichen Sorgfalt für den Fuchs gestellt worden. Dies keineswegs aus niedrigen Beweggründen, sondern zum Schutze des Fuchses selbst, zur Bekämpfung von Tollwut, Fuchsbandwurm, Räude und Staupe, zum Schutz der Menschen und nebenbei noch zur Herstellung eines „ökologischen Gleichgewichtes". Er wird Organisationen und Standesvertreter finden, die ihm bestätigen, völlig im Rahmen geltenden Rechts tätig geworden zu sein, und er bedauert abschließend den nicht vorhersehbaren Fehlfang aufrichtig.

In Deutschland war beispielsweise die Norwegische Krähen-Massenfalle lange Jahre verboten. Es war ausgerechnet der Vorstand eines universitären Institutes (noch dazu der Präsident eines bundesdeutschen Jagdverbandes), der ihre als wissenschaftliches Projekt getarnte örtlich beschränkte Zulassung erreichte. Dabei ist unbestritten, dass sie nicht selektiv fängt. In ihr fangen sich auch Greifvögel (was sie bei manchen Jägern umso beliebter macht!). Sie fängt auch nicht grundsätzlich unversehrt, soviel wage ich als Berufsjäger, der in jungen Jahren selbst damit „arbeiten" musste und nach alledem, was mir ehemalige Berufskollegen über sie berichten, zu behaupten. Natürlich wissen das auch Naturfreunde, die ja immer wieder solche Fallen finden und sehen, was sich in ihnen gefangen hat und in welchem Zustand sich die gefangenen Vögel befinden.

Hierzu ein Beispiel aus Kärnten. Im Jahr 2017 fand ein Fotograf – selbst Jäger – eine Krähen-Massenfalle, in der auch einige tote Krähen lagen. (Jahre zuvor wurden in Kärnten in solchen Fallen schon Uhus gefunden.) Er fotografierte, was er vorgefunden hatte, und brachte die Bilder zur Jägerschaft, die immerhin eine Körperschaft öffentlichen Rechts ist. Man nahm die Bilder zur Kenntnis…

Während jener, der für die Kontrolle der Falle offenbar zuständig war, Einsicht zeigte, entrüsteten sich nicht wenige andere Jäger über den Fotografen, der den Fall zur Anzeige gebracht hatte. Es hagelte Beschimpfungen und Drohungen. Vor Gericht legte der Jagdverein die Gutachten zweier Tierärzte vor, die bescheinigten, dass die toten Krähen nicht verdurstet, sondern vom Steinmarder gerissen waren. Die Beweisfotos des Fotografen wertete die Richterin nicht. Wer je eine dieser Fallen gesehen hat, wird sich nicht fragen, wie ein Marder in diese hineingelangen kann und wie es ihm gelingt, den auf den Stangen sitzenden Krähen die Gurgel durchzubeißen. Auch, wie es ihm gelingt, dies so zu tun, dass dabei keine Federn fliegen, wird vielleicht nicht jeder fragen oder warum der Marder nach erfolgreicher Jagd keine der erbeuteten Krähen anschnitt. Aber wie der Marder wieder aus der Falle herauskommt, eine solche Frage würde Verfasser auch einer Richterin zumuten!

Nein – hier sollen nicht die Kärntner Jäger an den Pranger gestellt werden, eher jene, die jenen mit Dreck bewarfen, der auf den Missstand aufmerksam gemacht hat. Der Fall hätte sich in jedem anderen Bundesland genauso zutragen können, und er wird nur die Spitze des

Steinadler.
Früher konnte man sich noch damit brüsten, wenn man einen Steinadler fing – heute würde im Falle eines „Fehlfanges" hingegen eher stolz geschwiegen.

Eisberges sein. Die Kernfrage ist: Warum geben sich Jäger im dritten Jahrtausend für einen derartigen, als Hege getarnten Blödsinn her? Und warum drängen die Jägerschaften nicht selbst darauf, dass solche, noch dazu mit Tierquälerei verbundene Sinnlosigkeiten vom Gesetzgeber endlich unterbunden werden?

Oder nehmen wir den Schwanenhals, ein großes und auch für Menschen durchaus gefährliches Fangeisen, das angeblich selektiv und vor allem schlagartig tötend fängt. Das tut der Schwanenhals natürlich nicht. Er wird bis heute (siehe vorne) in manchen Revieren oberhalb der Waldgrenze gestellt, wo er auch ziemlich sicher den Steinadler fängt. Das ist kein Geheimnis, vielmehr wurde vor wenigen Jahren unter Jägern noch offen darüber gesprochen.

Tatsächlich ist es ganz normal, dass sich in dem im Flachwasser eines Baches gestellten Schwanenhals auch der Bussard fängt, auch wenn der Köder abgedeckt wird! Das Schlimme daran ist, dass Vögel fast ausnahmslos entweder mit den Ständern (Beinen) oder mit den Schwingen zwischen den Bügeln hängen. Häufig werden derartige

Fallen nur am Wochenende, bestenfalls alle paar Tage kontrolliert. Das ist zwar gesetzwidrig, aber weitverbreitete Praxis. Man stelle sich den Bussard vor, der zwei Tage mit den Schwingen zwischen den Bügeln der Falle hängt, vielleicht noch im Winter bei Minustemperaturen. Das ist nicht mehr Jagd, sondern bewusst in Kauf genommene Tierquälerei, verteidigt von jenen, welche die Jagd davor schützen sollten!

Im Schwanenhals fängt sich ebenso Schwarzwild, wobei die Bügel über dem Wurf zusammenschlagen. Auch das eine unglaubliche Tierquälerei. Meist sind derartige Fallen angekettet. Warum? Weil man natürlich weiß, dass Wild, das sich nicht sofort tödlich fängt, die nicht angekettete Falle vom Platz zerrt und weil man dann befürchten muss, dass die Öffentlichkeit davon erfährt. Genau das kostete vor Jahren einem Kreisjägermeister im deutschen Bundesland Nordrhein-Westfalen das Leben. Er geriet bei einem Waldspaziergang mit der Schuhspitze unter den Teller eines Schwanenhalses. Dessen Bügel schlugen zusammen und umklammerten das Schienbein des Kreisjägermeisters. Befreien konnte er sich selbst nicht mehr, Hilfe kam keine, und so erlag er einem Herzinfarkt. Zum Umdenken seines Landesjagdverbandes hat das freilich nicht geführt. Fazit dort: *„Die Fallenjagd ist unverzichtbar!"*

In Baden-Württemberg fing sich neben spielenden Kindern ein Reitpferd. In Rheinland-Pfalz fing sich einer meiner Berufskollegen in einem Mardereisen. Er hatte über den unteren Rahmen einer Ansitzkanzel übers Eck ein paar Bretter genagelt und unter diesen ein Abzugseisen befestigt. Das war sehr gut gedacht, denn niemand konnte das Eisen sehen und zu Schaden kommen. Gleichzeitig musste sich der Marder auf die Hinterbeine stellen, um die süßen Köderfrüchte zu erreichen. Das garantierte einen sauberen, relativ schnell tötenden Genickfang. Bei einer Kontrolle wollte der Kollege das Eisen sichern. Er tat dies „blind", ohne sich auf den nassen Boden zu legen. Dabei griff er jedoch nicht an die Sicherungsbügel, sondern erwischte versehentlich die Auslösung. Ein Handy hatten in den 1990er-Jahren die wenigsten, ganz abgesehen davon, dass das Funknetz noch weit größere Löcher hatte als heute. So lag er mit verdrehtem Arm völlig hilflos im Dreck, bis er irgendwann in der Nacht von einem Suchtrupp gefunden und mühsamst befreit wurde. Die Liste derartiger „Fehlfänge" ist lang. Dennoch: *„Die Fallenjagd ist unverzichtbar"*...

Auch Bemühungen, die Verwendung von Totschlagfallen zumindest dort zu verbieten, wo bedrohte Arten gefangen werden können,

„Bestie" Eichhorn.
Eichhörnchen wurden vor gar nicht allzu langer Zeit aus Gründen des Forstschutzes bejagt.

etwa Otter, Wildkatze oder Luchs, wurde immer wieder kategorisch abgelehnt.

Die kleinere Variante des Schwanenhalses, das Marder- oder Eiabzug-eisen, wird heute mehrheitlich in sogenannten Fangbunkern gestellt, was beim Marder mit einiger Wahrscheinlichkeit zu Genick- oder Brustfängen führt. Alle Jäger halten sich freilich nicht daran und stellen diese Eisen nach wie vor frei.

Neben diesen zwei Bügelfallen gibt es noch eine ganze Reihe anderer Totschlagfallen, teils aus Metall, teils auch aus Holz. Vor allem die letztgenannten fangen in keiner Weise selektiv und wurden in den meisten deutschen Bundesländern längst verboten. Die Scherenfalle beispielsweise fängt Wild- und Hauskatze und Waschbär fast ausschließlich an den Branten, einfach weil diese Arten den Köder mit ihren Branten aufnehmen. „Beliebte" Beifänge sind Eichhörnchen, Igel, Eichelhäher, Drosseln, aber auch Waldkäuze und Waldohreulen. Gleichwohl wird ihre Verwendung gebietsweise noch immer verteidigt.

Zum Eichhörnchen, das noch in meiner Jugend aus Gründen des Forstschutzes bejagt wurde, lesen wir 1575: *„Man muss diese Bestien, so* *viel möglich, zu vertilgen suchen, wenn man anders Fichten- und Tannenwälder in gutem Stand halten will. Schießt man sie nun wacker hinweg, so kann man nicht nur ihren Balg nutzen, sondern sie auch in der Küche gebrauchen.“*

Im Jagdjahr 1753/54 fielen alleine im Schwarzwaldforstamt Altensteig 7.333 geschossene „Aichhorn“, für die Schussgelder bezahlt wurden, der Wald-Hege zum Opfer. Im Königreich Württemberg wurden die Schussgelder für Eichhörnchen bis zum Jahr 1842 bezahlt. Die „Hegeabschüsse“ gingen jedoch weiter.

Ist Fallenjagd Tierquälerei?

Jäger und jagdliche Organisationen weisen gern darauf hin, dass heute nur noch wenige, noch dazu auf ihre Schlagkraft geprüfte Totschlagfallen zugelassen sind. Diese müssen je nach Bundesland (Deutschland/Österreich) auch noch gekennzeichnet sein und ihr Einsatz der Behörde gemeldet werden. Erlaubt sind nur noch Abzugseisen, während alle auf Druck reagierende Eisen (etwa Tellereisen) verboten sind. Tatsache ist aber, dass diese verbotenen Eisen nach wie vor in Katalogen und Geschäften als „Dekoware“ ganz legal angeboten und offenbar in großer Stückzahl verkauft werden!

Nicht jeder Fang führt zur Tierquälerei. Doch wenn nur zehn Prozent der Fänge quälerisch wären, müssten jene, die uns Jäger vertreten, alles daransetzen, dass der Gesetzgeber einen Riegel vorschiebt. Doch eher ist das Gegenteil der Fall. Als vor Jahren Tierschützer eine wissenschaftliche Untersuchung über die Tötungswirkung von Totschlagfallen forderten, wurde dies ausgerechnet mit dem Argument abgelehnt, eine solche Untersuchung sei Tierquälerei, die man nicht unterstützen werde! Der Gesetzgeber kuschte…

In Österreich sind noch vielfach Wippbrettfallen im Gebrauch, mit denen Mauswiesel und Hermeline gefangen werden. Warum ein Jäger glaubt, das tun zu müssen, weiß ich auch nicht, aber es ist halt so. Wippbrettfallen gelten zwar als Lebendfallen, nur sind zwischen 60 und 80 Prozent der sich darin fangenden Wiesel bei der Fallenkontrolle bereits tot. Sie verenden an Herzversagen. Hans Behnke riet, Wiesel, die noch nicht verendet sind, in einen Sack zu schütteln und in diesem totzuschlagen. In Österreich gelten diese Fallen dennoch als tierschutzgerecht und überdies als selektiv fangend. Letzteres ist keineswegs immer der Fall. In den von mir kontrollierten Fallen waren – je nach

Wer die Wahrheit nicht weiß, der ist bloß ein Dummkopf. Aber wer sie weiß und sie eine Lüge nennt, der ist ein Verbrecher.

Bertolt Brecht (1898 – 1956),
deutscher Dramatiker und Lyriker

Standort – auch regelmäßig Eichhörnchen und Igel. Diese steckten immer fest, weil sie zu groß waren und der Stellstift unter der Wippe ein rückwärtiges Verlassen der Falle unmöglich machte. Gleichwohl wurde die Falle noch vor wenigen Jahren im Rahmen eines Universitätslehrganges empfohlen.

Empfohlen wurde dort auch die sogenannte Rahmenfalle, von der ein Teilnehmer zu berichten wusste, dass sich in ihr, wenn man den Rahmen geringfügig höher fertigt, nicht nur der Bussard, sondern auch der Uhu gut fängt. Nomen est omen…

Damhirsch – ein Gast, der ursprünglich in Vorderasien und Nordafrika beheimatet war.

Aussetzen von Tieren zur jagdlichen Belustigung

Faunenbereicherung oder jagdliche Belustigung?

Die Gründe, die zur Aussetzung fremder Tierarten führen, sind nicht immer leicht zu erkennen. Da kann der Gedanke einer Faunenbereicherung im Vordergrund stehen, aber ebenso der Wunsch nach jagdlichem Lustgewinn. Mehrheitlich wird wohl beides ausschlaggebend gewesen sein. Zumindest werden Arten, von denen sich der Jäger jagdlich nichts erwarten darf, oder solche, die seinen auf andere Arten fixierten Hegebestrebungen entgegenzustehen scheinen, selten ausgesetzt. Wenn, dann wurde bei solchen Arten Vogel- oder Naturschutz aktiv. Das war bei Biber, Luchs, Wildkatze, Uhu, Wanderfalke, Bartgeier und neuerdings auch beim Habichtskauz der Fall.

Gar nicht selten erfolgte die Wiederansiedlung sogar gegen den Widerstand der Jägerschaft. Dieser dokumentiert sich gelegentlich im Abschuss, manchmal auch im Vergiften solcher Tiere. Als Beispiele dafür dürfen die Wiedereinbürgerung von Luchs und Bartgeier in der Schweiz und die des Habichtskauzes in Oberösterreich angeführt werden. Hier wie dort dokumentierte sich Ablehnung nicht nur verbal, sondern auch im Abschuss einzelner Tiere. Gerne wird behauptet, die Jägerschaft wende sich nicht gegen die Zuwanderung solcher Arten, sondern nur gegen Aussetz-Aktionen. Kritiker äußern die Vermutung, dass die Jäger Aussetz-Aktionen vor allem deshalb ablehnen, weil Tiere vor ihrer Aussetzung vielfach besendert werden. So sind ihre Wege

> *Im Jahr 1894 hatte sich „Zur Förderung der Einbürgerung fremder und heimischer Wildarten in den Jagdrevieren" ein Club unter dem Namen „Acclimatisations-Club" gebildet.*
>
> Dokumentation 15/2011 des Bundesforschungs- und Ausbildungszentrums für Wald, Naturgefahren und Landschaft

nachvollziehbar und illegale Abschüsse leichter recherchierbar. Dass auch Zuwanderer keineswegs von allen Jägern akzeptiert werden, zeigen die zahlreichen illegalen Abschüsse und Vergiftungen von Luchsen in Deutschland und Österreich, der Schweiz und anderen europäischen Ländern wie die illegalen Abschüsse zugewanderter Bären, mehr noch von Wölfen, wie jüngst in Tirol.

An Arten, von denen keine respektablen Trophäen zu erwarten sind, erlischt das Interesse meist sehr schnell. Gleichwohl ist es erstaunlich, welch große Zahl an Arten von unterschiedlichsten Interessenten und Organisationen schon ausgesetzt wurden. Wenig bekannt ist die Tatsache, dass Aussetzaktionen keine Sache der Neuzeit sind. Vielmehr lassen sich solche schon im 16. Jahrhundert nachweisen.

Benett-Känguru

Zu den ungewöhnlichsten Tieren, die in Mitteleuropa ausgesetzt wurden, gehört wohl das Bennett-Känguru. Dieses in Australien beheimatete, im Gewicht dem Reh entsprechende Beuteltier wurde 1887 von Baron Philipp von Böselager in dessen rund 500 Hektar großen Waldrevier bei Bonn ausgewildert. 1889 setzte auch Graf Witzleben nahe Frankfurt/Oder Bennett-Kängurus aus, die sich gut vermehrten. Nachdem Witzleben den Eindruck gewann, die *„hopsenden Riesenflöhe"* würden seine Rehe vergrämen, ließ er den kleinen Bestand abschießen. Im Jahr 1910 setzte Freiherr Cornelius von Heyl auf der Rheininsel Kühkopf Bennett-Kängurus aus. Diese Tiere gingen jedoch schon im Herbst des ersten Jahres ein, da ihnen das Klima wohl zu feucht war.

Einen letzten Versuch, Deutschlands Fauna mit Kängurus zu bereichern, gab es nach dem Zweiten Weltkrieg in Nordrhein-Westfalen. Allerdings scheiterte auch dieser.

> *Wenn man bedenkt, daß Tasmanien, die Heimat von* Protemnodon rufogriseum, *unter der gleichen Breite auf der südlichen Halbkugel liegt wie Nordspanien und Korsika auf der nördlichen, werden die Einbürgerungserfolge bei uns eher verständlich.*
>
> Günther Niethammer (1908 – 1974), deutscher Zoologe

Hermann Löns, den wir zuweilen auch als Satiriker erleben, sprach in seinem Buch „Kraut und Lot“ den seinerzeitigen Wahn der Faunenbereicherung an:

> Dann, auf einmal hieß es: Hirsch? Ach was, langweilig! In der Jagd auf das edle Känguru zeigt sich erst das deutsche Weidwerk in seiner höchsten Blüte! Und flugs ließ man sich diese Riesenflöhe kommen, setzte sie aus und erfreute sich an den wunderbaren Fluchten, mit denen sie über die Grenze hüpften, und schrie Mord und Brand über den Aasjäger von Nachbar, der nichts Eiligeres zu tun hatte, als diesen lebendigen Hohn auf den Zusammenhang zwischen der Landschaft und ihrer Tierwelt möglichst schnell zu vertilgen.

Sikawild

Das in Ostasien beheimatete Sikawild kam relativ spät nach Europa und war lange Zeit nur in Parks zu finden. 1893 wurde Sikawild in ein Gatter der Familie Opel im Arnsberger Wald verbracht. Von dort kam

Sikahirsch.

Es gab Zeiten, da war die Anreicherung unserer Fauna mit aus der Fremde stammenden Tierarten Mode – völlig falsch verstandene Hege!

Bei uns ist jeder Jäger stolz, wenn sich der seltene Sikahirsch in seinem Revier heimisch fühlt, denn dieses Wild stellt eine besondere Bereicherung der Jagd dar.

Henning von Rumohr (1904 – 1984),
Gutsbesitzer und Landeshistoriker
in Schleswig-Holstein

es 1930 in die freie Wildbahn. Weitere Ansiedlungen gab es in Westpreußen, Bayern, Niedersachsen, Schleswig-Holstein, Nordrhein-Westfalen und Baden-Württemberg. Im letztgenannten Bundesland leben die Sikas heute beidseitig der Deutsch-Schweizer Grenze.

1907 wurde die Art dann im Ostrong und Tulln (Niederösterreich) angesiedelt. Dabei blieb es auch. Heute geht man von rund 500 Tieren aus. Erst in der Mitte des 20. Jahrhunderts erlangte die Art auch in Deutschland als Jagdwild Bedeutung.

Als Trophäenwild ausgesetzt wurde dieses Neozoon auch in Frankreich, Dänemark, Großbritannien, Irland sowie in den Ländern des ehemaligen Ostblocks Tschechien und Polen und weiteren. Woher die Tiere der europäischen Vorkommen genau stammen und welche Stationen (Parks, Zoos, freie Wildbahn sie durchlaufen haben, lässt sich heute nicht mehr feststellen. Das ist insofern von Bedeutung, weil es zahlreiche Unterarten gibt, von denen einige inzwischen schon ausgestorben sind. Es ist daher wahrscheinlich, dass Europas Sikawild nicht mehr reinblütig ist.

Sikawild paart sich, wo beide Arten vorkommen, auch mit Rotwild, doch ist umstritten, ob die Mischlinge fruchtbar sind. Unbestritten ist hingegen die ausgeprägte Schälneigung des Sikawildes, womit es dem Rotwild zum doppelten Konkurrenten wird. Rotwild ist unstrittig eine heimische Art und sein Vorkommen ist vielerorts wegen der verursachten Schäden problematisch. Dass man ihr mit dem Neozoon Sikawild noch einen Konkurrenten zur Seite stellt, ist falsch verstandene Hege.

Steißhühner

Heute wird in ganz Europa über den Rückgang des Niederwildes gejammert, insbesondere über den von Rebhuhn und Fasan. Die häufig mit der industriellen Landwirtschaft verbundenen Spitzen der Jägerschaft verweisen dabei unermüdlich auf die stark gestiegenen Fuchsstrecken. Das alles ist nicht neu, denn der Rückgang des Rebhuhns begann mit der Erfindung des Kunstdüngers und der Technisierung in der Landwirtschaft. Allerdings wurde das damals noch viel realistischer gesehen als heute. Was den Fasan betrifft, so konnte sich dieser in Mitteleuropa, in bejagbaren Beständen, nur dort halten, wo er ständig neu ausgesetzt wurde. Das wusste schon Döbel 1746 in seiner Jäger-Practica zu berichten, was aber bis heute weitgehend ignoriert wird. Daher waren viele Revierinhaber schon gegen Ende des 19. Jahrhunderts auf der Suche nach einem Ersatz für diese beiden Arten. Das südamerikanische Pampas-Steißhuhn *(Rhynchotus rufescens)* schien der perfekte Rebhuhnersatz.

Die Hähne wiegen bis 900 Gramm, Hennen sind etwas schwerer. Damit sind Steißhühner etwa doppelt so groß wie unsere Rebhühner und somit auch leichter zu treffen. Die Art besiedelt in Argentinien, Bolivien, Brasilien, Paraguay und Uruguay die unterschiedlichsten Lebensräume: Grasland und Parklandschaften ebenso wie Waldränder. Sie kommt vom Tiefland bis in Höhen um die 3.000 Meter vor. Wie das Rebhuhn lebt auch das Steißhuhn paarweise und fliegt gut.

Die ersten Exemplare kamen Mitte des 19. Jahrhunderts nach Europa. Kurz vor der Jahrhundertwende gab es sowohl in Frankreich

> *Da in unserer jagdlichen Tierwelt das Romano-Amerikanertum noch nicht vertreten war, so sind opferungsfreudige Menschen, die aus Edelmut ein Geschäft machen, augenblicklich dabei, uns das argentinische Steißhuhn aufzuhalsen, das sie aber wegen seines anstößigen Namens „Tinamu“ getauft haben. Dieser Vogel ist sehr bescheiden, und es ist ihm peinlich, wenn er Aufsehen erregt; deswegen fliegt er nur, wenn man ihn in die Luft wirft. Am besten geht es mit der Tontaubenwurfmaschine.*
>
> Hermann Löns

als auch in England bereits Zuchtbetriebe, die Eier aus Argentinien importierten und von Haushühnern ausbrüten ließen. Zu Beginn des 20. Jahrhunderts kam es zu Einbürgerungsversuchen in Österreich und Belgien, ebenso in Ungarn. Letztlich war keiner Einbürgerung dauerhaft Erfolg beschieden, teils – so wird berichtet – weil die Zahl der ausgesetzten Vögel zu gering war, teils weil die ausgesetzten, künstlich aufgezogenen Jungvögel genausowenig überlebenstauglich waren wie heute die in Massen als lebende Ziele ausgesetzten Industriefasanen. Sie zogen durch ihr argloses Verhalten Beutegreifer an, für die sie eine leichte Beute darstellten.

Auch in Deutschland war das Aussetzen von Steißhühnern, nach Berichten Niethammers, regelrecht zur Mode geworden und erfolgte in den unterschiedlichsten Lebensräumen: im Voralpenland, in der Rheinebene, in der Eifel, im Westerwald, im Rheinland und in Schlesien. In den 20er-Jahren geriet die Einbürgerung exotischer Arten stark in die Kritik. Dauerhaft halten konnten sich die Steißhühner aus eigener Kraft nirgends, und als nicht mehr regelmäßig ausgesetzt wurde, verschwanden sie wieder.

Perlhühner

Auch die in Afrika beheimateten Perlhühner *(Numida meleagris)* sollten schon als Flugwild Deutschland bereichern. In den 1890er-Jahren fanden Ansiedlungsversuche bei Leine in Sachsen und bei Soltau und Peine in Niedersachsen statt, ebenso im Raum Königsberg. Das Vorkommen in Soltau wurde vom Revierinhaber liquidiert, als klar war, dass er die Jagd nicht mehr bekommen würde.

Zahlreiche Ansiedlungsversuche gab es im Mittelmeerraum, in Frankreich, aber auch in Ungarn und England.

> *Bei Steinbeck und Hützel im Kreise Soltau ließ O. Abbes (1899) Perlhühner frei. Die Vermehrung war befriedigend, und die Vögel überstanden den Winter gut. Später wurden sie abgeschossen, weil der Besitzer die Jagd aufgab.*
>
> Günther Niethammer

Interessant ist, welche Gründe letztlich dazu geführt haben, dass die begonnenen Einbürgerungen nicht mehr weiterverfolgt wurden: Es waren Schwierigkeiten mit den deutschen Wintern, weil den Perlhühnern die Füße erfroren, aber auch ihre laute, eher unangenehme Stimme, die keinen Platz im Fühlen und Denken eines deutschen Jägers fand. Schließlich keimte noch der Verdacht, Perlhühner könnten die ebenfalls ausgesetzten Fasane vertreiben. In der Deutschen Jäger-Zeitung wurde 1896 noch ein viel schwerwiegenderes Problem diskutiert. Die Geschlechter ließen sich nicht unterscheiden, womit jeder Hegeabschuss ad absurdum geführt wurde…

Noch etwas sprach gegen die Perlhühner: Sie konnten – wörtlich zu nehmen – den Schnabel nicht halten. Ihr Gegacker ist weithin zu hören, weshalb sie sich auch – trotz ihres wohlschmeckenden Fleisches – als Bewohner von Hühnerhöfen wenig beliebt gemacht haben. Löns konnte es nicht lassen, auch hier ein paar Anmerkungen zu spenden:

> Auch Perlhühner hat man irgendwo schon ausgesetzt, wahrscheinlich, um diese Radaumacher vom Hof zu haben. Der Fuchs war damit sehr zufrieden, denn während er bei allem anderen Flugwild die Nase gebrauchen musste, um es zu spüren, konnte er schon auf eine deutsche Meile feststellen, wo die Perlhühner waren, denn das fortwährende, an die Musik eines Scherenschleifers erinnernde Getöse, das sie von sich gaben, ließ ihn darüber nicht lange im Unklaren.

Königsfasan

Diese besonders auffällige und dadurch auch gefährdete Art wurde ab der ersten Hälfte des 19. Jahrhunderts und bis in die Gegenwart in vielen Revieren Europas als Jagdwild ausgesetzt. In Bayern wurden an den verschiedensten Standorten Königsfasane gezüchtet und ausgesetzt. Im heutigen Baden-Württemberg sind Vorkommen für den Raum Stuttgart belegt, in Baden am Oberrhein und in Hessen bei Lampertheim. Durch ständige „Bestandesstützungen“ konnte sich der Königsfasan in Deutschland und in Österreich bis gegen Ende des 20. Jahrhunderts vereinzelt halten. In Baden-Württemberg erloschen die letzten Vorkommen um 1980 herum.

Nennenswerte Vorkommen gibt es heute noch in Frankreich, in Tschechien und Ungarn. Es darf davon ausgegangen werden, dass die

Es wäre selbstverständlich viel besser, wenn unsere Mittelgebirgswälder wieder mit einheimischen Hühnervögeln bevölkert würden, aber es scheint heute vernünftiger, an fremdländische im Wald lebende Hühnervögel zu denken.

Günther Niethammer (1908 - 1974)

Vorkommen ohne ständige Zufuhr erloschen wären. Miroslav Vodnansky berichtet im November-„Anblick" 2018 über die Einbürgerung des Königsfasans in Tschechien und schreibt: „... *hier müssen die Bestände des Königsfasans in jenen Gebieten, in denen er vorkommt, durch regelmäßiges Auswildern von künstlich aufgezogenen Vögeln gestützt werden.*" Da es nicht gelang, diese Art wirklich heimisch – besser gesagt zum Massenwild für Treibjagden – zu machen, wird sie dort auf der Einzeljagd geschossen. Zum Teil während der Balz im März.

Die meisten in Europa erfolgten Aussetzaktionen fanden wohl in für Fasane typischen, also stark landwirtschaftlich geprägten Lebensräumen statt. Der aus Zentralchina stammende Vogel bewohnt in seiner Heimat jedoch vor allem Laubwälder im Gebirge, in Höhen zwischen 600 und 1.800 Meter.

Auch zum Königsfasan hinterließ uns Löns einen Spruch:

> Nicht minder tief bedauerte man, dass sich der irgendwo in der Kalmuckei aufgegabelte Königsfasan hier nicht wohlfühlte. Er war doch so ein herrlicher Piepmatz, und er verursachte auf der Jagd so entzückende Überraschungen. ... Lief der Königsfasan, so sah es aus, als wälzte sich eine Riesenschlange durch die Landschaft, und wenn man auch noch gut darauf abkam beim Schießen, was herumflog war immer nur ein Stück vom Stoß, sodass manche Jäger behaupteten, dieses Wild bestünde aus nichts als aus Federn.

Alpenschneehuhn

Man tut sich etwas schwer mit dem Gedanken, außerhalb des Alpenraumes irgendwo in Deutschland Alpenschneehühner *(Lagopus mutus)* anzusiedeln. Doch auch diese Idee keimte aus jagdlichen Wünschen schon sehr früh und wurde bereits im 18. Jahrhundert in die Tat um-

Alpenschneehuhn.

Sogar das Alpenschneehuhn wurde im 18. und 19. Jahrhundert in Deutschland ausgewildert und hielt sich erstaunlicherweise eine Zeitlang.

gesetzt. Möglich, dass diese Art damals mit den Moorschneehühnern gleichgesetzt wurde. Jedenfalls wurden sie, so berichtet Kettner 1849, im Nordschwarzwald ausgesetzt, und zwar im Bereich des Hohlohs (988 Meter Seehöhe). Dabei handelt es sich um ein großes Hochmoorgebiet inmitten geschlossener Wälder. Trotz dieses nicht gerade typischen Lebensraumes sollen sie sich, nach Berichten von Sponeck (1800) und Jägerschmidt (1852), bis ins 19. Jahrhundert hinein gehalten haben.

1814 wurden vier Alpenschneehühner bei Hanau (nur 104 Meter Seehöhe) in Südhessen erlegt. Damals wurde vermutet, dass sie vom

> *Jeder Irrtum hat drei Stufen: Auf der ersten wird er ins Leben gerufen, auf der zweiten will man ihn nicht eingestehen, auf der dritten macht nichts ihn ungeschehen.*
>
> Franz Grillparzer (1791 – 1872),
> österreichischer Schriftsteller und Dramatiker

> *Nicht die Art, ob selten oder jagdlich interessant, darf im Zentrum unserer Bemühungen stehen, sondern die Aufrechterhaltung der natürlichen Prozesse. Es ist dies der indirekte, aber auf Dauer einzig aussichtsreiche Artenschutz.*
>
> Egon Anheuser (1912 - 2009), langjähriger Präsident des Deutschen Jagdschutzverbandes

Rothühner und Steinhühner

Ob in älterer Zeit die beiden Arten immer korrekt bestimmt wurden, ist ungewiss. Wahrscheinlich hätte auch heute die Mehrheit der Jäger ihre Probleme damit. Insofern sind Berichte über die frühen Vorkommen, Einbürgerungen und Wiedereinbürgerungen mit einer gewissen Vorsicht zu werten.

Rothühner *(Alectoris rufa)* besiedelten zumindest bis ans Ende des 16. Jahrhunderts die steilen Hänge rechts und links des Mittelrheins, aber auch Teile des Neckartales. Aus dieser Zeit sind überdies Einbürgerungsversuche am Mittelrhein und sogar bei Kassel belegt. Noch im 19. Jahrhundert gab es ein Vorkommen im Raum Trier. Zu weiteren Aussetz-Aktionen kam es sowohl im 18. als auch im 19. Jahrhundert in Baden, in Braunschweig, im Kurfürstentum Pfalz-Zweibrücken, im Odenwald und bei Darmstadt. In Bayern soll die Art im 18. Jahrhundert ebenfalls noch vorgekommen sein, wahrscheinlich auf Aussetz-Aktionen zurückgehend.

Nach dem Zweiten Weltkrieg, als sich der Abwärtstrend des Rebhuhns bereits abzeichnete, erfolgten neuerlich Einbürgerungsversuche mit Rothühnern im Mittelrheingebiet. Im selben Raum wurden am Beginn des 20. Jahrhunderts auch schon Steinhühner aus Tirol freigesetzt. Alle Versuche scheiterten letztlich. Gleichwohl war auch im letzten Drittel des 20. Jahrhunderts immer wieder von „illegalen" Aussetz-Aktionen zu hören.

Der Archivar und Historiker Georg Landau (1807 – 1865) berichtet über das Vorkommen des Steinhuhns *(Alectoris graeca)* im 16. Jahrhundert im Mittelrheingebiet. Dort wurden 1585 und 1591 auch Steinhühner gefangen und zur Begründung neuer Vorkommen sowohl

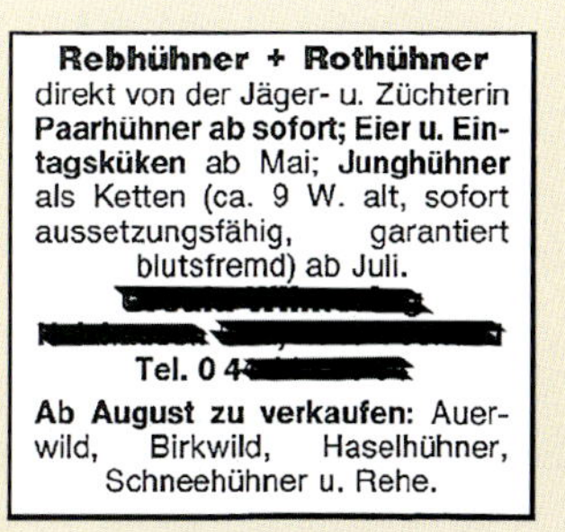

Rothühner, gleich aussetzfähig; da lacht der Fuchs...

nach Kassel als auch nach Halberstadt im heutigen Sachsen-Anhalt geschickt.

Nachdem die Stein- oder Rothühner im felsigen Mittelrheintal ausgestorben waren, versuchte man 1904 solche neuerlich anzusiedeln. Dieses Mal waren es echte Steinhühner, gefangen in Tirol. Anfangs hielten sie sich und reproduzierten wohl auch. Letztlich scheiterte aber auch dieser Versuch.

Schon 1882 wurde mit demselben Ergebnis in der Tatra versucht, Steinhühner anzusiedeln. Mitte der 1950er-Jahre riskierte man im Szitnya-Gebirge, in der Mitte der heutigen Slowakei, einen weiteren, ebenfalls gescheiterten Versuch. Europaweit setzten die Heger fortan auf die asiatische Variante des Steinhuhns – das Chukar-Huhn *(Alectoris chukar)*, gebracht hat auch das nichts.

Es darf davon ausgegangen werden, dass es noch viele Versuche gab, die nicht publik gemacht wurden, teils weil man gegen geltendes Recht verstieß, teils weil man sich nicht bloßstellen wollte.

Truthühner

Wildtruthühner (*Meleagris gallopavo*) sind in Nordamerika beheimatet, wo sechs Unterarten vorkommen. Nach Europa gelangten sie also erst nach der Entdeckung Amerikas durch Kolumbus im Jahre 1492. Somit gehören sie zu den Neozoen. Gleichwohl kam es schon 1571 zu der ersten Aussetzung in Mitteleuropa. Diese durch ihre Größe recht imposante Tierart weckte in der zweiten Hälfte des 19. Jahrhunderts das Interesse der europäischen Jäger.

Einbürgerungsversuche fanden in nahezu allen europäischen Ländern statt. In Deutschland und Österreich waren es vor allem Forstverwaltungen, die in der Zeit zwischen 1880 und 1914 diese Art zur „Faunenbereicherung" ansiedelten. Diese Bestrebungen fanden mit Ausbruch des Ersten Weltkriegs ihr vorläufiges Ende.

Die meisten Ansiedelungsversuche waren von kurzer Dauer; die Bestände erloschen nach wenigen Jahren. Nur in Niederösterreich (Grafenegg) konnte sich ein kleiner Bestand von 1880 bis Ende des Zweiten Weltkriegs halten. Danach hatte Europa zunächst andere Sorgen. Zwar wurden 1930 in den Donau-Auen bei Wien noch einmal Truthühner ausgesetzt, doch waren diese bald wieder verschwunden, nachzulesen in der „Naturgeschichte Wiens", Band II, 1972.

Erst im Jahr 1953 entschloss sich das Land Nordrhein-Westfalen, in fünf verschiedenen Forstbetrieben (Bönninghardt, Senne, Kottenforst, Mindenerwald, Ochtentrup) neuerlich Truthühner auszuwildern. Andere Landesforstverwaltungen zogen nach. Rheinland-Pfalz leistete sich die Faunenverfälschung im Bassenheimer Wald und im Taunus, Niedersachsen in Gartow (Lüneburger Heide) und Springe (Deister), Baden-Württemberg im Schutterwald (Rheinauen) und Schleswig-Holstein in Wacken. Das Vorkommen in Baden-Württemberg erlosch 1996, nachdem keine „Besatzstützungen" mehr stattfanden. Gegen Ende des 20. Jahrhunderts waren alle diese Vorkommen bis auf vier in Nordrhein-Westfalen wieder erloschen. Das heute allgegenwärtige – „gut gehegte" – Schwarzwild wird Restvorkommen kaum mehr anwachsen lassen. Der Jagdwissenschaftler Heinrich Spittler sieht als Ursache für das Scheitern der Ansiedelungen generell nicht mangelnde Lebensraumqualität, sondern einen zu hohen Feinddruck durch den Fuchs, den Habicht und das Schwarzwild.

Einbürgerungsversuche gab es auch in der ehemaligen DDR, wo man ebenfalls auf der Suche nach neuen, interessanten Wildarten war. Auch sie erloschen. „Halten" konnten sich die Wildtruthühner bis heute in Tschechien. 2016 wurden dort noch 168 Puter erlegt, wobei es

> *Die in Eisenach abgehaltene 5. Jahresversammlung des Deutschen Forstvereins hat für die Bekämpfung des Kiefernspanners die Aussetzung von amerikanischen Truthühnern empfohlen.*
>
> Günther Niethammer

sich nach Vodnansky ausschließlich *„um zu Jagdzwecken ausgewilderte Vögel"* handelt. Auch in der Slowakei kann der Jäger – wohl Dank ständiger Versorgung mit gezüchteten Puten – auf Wildtruthühner „jagen".

Höckerschwan

Heute ist der Höckerschwan *(Cygnus olor)* in Deutschland und Österreich fast allgegenwärtig. Dabei kam er ursprünglich in Europa nur im südlichen Skandinavien und im Baltikum vor; ansonsten im Bereich des Schwarzen Meeres und von Kleinasien bis nach China. Jahrhunderte hindurch kam er in Mitteleuropa nur – flugunfähig – in den Parks des Adels vor. Zu Beginn des 20. Jahrhunderts beließ man in Potsdam einigen Schwänen ihre Flugfähigkeit, worauf sie verwilderten und fortan bejagt wurden. Der Erste Weltkrieg warf die Bemühungen um das neue Jagdwild zunächst wieder zurück, erholte sich aber rasch. So kamen Höckerschwäne in den 1940er-Jahren bereits in der gesamten nördlichen Mark Brandenburg vor. Sie vermehrten sich so, dass sie sparsam bejagt wurden. Gegen Ende des Zweiten Weltkrieges wurden jedoch viele Schwäne im Zeichen der allgemeinen Nahrungsknappheit erlegt.

Niethammer schrieb 1963:

> Auch in Süddeutschland finden sich heute wieder halbzahme Schwäne auf vielen Teichen und Seen. Von solchen Zentren aus mögen eines Tages Populationen völlig frei fliegender Schwäne begründet werden… Auf dem Chiemsee werden die Schwäne (bis zu 80 Stück) im Winter noch gefüttert, sie brüten aber auch in mehreren Paaren, deren Junge wieder vollständig verwildern können.

Heute ist der Schwan von der Küste bis ins Hochgebirge nahezu überall zu finden und wird von Kommunen, Landwirten, Naturschützern und teilweise auch von den Jägern als Problemvogel angesehen.

> *Das Verbreitungsgebiet des Höckerschwans beschränkte sich ursprünglich auf Nordosteuropa und Teile Asiens.*
>
> Schweizerische Vogelwarte, Sempach

Auerwild – jede Menge Wiedereinbürgerungsversuche.

Wiedereinbürgerungen

Immer wieder Auerwild

Projekte der Wiederansiedlung von lokal oder regional ausgestorbenen Wildarten gab es in der Vergangenheit schon viele. Natürlich wäre es wünschenswert, wenn verschwundene Arten wieder zurückkämen, ja es gibt sogar so etwas wie eine moralische Pflicht für solche Bemühungen. Dass Jäger an der Rückkehr von Arten vor allem dann Interesse haben, wenn die Hoffnung besteht, diese Arten wieder irgendwann bejagen zu dürfen, mag einen unangenehmen Beigeschmack haben. Diese Hoffnung würde aber den Erfolg eines solchen Projektes nicht schmälern.

Nun gibt es Arten, deren Rückkehr in zuvor verwaiste Gebiete fast jederzeit ebenso problemlos ist wie auch ihre Ansiedlung dort, wo sie bisher nicht vorkamen. Das trifft ganz sicher auf das Schalenwild zu, aber auch auf viele Haarraubwildarten. Schiefgegangen sind regelmäßig Versuche, solche Arten wieder anzusiedeln, die zuvor verschwanden, weil sich ihre Lebensräume nachteilig veränderten. Das ist beispielsweise regelmäßig bei den Raufußhühnern der Fall. Es fehlt auch nicht am Wissen über in der Vergangenheit gescheiterte Projekte, wohl aber am Willen, daraus zu lernen. Letztlich profitiert bei jedem derartigen Projekt auch jemand, entweder schlicht finanziell der Lieferant der Tiere oder der Betreuer, oder aber, weil es darum geht, sich ein „Denkmal" zu setzen. Selbst Letzteres ist nicht grundsätzlich ehrenrührig. Allerdings hält die Natur genug Möglichkeiten vor, sich anderweitig ein Denkmal zu setzen.

Eine, um im Jargon unserer Zeit zu bleiben, recht „hochpreisige" Art ist das Auerwild. Früher im Gebirge wie im Flachland weit verbreitet, wurde es durch Lebensraumveränderung, aber ebenso durch rücksichtslose Jagd längst zu einer bedrohten Art. Heute hat das Auerwild in Deutschland sicher weit mehr als 90 Prozent seines ursprünglichen Verbreitungsgebiets geräumt. Linksrheinisch ist es überall ausgestorben. Rechtsrheinisch sind noch Reliktbestände im Schwarzwald vorhanden, deren Überleben fraglich ist. Dabei war das Auerwild im Schwarzwald einmal die Hauptwildart! Ansonsten ist Baden-Württemberg de facto

> *Nach der Errichtung einer Windenergieanlage im Nahbereich eines Auerhuhn-Balzplatzes in Schweden, wurde über einen Zeitraum von fünf Jahren ein Rückgang um 50% (von 10 auf 5 Hähne) beobachtet. Bei demselben Windpark wurde auch ein Auerhahn aufgefunden, der gegen den Turm eines der Windräder geflogen war.*
>
> Forstliche Versuchs- und Forschungsanstalt Baden-Württemberg

auerwildfrei. In Bayern gibt es außerhalb des Alpenraumes noch Restvorkommen in den Mittelgebirgen entlang der Grenze zu Tschechien und in Nordbayern. Ob diese Bestände mittelfristig überlebensfähig sind, ist mehr als fraglich.

Bei Friedrich Tischler lesen wir in dem 1941 erschienenen Buch „Die Vögel Ostpreußens", dass das Auerwild dort schon zu Beginn des 20. Jahrhunderts nahezu ausgestorben war. Tischler berichtet auch von zahlreichen Versuchen, diese Art wieder einzubürgern, die alle scheiterten, auch in Rominten, lange vor Hermann Göring. Letzterer versuchte – ebenfalls erfolglos – auch diese Art in Rominten wieder heimisch zu machen. Dabei blieb es bis heute.

Bereits Raesfeld berichtete – und das ist schon hundert Jahre her – vom gescheiterten Versuch des Fürsten Pleß, in Oberschlesien wieder Auerwild anzusiedeln. Pleß wurde ermutigt durch die gelungene Wiederansiedlung dieser Art in Schottland in der ersten Hälfte des 19. Jahrhunderts. Dort war das Auerwild deshalb ausgestorben, weil man es bis auf das letzte Stück totgeschossen hatte. Doch der den Ansprüchen dieser Art gerecht werdende Lebensraum war erhalten geblieben. Völlig anders in Oberschlesien. Dort war es höchstwahrscheinlich die Forstwirtschaft, die dem Auerwild die Lebensgrundlagen entzogen hatte. Jedenfalls gab es schon längere Zeit vor Beginn des Versuches kein Auerwild mehr.

Die Fürsten von Pleß konnten es sich leisten, zu „klotzen". Was heute auch für eine Landesforstverwaltung einen großen Brocken darstellt, konnte Pleß stemmen. So kaufte er 250 Stück Auerwild und ließ sie frei. Bis heute wird bei allen derartigen Projekten die Beutegreifer-regulation beschworen. Wir dürfen davon ausgehen, dass Pleß über genügend hierzu geeignetes Personal verfügte und auch dabei nicht kleckerte. Rechtlich stand damals einer radikalen Bekämpfung nahezu aller Tiere, die krumme Schnäbel oder Fangzähne hatten, nichts im Wege. Trotzdem war auch Pleß kein Erfolg mit dem Auerwild beschieden. *„Das Wild hat sich auch 7-8 Jahre gehalten, ist aber dann, aller Pflege ungeachtet, verschwunden"*, so berichtet Raesfeld.

200 Jahre gescheiterte Einbürgerungsversuche

Es ist erstaunlich, mit welcher Beharrlichkeit bis heute versucht wird, Auerwild anzusiedeln und wie konsequent die durch mehr als drei Jahrhunderte gesammelten negativen Erfahrungen dabei ignoriert werden. Waren es früher adelige Herren, die zur Hebung ihres persönlichen Pläsiers Auerwild aussetzen ließen, ist es heute der verständliche Wunsch, die rapid sinkende Artenvielfalt aufzuhalten. Den „Liebhabern" dieser Vogelart früherer Zeiten mag man zugutehalten, dass ihnen nicht dieselbe Informationsfülle zur Verfügung stand, wie das heute der Fall ist. Eines vereint die Initiatoren alter Zeit mit jenen der Gegenwart: Der unerschütterliche Glaube, dass alles machbar sei, und an die eigene Überlegenheit!

Nach Günther Niethammer ließ schon Wallenstein 1628 bis 1630 böhmisches Auerwild nach Mecklenburg verfrachten.

Bis in die Mitte des 18. Jahrhunderts wurde immer wieder Auerwild im Tharandter Wald und in anderen Revieren Sachsens in großer Zahl ausgesetzt. Durch die ständigen Nachlieferungen konnten sich die Bestände wohl längere Zeit halten, was aber zur Folge hatte, dass die jagdlichen Wünsche des Kurfürsten durch natürliche Reproduktion und neuerliche Aussetzungen nicht mehr befriedigt werden konnten. Anfang des 19. Jahrhunderts erlosch der Bestand.

> *Wo sich dieses Federwild in bedeutender Zahl aufhält, wird es durch das Abbeißen der Endknospen an den Mittelschüssen des jungen Nadelholzes nachteilig, in den Laubholz-Waldungen aber thut es keinen merklichen Schaden.*
>
> Georg Ludwig Hartig, 1810

Über die gescheiterten Versuche des Fürsten Pleß wurde vorhin schon berichtet. Weitere Auswilderungen gab es von 1882 bis 1892 im Kreis Kosel (heute Schleswig-Holstein), ebenso in den Revieren des Herzogs von Ratibor in Rauden (Schlesien). Auch in den Wäldern der Fürsten Hohenlohe und Donnersmarck und in Coschütz in Mittelschlesien fanden Einbürgerungsversuche statt, die allesamt scheiterten. Radikale Raubwildvertilgung darf der Zeit entsprechend angenommen werden.

Nach Ende des Ersten Weltkriegs setzte Baron Nadherny-Borutin auf seiner Domäne Adersbach im Riesengebirge Auerwild aus. Über einen Verbleib ist nichts bekannt.

In Ostthüringen wurde in den Jahren 1891, 1904 und 1906 Auerhühner zur Blutauffrischung des vorhandenen geringen Bestandes ausgesetzt. Dessen Aussterben noch vor Beginn des Ersten Weltkrieges war dennoch nicht zu verhindern.

Zahlreiche Einbürgerungsversuche von Auerwild gab es auch in Ostpreußen, beginnend in den 1870er-Jahren, in der Rominter Heide, erstmals verbürgt fürs Jahr 1882, dann wieder 1894 und 1928. Schließlich versuchten es mit großem Aufwand die braunen Machthaber. Erfolg war auch ihnen nicht beschieden.

Schwarzwald

Im Schwarzwald waren es Förster, aber auch einige Jäger und Naturschützer, die bereits zu Beginn der 1970er-Jahre begannen, Auerwild zu züchten und auszusetzen. Ermutigt waren sie von Meldungen aus

> *Versuche, Auer- und Birkwild künstlich wieder einzubürgern, sind in Deutschland meines Wissens alle gescheitert. Daran ändert nichts, dass sich Anfangserfolge einstellten, wie z.B. in der Rominter Heide beim Auerwild. … In den wenigen Fällen, wo mir eine Feststellung an Ort und Stelle möglich war, schien mir eine blühende Phantasie Pate bei der Abfassung der Berichte gestanden zu haben.*
>
> Ulrich Scherping, Oberstjägermeister a. D., 1958

dem Stadtwald Villingen, wo damals eine waldbauliche Wende vollzogen wurde, in deren Folge sich die dortigen Auerwild-Restvorkommen zu erholen schienen. Trotz aller Bemühungen ging es mit dem Auerwild im Schwarzwald insgesamt aber weiter bergab, wobei es deutliche Unterschiede zwischen Nord- und Südschwarzwald gibt.

Abschließend soll über das Auerwild im Villinger Stadtwald (Südschwarzwald) berichtet werden, in dem der Bestand an Auerhühnern fast „dramatisch“ anstieg, ohne dass je ausgesetzt oder ein Krieg gegen Beutegreifer entfacht wurde. Darüber berichtete Ulrich Rodenwaldt – ab 1951 langjähriger Leiter des Stadtforstamtes Villingen – im Jahr 1974 auf einem Auerwildsymposium der Universität München.

Bei seinem Dienstantritt beschränkte sich das Auerwildvorkommen auf einen rund 800 Hektar großen Altholzkomplex aus Tanne, Fichte und Kiefer. Da die Tanne massiv unter Rehwildverbiss litt, setzte eine starke Rehwildbejagung ein, was zur flächigen Verjüngung vor allem der Weißtanne führte. Die Zahl der balzenden Hähne stieg von drei im Jahre 1953 auf zehn im Jahr 1960. 1976 waren es in dem insgesamt 2.000 Hektar großen Stadtwald schließlich 62 balzende Hähne! Die Kombination von waldbaulichen Maßnahmen und intensiver Rehwildbejagung führte einerseits zu auerwildfreundlichen Waldstrukturen und andererseits zu einem guten Äsungsangebot.

Der hochwertige Auerwildlebensraum war sozusagen ein Nebenprodukt einer durchaus gewinnorientierten Forstwirtschaft. Beide – Forstbetrieb wie Jagd – betrieben hier tatsächliche Hege. Dennoch ging es Ende des 20. Jahrhunderts, als man im Schwarzwald forstlich schon allgemein auf das Auerwild Rücksicht nahm, wieder steil bergab.

Im Jahr 2016 war die im Schwarzwald von Auerhühnern besiedelte Fläche auf 45.000 Hektar geschrumpft, die Zahl der Hähne auf 206. Zum Vergleich: Um 1930 ging man noch von 3.800 Hähnen aus.

Harz und Odenwald

Im deutschen Bundesland Niedersachsen wollte man es noch zum Ende des 20. Jahrhunderts hin genau wissen. Im Harz, einem Mittelgebirge, das nach dem Zweiten Weltkrieg durch die innerdeutsche Grenze geteilt wurde, starb das Auerwild bereits zwischen 1920 und 1930 aus. Dabei hatte es in jenem damals noch vom Massentourismus verschonten Gebirge im Volksbewusstsein immer eine große Rolle gespielt.

Das Aussetzen des Auerwildes in den letzten Jahren muss unter erfolglos verbucht werden. Als die Raufußhühner im Sauer- und Siegerland noch für die Küche geschossen wurden, war der Lebensraum intakt. Alte Buchenbestände, teilweise durch Viehbeweidung verlichtet, Wald- und Preiselbeeren in ungeahntem Ausmaß und kein Schwarzwild, das die Eier frisst. Die Fichte war in vielen Regionen noch unbekannt bzw. stand erst in den Anfängen.

Ulrich Cramer im Online-Newsportal „DerWesten"

Davon zeugen heute noch unzählige Flurnamen ebenso wie Namen in der Gastronomie. Ein Großteil der Wälder des Harzes steht im Eigentum des Landes Niedersachsen. 1991 wurde der Ostteil des Harzes (ehemals DDR) zum Nationalpark erklärt, 1994 auch der Westteil (BRD). Hüben wie drüben nahm ein weitgehend auf Fichtenreinbestände konzentrierter Waldbau dem Auerwild die lebensnotwendigen Strukturen. Absolut kontraproduktiv für diese Wildart waren auch die zeitweise extrem hohen Rotwildbestände, mit ihrem negativen Einfluss auf die Zwergstrauchdecke und sonstige Begleitflora.

Im niedersächsischen Teil des Harzes wurde bereits 1978 mit der Aufzucht und Auswilderung von Auerhühnern in großem Stil begonnen. Rund 1.000 Tiere wurden in Freiheit entlassen. 1982 schrieb Karl Heinz Haarstick in „Wild und Hund":

> Nach nunmehr zehn Jahren „Auerwild im Harz" kann und muss also festgestellt werden, dass das Auerhuhn im Harz wieder leben kann und bereits großräumig zwischen dem Höhenzug des Ackers über den Bruchberg hinweg bis zum Brocken punktuell Fuß gefaßt hat und im Begriff ist, eine lebensfähige Population aufzubauen, die zunächst aber noch einer Stützung durch weitere Aussetzungen in den nächsten Jahren bedarf.

Solche Erfolgsmeldungen gab es auch bei anderen Wiedereinbürgerungen. Gleichwohl war dem Projekt kein Erfolg beschieden. Im Jahr 2003 wurde es zu Grabe getragen.

Auch im Odenwald war man zuversichtlich, die verschwundene Art wieder heimisch machen zu können. Dort war es eine Privatinitiative

– „Verein zur Wiederansiedlung von Auerwild im Odenwald e.V." –, deren Mitglieder zwei große Volieren errichteten. Erfolg war auch ihnen nicht beschieden. Hessen ist auerwildfrei!

Brandenburg und Thüringen

Schon in der DDR wurden erhebliche Anstrengungen zur Wiederansiedlung des Auerwildes unternommen – vergeblich. Als das Projekt im Harz bereits gescheitert war, wollten es Idealisten in Brandenburg immer noch nicht glauben. 2011 begannen im Naturpark Niederlausitzer Heidelandschaft Vorarbeiten für das „Pilotprojekt zur Wiederansiedlung des Auerhuhns *(Tetrao urogallus)* in Brandenburg". Hierzu wurde ein Förderverein gegründet, der sich auf potente Kooperationspartner wie den Landesbetrieb Forst Brandenburg, die Deutsche Bundesstiftung Umwelt (DBU) und die Stiftung Naturschutz-Fonds Brandenburg stützen darf.

Bereits 2012 und 2013 wurden 60 Auerhühner aus Schweden freigelassen. Die Verluste waren schon im ersten Jahr erheblich, sodass der Förderverein 2014 auf seiner Webseite eine Überlebenswahrscheinlichkeit von 30 Prozent anschätzte und eine durchschnittliche Lebensdauer der Auerhühner vom Zeitpunkt der Freilassung an mit 189 Tagen. Die häufigsten Todesursachen waren durch den Lebensraum bedingt, nämlich Kollisionen mit Fahrzeugen, Freileitungen und Wildzäunen. Erst danach kamen Verluste durch Fuchs und Habicht. Seit 2017 läuft, aufbauend auf dem Pilotprojekt, ein fünfjähriges Projekt zur dauerhaften Etablierung des Auerhuhns in der Niederlausitz. Inzwischen ist es ruhig um das Projekt geworden und es ist zu befürchten, dass es irgendwann genauso zu Grabe getragen wird wie andere Versuche der Wiedereinbürgerung des Auerwildes in Brandenburg. Ob eine Wiederansiedlung gelungen ist oder nicht, lässt sich erst sagen, wenn jene, die sich engagiert haben, längst nicht mehr sind!

> *Jene Irrtümer, die sich noch als die praktisch zweckmäßigsten und brauchbarsten erwiesen haben, nennt man Wahrheit.*
>
> Peter Rosegger (1843 – 1918),
> österreichischer Volksdichter

Das verschwundene Birkwild

Heute kommt Birkwild in Mitteleuropa fast nur noch im Hochgebirge vor, und es verschwindet auch dort überall, wo Almen aufgegeben und vom Wald zurückerobert werden. Das war vor lächerlichen hundert Jahren noch völlig anders. Nicht nur im Alpenvorland, sondern auch in den Mittelgebirgen und im Flachland gab es ein großflächiges Netz aus Moor- und Heideflächen – Birkwild-Lebensräume. Dennoch klagten schon damals Großgrundbesitzer und Jäger über das Erlöschen von Birkwildvorkommen oder den starken Rückgang der Art.

Verschwunden war diese Wildart aber auch damals schon überall dort, wo die „ordnungsgemäße Forstwirtschaft" aus lichten Weidewäldern wie aus „Ödland" in Altersklassen aufgestellte Nadelholzwälder gemacht hatte. *(Zur Erklärung: Ende des 18. Jahrhundert begann die großflächige Umwandlung lichter Weidewälder und Ödflächen in meist reine Altersklassenwälder aus Nadelholz. Mitte des 19. Jahrhunderts behauptete sich die forstliche Reinertragslehre. In dieser Epoche begründete Waldbestände finden wir heute noch. Inzwischen setzt die Forstwirtschaft – vor allem unter dem Druck der Klimaerwärmung – auf artenreichere, standortgemäßere Wälder. Der Begriff „ordnungsgemäße Forstwirtschaft" blieb.)* Wo diese neuen Wälder temporär vernichtet wurden und sich in der Nähe noch halbwegs intakte Birkwildvorkommen befanden, wurden die vernichteten Wälder spontan vom Birkwild in Besitz genommen. Sie gaben diese erst wieder auf, als die neue Waldgeneration hochwuchs und die Freiflächen schwanden.

> *Wenn eine Art ihren „Beruf" nicht mehr ausüben kann, weil infolge von Wasserentzug oder durch anthropogene Maßnahmen Beerkräuter, Heiden oder Weiden verschwinden, Gesträuch für landwirtschaftliche Zwecke gerodet wird oder andersartige Wirkungen die Kolonisationsleistung erfordernden Gegebenheiten verändern, dann verschwindet das Birkwild. In einem solchen Lebensraum wird auch jeder Wiederausbürgerungsversuch sinnlos sein.*
>
> Hans-Heinrich Hatlapa,
> Pionier des Naturschutzes, 1988

Birkhahn im Moorgebiet.
Vor nur hundert Jahren gab es noch ein großflächiges Netz aus Moor- und Heideflächen – gute Birkwild-Lebensräume. Heute kommt Birkwild fast nur mehr im Hochgebirge vor.

Ein gutes Beispiel hierfür sind der Nürnberger Reichswald in Mittelfranken, aber auch der Ebersberger Forst östlich von München und viele andere Wälder. Schon 1810 und dann immer wieder in Wellen kam es zur Massenvermehrung von nadelfressenden Insekten, denen weit über 100.000 Hektar von überwiegend Nadelholz-Reinbeständen zum Opfer fielen. Als die Wälder abgestorben waren, stellte sich auch hier in kurzer Zeit das Birkwild ein. Vergleichbare Kalamitätszüge durch nadelfressende Insekten gab es auch im Erzgebirge, und auch dort kam das Birkwild zurück. Das war nur möglich, weil es damals noch ein relativ dichtes Netz von Birkwildinseln gab, aus denen die Hühner zustreichen konnten. Heute wäre das beispielsweise im Reichswald nicht mehr möglich, weil alle der in früherer Zeit noch existierenden umliegenden Birkwildvorkommen erloschen sind.

So war der Versuch naheliegend, kleinste, im Erlöschen befindliche Vorkommen durch Aussetzen zu erhalten und wiederaufzubauen. Hierzu boten sich Moorgebiete ebenso wie die früher waldfreien Hochlagen von Mittelgebirgen an, etwa der Hohen Rhön.

Der Narr macht seine Reverenz,
Der gute derbe Geselle!
Ihr höret wohl von weitem schon
Das Rauschen seiner Schelle.
Ein tücht'ger Kerl hat seinen Sparrn!
Das ist unwiderleglich;
Und hat das Haus nicht seinen Narren,
So wird es öd und kläglich.

Theodor Storm (1817 - 1888),
deutscher Jurist, Dichter und Novellist

Im Wurzacher Ried

In Oberschwaben gibt es noch verhältnismäßig viele Moorflächen, „viel" im Vergleich mit anderen Landesteilen und Bundesländern. Eines davon ist das rund 1.800 Hektar große Wurzacher Ried. Bis heute blieb etwa ein Drittel der Fläche ohne menschliche Eingriffe. Dieses Ried bot sich besonders deshalb für eine Wiederbesiedlung an, weil es nur kaum 100 Kilometer nördlich der nordalpinen Nagelfluhkette liegt, wo es noch stabile Birkhuhnbestände gab. Außerdem war das Wurzacher Ried nur eines von einer ganzen Reihe noch halbwegs intakter Hoch- und Niedermoore zwischen der oberen Donau und dem alpinen Raum. An „Trittsteinen" hat es also nicht gemangelt. Im Dezember 1948 zählte der Salvatorianerpater Agnellus Schneider in zwei Flügen noch 80 Birkhühner. 1960 – nur zwölf Jahre später – wurden nur noch ein Hahn und zwei Hennen bestätigt. In den folgenden zwei Jahren wurden im Auftrag der staatlichen Vogelschutzwarte und auf Veranlassung der Bezirksstelle für Naturschutz im Wurzacher Ried Habichte gefangen. Beauftragt waren damit die Jäger. Prompt stellte sich – so wurde orakelt – der Erfolg ein. 1962 war der Bestand schon um ein Drittel angestiegen, nämlich von drei Vögeln im Jahr zuvor auf nunmehr vier Vögel. In der Rückschau ist es erstaunlich, dass auch Fachleute bereits von einem Erfolg sprachen. Das höchste Zählergebnis lieferte das Jahr 1969 mit drei Hähnen und fünf Hennen. Doch schon ein Jahr später, 1970, konnten nur noch ein Hahn und zwei Hennen nachgewiesen werden.

1978, als längst alles zu spät war, begann man Birkwild zur „Blutauffrischung“ auszusetzen. Dieses Projekt lief unter der Trägerschaft des LJV Baden-Württemberg. Gleichzeitig wurde aber im Wurzacher Ried auch Torf abgebaut und der kleine, völlig isolierte Birkwildbestand von der Kurverwaltung vermarktet. So wurde im Kurprospekt mit dem Satz geworben: *„Eine beachtliche Birkhahnbalz kann beobachtet werden.“* Das Ried wurde nun intensiv mit Wegen, Stegen und Brücken erschlossen. Das wenige Birkwild verstrich. Ein Hahn (damals schon ganzjährig geschont) wurde Luftlinie rund 40 Kilometer entfernt an der Iller von einem Jäger als Krähe angesprochen und erschossen…

Im Journal für Ornithologie, Ausgabe April 1993 lesen wir hierzu:

> Während des unter der Trägerschaft des Landesjagdverbandes Baden-Württemberg e. V. seit 1978 laufenden Projektes zur Wiedereinbürgerung des Birkhuhnes im Wurzacher Ried wurde behördlicherseits der Wegfang von Habichten unter bestimmten Auflagen genehmigt. Nach Beringung mussten die Vögel wieder freigelassen werden. Eine vergleichende Untersuchung der von den Projektbetreibern veröffentlichten Berichte und der Beringungsdokumente ergab erhebliche Ungereimtheiten. Die aus den Berichten der Projektbetreiber zu entnehmende Zahl von 168 gefangenen, angeblich beringten und angeblich wieder freigelassenen Habichten steht der Zahl von 98 in den Beringungslisten dokumentierten Vögel gegenüber. Bereits ein Vergleich zwischen der Wiederfundrate der dokumentierten Vögel (1 %) mit der Fänglingfundrate der Vogelwarte Radolfzell (13 %) ergab einen hochsignifikanten Unterschied. Auch der Vergleich mit der Fundrate (15 %) einer anderen, parallel laufenden Verfrachtungsstudie zeigte, dass die Wiederfundrate der Wurzacher Habichte hochsignifikant geringer ist. Die Darstellung der Projektbetreiber, wonach 1978–1981 insgesamt 90 Habichte durch die Landesanstalt für Umweltschutz verfrachtet worden sein sollen, wurde durch die Landesanstalt nicht bestätigt. Die Landesanstalt bestätigte nur 5 verfrachtete Habichte aus dem Wurzacher Projekt. Obwohl der Habichtfang im März nicht erlaubt war, haben die Projektbetreiber insgesamt 4 Habichte im März gefangen und zumindest einen (nach eigenen Angaben jedoch alle!) auch noch verfrachtet. Vermutlich im Auftrag von Geflügelzüchtern wurden 7 Habichte, darunter 4 Altvögel, innerhalb eines kleinen Gebietes in einer Entfernung von 13–18,5 km vom Wurzacher Ried gefangen. So

> besteht begründeter Verdacht, dass ein beträchtlicher Teil der im oder um das Wurzacher Ried gefangenen Habichte nicht wieder freigelassen, sondern getötet wurde. Eine Reihe der in den Projektberichten enthaltenen Angaben lassen zudem ganz erhebliche Zweifel an der Fachkompetenz der Projektbetreiber aufkommen.

Das Vertrauen in den Projektbetreiber war verspielt!

Anzumerken bleibt, dass Anfang der 1950er-Jahre im Wurzacher Ried eine „Landesfasanerie" eingerichtet wurde. In der Chronik des Paters Agnellus Schneider ist nachzulesen, dass dort, wo Fasanen ausgewildert wurden, das Birkwild verschwand. Davon, dass die bunten und auffälligen Fasane Beutegreifer anlockten, insbesondere die durchziehenden Habichte aufhielt, darf ausgegangen werden. So beschleunigte eine Hegemaßnahme das lokale Aussterben des Birkwildes.

Eine vor allem in der Jagdliteratur immer wieder einmal auftauchende Frage ist die, inwieweit der Fasan das Birkhuhn aus seinem Biotop herausdrängen kann. Josef H. Reichholf hat sich 1982 mit diesem Problem auseinandergesetzt, dabei aber, so meinen Kritiker, den ausschlaggebenden Aspekt der Biotopveränderung zu wenig beachtet. Belegt ist, dass die Fasanen von den Jägern erst dann in „Anmarsch" auf die Birkhuhnbiotope gesetzt wurden, als die negativen Veränderungen zum Teil schon voll durchgeschlagen hatten. Dies trifft zum Beispiel im Großraum München für das Freisinger, Dachauer und Erdinger Moos zu. Fasan und Birkhuhn haben sehr unterschiedliche Biotopansprüche, langfristig können diese Arten nicht in den gleichen Lebensräumen miteinander leben. Die früheren Niedermoorgebiete um Dachau, Freising und Erding sind heute aufgrund der veränderten Biotopstruktur, des veränderten Pflanzenartenspektrums und der intensiven Hege mit die besten Fasanenreviere Oberbayerns. Es kann aber wahrscheinlich ausgeschlossen werden, dass der Fasan selbst direkt oder auch indirekt am Rückgang des Birkhuhns wesentlich beteiligt war.

Birkwildprojekte in Niedersachsen

Im Harz kam das Birkhuhn im 15. Jahrhundert überaus häufig vor und wurde daher der niederen Jagd zugeordnet. Im 19. Jahrhundert war die Art aber schon so selten geworden, dass um die Wende vom 19. zum

20. Jahrhundert mehrere Aussetzaktionen im Harz stattfanden. Auch wenn anfangs viel von Erfolg zu lesen war, verschwanden die ausgesetzten Birkhühner nach und nach völlig. Einen zunächst letzten Versuch gab es 1940 am Brocken, wo 40 Birkhühner freigelassen wurden. Auch sie konnten sich nicht halten. Erst in den letzten beiden Jahrzehnten des 20. Jahrhunderts wurde in Niedersachsen noch einmal versucht, erloschene oder im Erlöschen befindliche Vorkommen neu aufzubauen. In diesem Zeitraum wurden mehr als 1.600 Birkhühner aus Volierenzucht freigelassen. Dennoch waren kurz vor der Jahrtausendwende alle niedersächsischen Vorkommen bis auf ein einziges im Großraum Lüneburger Heide erloschen. Dieses ist allerdings auf fünf Teilpopulationen zersplittert. Es sind relativ kleine Inseln, umringt von intensivst genutzten Agrarflächen. Die staatliche Vogelschutzwarte führt alljährlich eine Frühjahrszählung durch. In den zwanzig Jahren von 1995 bis 2015 wurde zwar – mit den üblichen Schwankungen – eine leichte Zunahme registriert, gleichwohl ist fraglich, ob die relativ wenigen Birkhühner dieser Inseln langfristig und ohne permanente Aussetzungen eine Überlebenschance haben. Schriftliche Anfragen bei der Landesjägerschaft Niedersachsen blieben leider ohne Antwort.

Ausgesetzt wurde Birkwild ebenso im benachbarten Solling und im Taunus. Heute ist das Birkwild in fast allen deutschen Mittelgebirgen ausgestorben. Eine Ausnahme stellt die Rhön dar, wo sich ein kleiner, kaum überlebensfähiger Bestand halten kann. Dies jedoch nur, weil regelmäßig Birkhühner ausgesetzt werden (siehe Seite 135).

Das inzwischen aufgelöste Institut für Wildforschung der Universität Hannover setzte zwischen 1979 und 2000 in Niedersachsen mehr als 1.600 Birkhühner aus. Das Projekt wurde von Fachleuten von Beginn an sehr kritisch beurteilt. C. Seiler u.a. stellten im Jahr 2000 fest, dass bis dahin kein einziges Projekt der Wiederansiedlung oder Bestandsstützung verschiedener Raufußhuhnarten in Mitteleuropa erfolgreich war.

Aussetzungsgebiet Hahnenknoop

Dieses Projekt wurde 1981 von der Landesjägerschaft Niedersachsen gemeinsam mit der Tierärztlichen Hochschule Hannover (Institut für Wildtierforschung in Ahnsen) ins Leben gerufen. Bis zum Jahr 1996 wurden 522 Stück Birkwild ausgewildert. Mit einer Größe von rund

Seit Jahrzehnten ist das Birkwild in Deutschland von einem starken Rückgang betroffen. Die Population in der Lüneburger Heide ist vermutlich die einzige langfristig überlebensfähige in Mitteleuropa außerhalb der Alpen.“

Egbert Strauß u.a.,
Stiftung tierärztliche Hochschule Hannover

500 Hektar hatte das Hahnenknooper Moor einen Inselstatus. Zwar wurden Mitte der 1970er-Jahre Renaturierungsmaßnahmen wie Wiedervernässung eingeleitet, doch wird es wohl Jahrzehnte dauern, bis dort wieder ein wirklich birkwildtauglicher Lebensraum entstanden ist.

Umstritten blieb die Größe. Heute hat das Naturschutzgebiet eine zusammenfassende Fläche von 660 Hektar; davon sind über 250 Hektar renaturiert, das heißt, verdämmt und vernässt worden. Das mag eine tolle Leistung für den Naturschutz sein, ändert aber nichts an der Insellage und ist für einen sich selbst tragenden Birkwildbestand auf Dauer viel zu wenig.

1996 wurden noch einmal Birkhühner ausgesetzt und telemetrisch überwacht. Nach nur sechs Wochen waren alle Exemplare Opfer von Beutegreifern. Das Projekt wurde eingestellt, das Birkwild ist in diesen Mooren – wie auch in vergleichbaren Mooren – ausgestorben. Es ist völlig unrealistisch zu glauben, man könne auf einer so kleinen Fläche die natürlichen Verluste mit Hilfe eines „Beutegreifer-Managements“ ausschalten. Die ausgesetzten Birkhühner kamen alle aus der Voliere. Zum „Überlebenstraining“ – zur Fitness – junger Birkhühner gehört es sicher auch, dass schon Küken erleben, wie Artgenossen geschlagen oder gerissen werden. Daraus lernen sie! Wer ihnen diese Möglichkeit nimmt, darf sich über mangelnde Überlebenstauglichkeit ausgesetzter Hühnervögel nicht wundern. Auch das größte Moor existiert nicht hinter und unter einem schützenden Drahtgeflecht. Wie beim Fasan haben ausgesetzte Tiere Signalwirkung.

Interessant bei diesem Projekt war, dass mit der fortschreitenden Renaturierung die Zahl der gefangenen Habichte rückläufig war, ein Umstand, der gerne fehlinterpretiert wird, worüber Karl Augustin 1988 in der Juli-Ausgabe von „Wild und Hund“ schrieb.

Birkwildprojekt Rhön

Ende der 1960er-Jahre lebten in der Rhön, einem Mittelgebirge im Dreiländereck Bayern, Hessen und Thüringen, noch rund 300 Birkhähne auf etwa 10.000 Hektar damals noch geeignetem Lebensraum. Die Hochlagen dieses Mittelgebirges waren durch offene Flächen und Schafweiden gekennzeichnet. Das Birkwild war Charaktervogel der dortigen Landschaft.

2007 hatte das Birkwild einen Großteil seines Verbreitungsgebietes bereits völlig aufgegeben. Nur im Zentrum, in den Hochlagen der Langen Rhön, konnten noch 9 Hähne und 5 Hennen gezählt werden. Damit war das endgültige Erlöschen eigentlich vorhersehbar.

Schon 1963 zeichnete sich ein Niedergang dieser Wildart ab, was zur Gründung eines Birkwildhegerings führte. Damals durfte der heute vielfach als Hauptfeind des Birkwildes genannte Habicht noch bejagt werden. 1977 wurde ein standardisiertes Zählverfahren eingeführt. In den 1980er-Jahren begann die Wildland-Stiftung Bayern, ein Ableger des

Birkhahn in voller Lebensgröße.

Wenn der Lebensraum für eine Tierart nicht mehr passt, so hilft auf lange Sicht weder das Aussetzen noch die gnadenlose Verfolgung der Beutegreifer.

> *Ohne die Auswilderung gäbe es in der Rhön wohl kein Birkwild mehr.*
>
> Thorsten Kirchner, Gebietsbetreuer, 2014

Bayerischen Jagdverbandes, Flächen in der Hohen Rhön aufzukaufen und biotopverbessernde Maßnahmen für das Birkwild durchzuführen.

Eine Untersuchung der Universität Freiburg bestätigte die genetische Verarmung der wenigen noch in der Rhön lebenden Birkhühner. Gleichzeitig führte die Uni Freiburg eine Machbarkeitsstudie betreffend einer *„Blutauffrischung"* durch. Sie kam zu dem Schluss, dass eine Ausweitung des geeigneten Lebensraums auf 5.000 Hektar und eine „Bestandsstützung mit schwedischen Birkhühnern durch fünf Jahre das Birkwild in der Rhön möglicherweise erhalten könne. Gleichzeitig wurde ein Berufsjäger eingestellt, der *„intensivste Fangjagd"* betrieb.

2016 wurde das Projekt um weitere fünf Jahre verlängert, in denen jährlich bis zu 25 Wildfänge aus Schweden ausgewildert werden sollen. Bis 2014 genehmigten die schwedischen Behörden pro Jahr maximal 15 Birkhühner.

> *Gerade Biologen werden, aus ihrer Liebe zum Objekt, oft zu wütenden Verfechtern einer konservativen Statik – als ob man durch Vorschriften und Schutzmaßnahmen das Tertiärmeer daran hätte hindern können, sich zurückzuziehen und dem Neusiedlersee Platz zu machen.*
>
> Otto König (1914 – 1992),
> österreichischer Fernseh-Tierprofessor

Sonstige Aussetzaktionen

Bereits in den Jahren 1885 bis 1890 wurde in Burgwaldniel am Niederrhein Birkwild ausgesetzt. Um 1900 dann neuerlich bei Oberwesel und etwa zur selben Zeit auch am Niederrhein, entlang der Grenze zu Holland.

1930 fand eine Aussetzaktion in der Eifel statt, der bald *„ein glänzender Erfolg"* attestiert wurde, ebenso im Siebengebirge. Doch nach wenigen Jahren war nichts mehr zu hören.

1908 kam es zu Freilassungen beim Wildsee im Nordschwarzwald (Württemberg) und im Raum Stuttgart.

1895 setzte die Fürstlich Fürstenberg'sche Forstverwaltung Birkwild im Burgweiler Ried im nördlichen Bodenseegebiet aus – ebenfalls vergeblich.

Haselwild im Harz

Bereits in den 1980er-Jahren wurde im Westharz ein großangelegtes Haselwildprojekt gestartet. Der Initiator des Projektes war ein Jäger, Prof. Eberhard Weise, unterstützt von einem Förster des Forstamtes Walkenried. Auch die Uni Osnabrück widmete sich dem Projekt im Rahmen von Diplomarbeiten. So wurden von 1986 bis 1996 insgesamt 445 Haselhühner freigelassen. Nur drei davon waren Wildfänge, alle anderen stammten aus Volierenbruten. Die meisten der ausgesetzten Haselhühner überlebten den ersten Winter nicht.

Nach der deutschen Wiedervereinigung wurde das Projekt dann auf das direkt angrenzende Thüringer Forstrevier Ellrich ausgedehnt, wo zwischen 1995 und 2002 weitere 89 gezüchtete Haselhühner und vier Wildfänge aus Kärnten ausgesetzt wurden. Inzwischen gilt das Haselwild im Harz – trotz aller Bemühungen – als ausgestorben. Detail am Rande: Heute ist das Haselwild auch in vielen Revieren Kärntens vom Aussterben bedroht.

> *Krankheit, Frost und Feinde sind jedoch von sekundärer Bedeutung, sie reduzieren den Bestand, wenn er zu stark anwächst, aber sie vernichten ihn nicht. Das Verschwinden des Haselhuhnes aus einem gewissen Gebiet wird primär stets durch Biotop-Änderungen verursacht.*
>
> Edgar Teidoff, Diplom-Forstwirt,
> Februar-Ausgabe 1951 der Bonner Zoologischen Beiträge

Haselhahn.

Mit dem Aussetzen sowohl von gezüchteten Haselhühnern wie auch von Wildfängen hat man mancherorts versucht, das Haselwild wieder heimisch zu machen.

… und im benachbarten Thüringen

Im Frankenwald starb das Haselhuhn schon zu einer Zeit aus, als es in weiten Teilen Mitteleuropas noch auf den Waldtreibjagden so nebenbei mitgeschossen wurde. Auch der Fang der Vögel in Rosshaarschlingen (Dohnen) war selbstverständlich. So war es im Thüringer Anteil des Frankenwaldes schon vor 1900 verschwunden.

2001 begann die Prinz Reuß'sche Forstverwaltung, mit Unterstützung durch die Thüringer Landesanstalt für Umwelt und Geologie, ein

> *Eine Ursache für die Zunahme des Prädatorendrucks liegt ohne Zweifel auch in der Vielzahl der offenen Maiskirrungen oder Ablenkfütterungen für das Schwarzwild in den Privatjagdrevieren.*
>
> Manfred Hofmeister,
> Untere Jagdbehörde am Landratsamt Regen

Wiederansiedlungsprojekt. Zunächst sollte es um die Wiederherstellung eines haselwildtauglichen Lebensraumes gehen – Förderung des Bergmischwaldes, insbesondere auch Förderung von Birke und Eberesche, in den von Fichte dominierten Waldbeständen.

In einem nächsten Schritt sollten jährlich Wildfang-Haselhühner aus Österreich freigelassen werden, unterstützt durch Hühner aus naturnaher Aufzucht. Von 2001 bis 2008 wurden dann auch 107 Haselhühner in Freiheit entlassen. Davon waren allerdings nur 17 Wildfänge.

Inzwischen unterstützt auch „Thüringenforst“ (Landesforstverwaltung) das Projekt und will es auf seine Forstämter Schleiz und Saalfeld-Rudolstadt ausweiten. „Mitgespielt“ hat auch der Orkan „Kyrill“, der 2007 große Flächen mit meist monotonen Fichtenwäldern flachlegte, eine „Maßnahme“, die dem Haselwild – zumindest kurzfristig – sicher entgegenkommt.

Wisente in Nordrhein-Westfalen

Nordrhein-Westfalen ist mit knapp 18 Millionen Einwohnern (524 je Quadratkilometer) das am dichtesten besiedelte deutsche Bundesland. Ausgerechnet dort stimmte die damals grün-rote Landesregierung der Wiedereinbürgerung des Wisents zu. Selbstverständlich war nicht daran gedacht, dieses Wildrind landesweit zu verbreiten. Vielmehr war es eine große private Forstverwaltung im stärker bewaldeten Süden dieses Landes, die damit das Artenspektrum erweitern wollte.

Es wurde ein Trägerverein gegründet, und es gab heftige juristische Auseinandersetzungen. Bald entstanden außerhalb der privaten, politisch einflussreichen Forstverwaltung erhebliche Schälschäden, sowohl im kleinbäuerlichen Privat- wie im Staatswald. Das zuständige Amtsgericht verpflichtete den Trägerverein zunächst, dafür Sorge zu tragen, dass die Wisente keine privaten Grundstücke betreten. Dagegen legte der Verein Widerspruch ein. Im Jahr 2015 wurde ein Fonds gegründet, in den der Trägerverein – die private Forstverwaltung, der Landkreis, der WWF und das Land Nordrhein-Westfalen – einbezahlten. Ein Jahr später kam das Oberlandesgericht Hamm zur Einschätzung, die Tiere seien inzwischen herrenlos, womit sowohl die private Forstverwaltung wie der Trägerverein aus jeglicher Haftung für Wild- wie andere Sachschäden entlassen wurden. Nach Paragraf 2 des deutschen Bundesjagdgesetzes sind Wisente „jagdbares Wild“. Sie genießen aber in allen

Bundesländern ganzjährige Schonzeit. Sie dürfen folglich grundsätzlich weder geschossen noch gefangen werden. Da sie zum Schalenwild gehören, sind die von ihnen verursachten Schäden jedoch grundsätzlich ersatzpflichtig.

Inzwischen sorgten die Wisente nicht nur durch Schälschäden im Bauernwald in Höhe von 70.000 Euro (2017) für Ärger. Bauern klagen darüber, dass von den Tieren Siloballen geöffnet werden. Im Mai 2016 wurde eine Frau angegriffen und verletzt. Die Herde hat inzwischen keine Scheu mehr vor dem Straßenverkehr und kreuzt recht selbstbewusst stark befahrene Straßen, wobei es auch schon zu einer Kollision mit einem Pkw kam. Inzwischen haben die Wisente die Scheu vor Autos verloren und grasen auch seelenruhig direkt neben der Bundesstraße 480. Dabei wird diese auch immer wieder von der Herde überquert. Inzwischen ging der Fall an das Bundesverfassungsgericht. Eine Entscheidung stand bei Redaktionsschluss noch aus.

Völlig anders als die von schweren Schäden in ihren Wäldern und Feldern betroffenen Landwirte sehen Tourismus-Manager die Situation. Sie begrüßen die freilaufenden Wisente. So wie es bei jedem Hochwasser einen Katastrophentourismus gibt, ziehen auch die Wisente zahlreiche Besucher an. Es gibt inzwischen eine „Wisent-Wildnis", es werden „Expeditionen" angeboten, ein Wisent-Steig wartet auf Besucher, ein Schaugatter, eine Wisent-Erlebnisausstellung und nicht zuletzt eine Wisent-Hütte „mit außergewöhnlicher Gastronomie in uriger und

Aus meiner Sicht ist das Wisent-Projekt im oberen Sauerland gescheitert. Wir haben doch auf der Almert gesehen, dass die Tiere nicht genug Futter finden. Deshalb haben sie Silo gefressen. Auch auf Bad Berleburger Gebiet müssen sie gefüttert werden. Solche Tiere, die nicht genug Futter finden, Touristen bis auf wenige Meter an sich heranlassen und Autofahrer gefährden, gehören hier nicht hin.

Freiherr Friedrich von Weichs,
Rechtsanwalt in Schmallenberg,
Vertreter der Kläger im „Wisent-Streit"

einzigartiger Landschaft". Nun, über die einzigartige Landschaft ließe sich diskutieren. Allein und entscheidend: Das Geschäft boomt!

Im Jahr 2017 fanden in Nordrhein-Westfalen Landtagswahlen statt, und Rot-Grün wurde von Schwarz-Gelb abgelöst. Die neue Landwirtschaftsministerin will die Auswilderung zumindest gutachtlich untersuchen lassen. Dass sie es sich leisten kann, das Rad ganz zurückzudrehen, ist eher unwahrscheinlich. Sie hofft wohl auf das Gericht.

Inzwischen gibt es auch im Schweizer Kanton Solothurn ein Projekt zur Wiedereinbürgerung von Wisenten. Im Augenblick befindet sich die kleine Herde noch hinter Zaun. Nach einem geeigneten Freilassungsort wird derweil noch gesucht. Die Initiatoren sprechen von 1.000 Wisenten, die ihrer Meinung nach im Schweizer Jura Platz haben.

Die Jäger scheinen dem Projekt derzeit noch gewogen zu sein. Die Zeitschrift „Tierwelt" zitiert den Präsidenten des „Verband Jagd Schweiz" folgend: *„Von der Jagd aus kann man da im Grundsatz nichts dagegen haben. … Wenn es gelingt, ist es eine Erweiterung der Artenvielfalt, und das ist positiv."*

SESAMSCHROT

FÜR WILDFÜTTERUNG

insbesondere zur Gehörnbildung, per 100 kg DM 49,50 in Jutesäcken zu verkaufen. — Anfragen erbeten unter

Nordd[illegible]ke GmbH.

Hamburg-Altona, [illegible] — Telefon [illegible]

„Sesamschrot, insbesondere zur Gehörnbildung" – zum Wohl des Wildtiers oder des Trophäenjägers?

„Trophy" – woran wird der Nichtjäger denken, wenn er den Namen liest?

Fütterung: Tierliebe oder Eigennutz?

Die Anfänge

Martin Strasser von Kollnitz stellte schon im 17. Jahrhundert Überlegungen an, Schalenwild im Winter zu füttern. Er meinte, man solle dem Hochwild *„Heu und Gruemedt zueliefern und fürschlagen, auch werechige Paumb, Haselstaudach und dergleichen für- und niderhakhen"*. Von Fütterungen im heutigen Sinne ist jedoch nirgends die Rede. Strasser war auf dem richtigen Weg, der, wäre er durch die Generationen konsequent weiterverfolgt worden, das Rotwild nicht im Wintergatter hätte enden lassen. Strasser war durchaus bekannt, dass die Überwinterung analog den „Steinhirschen" die dem Wild artgemäßeste ist:

> Wan die Khölten und Wasser- oder Eisgüssen so groß bei den Auen sein, so weichen si zu den Feuchtgehülzen und Sunpergen, wo si die Würmb und Sicherhait vor deren Güssen und der Kolten haben. Ich habe auch gesehen, dass die Hürsch und das Wilprait Sommer und Wünter bei den hochen Pürgen verblüben, ja höcher gestanden als die Gämbs an etlich unterschidlichen Orten. In suma, si haben bei etlichen Gepürgen Gelögenheit und Waidt genug, Sommer und Wünter, absonderlich die Hürsch, absonderlich das Schmalwilprait.

Soll heißen: Wenn dem Rotwild in den Tälern Schnee und Kälte zu viel werden, zieht es in die höchsten Lagen, wo das Klima günstiger und die Nahrung ausreichend ist.

Interessant an den Ausführungen Strassers ist, dass er zwei Dinge widerlegt, die heute gebetsmühlenhaft vorgetragen werden. Nämlich dass in alter Zeit das Rotwild im Winter das Gebirge verließ und ins

> *Fütterung hat mit Hege nichts zu tun. Fütterung ist reiner Eigennutz.*
>
> Helmuth Wölfel, Schalenwild-Experte

Flachland zog und/oder, dass es von den Hochlagen herunterstieg und in den Fluss-Auen überwinterte. Ersteres wird bei dem die Ränder des alpinen Raumes oder die Mittelgebirge besiedelnden Rotwild der Fall gewesen sein, inneralpin kaum. Dass es in den engen Tälern mehr Schnee hat und oft kälter ist als in sonnigen, steilen Hochlagen, kann jeder selbst erfahren.

Die Steiermark gilt heute vielfach als „Fütterungs-Hochburg". Verfasser mag das nicht beurteilen, Fakt ist aber, dass die Steiermark das Wintergatterland schlechthin ist und in Wintergattern natürlich gefüttert wird – häufig wohl sehr intensiv. Das ist insofern bemerkenswert, weil das derzeitige Steirische Jagdgesetz die Fütterung, wenn schon nicht ausschließt, so doch auf die Stelle einer Sondersituation verweist. In Paragraf 50 (1) heißt es nämlich: „*Die/Der Jagdausübungsberechtigte ist verpflichtet, für ein ausgewogenes Verhältnis zwischen Wildstand und natürlichem Nahrungsangebot zu sorgen.*" Konkret bedeutet das, dass der Jäger den Wildbestand so einregulieren muss, dass eine Fütterung gar nicht notwendig ist!

Wirklich populär wurde die Schalenwildfütterung – vor allem die des Rotwildes – erst so um die Wende vom 19. ins 20. Jahrhundert. Nicht zuletzt aufgrund eines Erlasses von Kaiserin Maria Theresia (1717 bis 1780) – sie stand der Jagd angesichts für die Bauern existenzbedrohender Wildschäden und Belastungen durch die Jagdfron eher kritisch gegenüber und verbot die Hege des Hochwildes in freier Wildbahn – lebte Rotwild in weiten Teilen südlich von Main und Erzgebirge nur noch in Gattern. In der Schweiz verschwand es nach der Französischen Revolution, als die Jagd in der Schweiz ein unlimitiertes Bürgerrecht geworden war.

Nach dem Inkrafttreten neuer Jagdgesetze, teilweise schon ein Jahr nach der Revolution von 1848, wurde Rotwild durch adelige Grundbesitzer wieder eingebürgert, so auch beispielsweise durch das Bayerische Königshaus, unter anderem im Allgäu. Prinzregent Luitpold (1821 bis 1912) – er gilt bis heute als legendäre Jägerpersönlichkeit – hatte schon 1861 die Gemeindejagd in Oberstdorf im Allgäu gepachtet und in der Folge nahezu alle Reviere rechts der Iller und bis ins Tiroler Lechtal hinein zu einer großen „Prinzregentenjagd" vereint. Schon 1862 begann er mit der Aussetzung von Rotwild, die zehn volle Jahre hindurch betrieben wurde. Gleichzeitig begann seine umfangreiche Jägerei das Rotwild im Winter zu füttern, um es am Abwandern

Sinnvolle Hege: Rehwild-Lebensraum, vom Jäger mitgestaltet.
Grundsatz im Steirischen Lehrprinz von 1899: „So wenig als möglich künstliche Fütterung, aber gleichzeitig Vermehrung und Verbesserung der natürlichen Äsung…" – Gemessen an der Gegenwart war man damals seiner Zeit weit voraus.

zu hindern. Die Gefahr, dass es seine Sommerreviere verließ und in benachbarten, nicht zur Prinzregentenjagd gehörenden Gemeindejagden erlegt wurde, war groß.

Die Fütterung von Rehwild war damals auch im alpinen Raum wenig gebräuchlich. Zwar nahm auch ein Teil der Rehe das dem Rotwild vorgelegte Heu an, aber eigene Rehfütterungen und Saft- oder gar Kraftfutter waren nahezu unbekannt. Der Bauer benötigte seinen Hafer zur Fütterung seines Viehs sowie zur Ernährung seiner Familie und nicht zur Produktion von Rehgeweihen.

Interessant ist, wie das Thema Fütterung in alter Zeit in der Steiermark gesehen wurde. In der 6. Auflage 1899 des „Steirischen Lehrprinz" – das Buch wurde 1884 erstmals vom Steirischen Jagdschutzverein für das Jagdschutzpersonal herausgebracht – lesen wir:

> Als Grundsatz für die Erhaltung des Wildstandes hat zu gelten: So wenig als möglich künstliche Fütterung, aber gleichzeitig Vermehrung und Verbesserung der natürlichen Äsung…

Man war also in der Steiermark in dieser Frage vor mehr als einem Jahrhundert – gemessen an der Gegenwart – der Zeit weit voraus!

Wie sieht das heute die Wissenschaft? Bei Prof. Klaus Hackländer, von 2005 bis 2018 Leiter des Instituts für Wildbiologie und Jagdwirtschaft an der Universität für Bodenkultur Wien, der Fütterung ausschließlich als Sache von Profis sieht, klingt das so:

> Wir hangeln uns an einer subklinischen Grenze entlang. GPS-Daten zeigen, dass mancherorts bis zu 25 Prozent der Stücke eingehen. Rotwild braucht weder Gär- noch Kraftfutter. Wo und wie gefüttert wird, darf auch nicht vom einzelnen Fütterer entschieden werden.

Greifen wir noch einmal etwas zurück: Schon Georg Heinrich Hartig empfahl 1810 an mehreren Stellen seines Buches die Fütterung des Schalenwildes, mit dem Ziel, höhere Wildbestände zu erreichen. Allerdings waren die Wälder zu Zeiten Hartigs mit den unseren nicht zu vergleichen. Vielfach dominierten noch lichte Weidewälder, die in erster Linie der Ernährung des Viehs dienten. Schalenwild war gezwungen, zur Äsung in die Felder zu ziehen, was ja schließlich die in der 1848er-Revolution durchgesetzten Forderungen nach einem an Grund und Boden gebundenen Jagdrecht auslöste. Rinder, Pferde, Schafe, Ziegen und letztlich Hausschweine ließen dem Wild nur wenig übrig. Vielerorts waren die zumindest periodisch reiche Mast bietenden Buchen bereits stark zurückgedrängt und durch Fichtenreinbestände ersetzt. Ursache war der enorme Holzbedarf für Glas- und Erzöfen. Entscheidend dabei ist, dass Hartig und seine Zeitgenossen sehr wohl wussten, was Fütterung bewirkt – nämlich ein Anwachsen der Wildbestände!

Ferdinand von Raesfeld war in neuerer Zeit einer der Ersten, der die Fütterung des Schalenwildes in freier Wildbahn, einschließlich des Gamswildes, forderte. Er tat dies aus der Sicht seiner Zeit heraus und schon ganz mit Blick auf möglichst viele, starke Trophäen. Raesfeld stellte aber auch klar, dass die stärksten Hirsche und Rehböcke dort wachsen, wo nicht gefüttert wird, allerdings bei geringer Wilddichte. Letztere war – soweit sich das heute noch in der Literatur recherchieren lässt – vor allem in den Revieren des Staates und des Adels teilweise enorm hoch. Die Anpassung der Wilddichten an die Lebensräume war seinerzeit – obwohl sie vereinzelt bereits gefordert wurde – noch weniger populär als heute. So schreibt Raesfeld, dass auf dem Darß (heute Mecklenburg-Vorpommern) die Hirsche nur um 200 Pfund und ein Teil der Kälber nicht mehr als 40 Pfund, also 20 Kilogramm wogen.

Gleichwohl hatte Raesfelds Wort, gerade in der zweiten Hälfte des 20. Jahrhunderts, enormes Gewicht. Auf ihn beriefen sich die braunen Machthaber im Großdeutschen Reich ebenso, wie danach die roten Machthaber im Osten Deutschlands, wie auch die jagdlichen Organisationen im Westen und in Österreich. Der Gedanke, durch Fütterung Schäden an der Vegetation zu reduzieren und damit bei gleichen oder gar niedrigeren Schäden höhere Wildbestände halten zu können, lebt bis heute weiter. Bis heute wird für die Schalenwildfütterung mit der Behauptung geworben, durch sie Waldschäden zu minimieren. Um was es wirklich geht, zeigen bei uns in Österreich ganz unverhohlen die Futtermittelhersteller. Was soll sich der bis dahin unbefangene Nichtjäger denken, wenn er mit einem Wildfutter mit dem Namen „Trophy“ konfrontiert wird?

Ist Fütterung Tierschutz?

Die durch Material und Personal äußerst kostenintensiven Zeugjagden waren nach der Befreiung der Bauern von der Jagdfron nicht mehr finanzierbar. An ihre Stelle traten kleine Gatter, in welche das Wild hineingefüttert wurde, um es dort – immer noch recht feudal – zu erlegen. Das waren die Anfänge der Fütterung am Ende der Neuzeit!

> *Zeugjagden sind in den der Staatsforstverwaltung unterstellten Leibgehegsjagden und Parken seit einigen Jahren nicht mehr gebräuchlich; das Roth- und Schwarzwild wird vielmehr in die Abschußbögen und die hiermit verbundenen Einfänge beigefüttert. Diese Einrichtung ist mit weit geringeren Kosten verbunden und bietet überdies die Möglichkeit, diejenigen Wildstücke abzusondern und wieder ins Freie zu lassen, welche vom Abschusse verschont bleiben sollen.*
>
> Königlich Bayerisches Ministerial-Forstbureau, 1861

Zur Rechtfertigung der Fütterung wurde und wird immer wieder der Tierschutz genannt. Damit lässt sich in weiten Teilen der Öffentlichkeit punkten. Je gedanken- und bedenkenloser wir mit Tieren umgehen, umso williger nutzen wir den Begriff Tierschutz zur Verteidigung eigener Wünsche oder lieber Gewohnheiten. Auch der Jäger bedient sich, wenn es um die Fütterung geht, des Tierschutzes. Nicht selten verbünden sich lokale jagdliche Organisationen, etwa Hegeringe oder Kreisgruppen, mit lokalen Tierschutzorganisationen, wenn es um die Durchsetzung eigener Vorstellungen geht, etwa der Fütterung. Das entbehrt nicht einer gewissen Ironie, weil der Tierschutz von Teilen der Jägerschaft häufig belächelt bis heftig angefeindet wird. Das ist beispielsweise immer dann der Fall, wenn es um freilaufende Katzen und Hunde und das von den Jägern beanspruchte Recht geht, diese töten zu dürfen.

Der Tierschutz macht es aber gelegentlich auch jenen Jägern schwer, die den Tierschutzaspekt der Wildfütterung hinterfragen und entsprechend handeln. Er stellt den Jäger als den „Grausamen" öffentlich an den Pranger. Dabei muss man erkennen, dass es weniger die großen Tierschutzorganisationen als solches sind, die hier die Fütterung verteidigen und den nicht fütternden Jäger zum Feind der Wildtiere erheben. In den „Chefetagen" des Tierschutzes geben oft sehr fundierte Meinungen den Ton an. Hingegen sind es vielfach einzelne Mitglieder lokaler Tierschutzorganisationen, die mit Leserbriefen und Diskussionen auf sich und ihre vermeintliche Kompetenz aufmerksam machen.

Auslöser oder Aufhänger oft lange schwelender „Kleinkriege" in Lokalblättern sind meist einzelne verendete Wildtiere. Sie sind natürlich „grausam verhungert", weil der Jäger seiner Fütterungspflicht nicht nachgekommen ist. Dass ein ganz erheblicher Teil der Wildtiere mit oder ohne Fütterung eines natürlichen Todes stirbt, wird nicht erkannt oder bewusst ignoriert. Fatal an der Sache ist, dass Jäger, die der Vernunft folgen und auf die Fütterung des Rehwildes verzichten, von den einzelnen Standesgenossen meist noch heftiger angegriffen werden als vom Tierschutz.

Nun habe ich noch nie erlebt, dass Tierschutz oder Fütterungsverteidiger in der Jägerschaft beispielsweise die Fütterung des Schneehasen, der Schneehühner oder des Baummarders fordern…

Gut – wir müssen froh und dankbar sein, dass solch unsinnige Forderungen bis jetzt nicht erhoben werden! Gleichwohl kann Tierschutz nicht nur für Bambi & Co gelten. Hunger ist Hunger, bei der kleinen Maus in der Küche nicht anders als beim Hirsch im Wald!

An dieser Stelle muss darauf hingewiesen werden, dass manche Gesetzgeber sogar Unterschiede bei ein und derselben Art machen. Da ist beispielsweise das Landesjagdgesetz Bayern. Das zwingt die Jäger, das Rotwild vor Hungersnot zu bewahren, verpflichtet sie aber gleichzeitig, Rotwild verhungern zu lassen, wenn dieses außerhalb eines in einer Landesverordnung festgelegten Rotwildgebietes lebt. Artikel 43, Bayerisches Jagdgesetz:

> (3) Der Revierinhaber ist verpflichtet, in der Notzeit für angemessene Wildfütterung zu sorgen und die dazu erforderlichen Fütterungsanlagen zu unterhalten. Das gilt nicht für Rotwild, das auf Grund einer Rechtsverordnung nach Art. 32 Abs. 7 Nr. 3 nicht gehegt werden darf.

Hier geht es zweifellos darum, die unerwünschte Verbreitung des Rotwildes außerhalb der Rotwildgebiete zu verhindern. Das steht dem Gesetzgeber grundsätzlich zu, und er folgt dabei den Erwartungen vieler Grundbesitzer. Allerdings kann er dann die generelle Pflicht zur Wildfütterung nicht mit Tierschutz begründen. Es „verreckt sich halt" *(vom Autor bewusst so provokativ formuliert, weil genau in diesem Stil gegen Jäger argumentiert wird, die aus Überzeugung nicht füttern oder wenn ein Verbot der Fütterung gefordert wird)* in den Vorlagen des Bayerischen Waldes nicht mehr und nicht weniger bitter als in dessen Hochlagen; immerhin verreckt es sich in den Vorlagen „rechtskonform"!

Klaus Hackländer äußerte sich im Mai-„Anblick" des Jahres 2010 zu diesem Thema folgend:

> Aus Tierschutzgründen zu füttern wäre schlimm, weil wir ja durch das Füttern vom Wildtier immer weiter wegkommen. Außerdem müssen wir uns dann die Frage gefallen lassen, warum wir nicht Krähen, Haselhühner und Wölfe füttern – schließlich ist Tierschutz nicht teilbar.

Wir Jäger haben ja, was Fütterung, Hunger und Tierschutz betrifft, manchmal ganz gute Einstellungen, aber eben auch recht zwiespältige. Da sind beispielsweise die Gams. Deren Lebensraum ist ungleich rauer als der des Rehwildes an der wintermilden Donau. Dennoch pochen

Gamsbock.

Meist ist man sich einig: Der Gams hat sich seit Jahrtausenden an seinen unwirtlichen Lebensraum angepasst und braucht keine Fütterung. Aber: Ist das bei den Rehen anders?

im Weinbauklima Jäger wie Tierschützer auf die Rehwildfütterung und bemühen auch noch die „Humanität". Was aber die Gams betrifft, so lernen auch dort die Jungjäger bis heute, dass es sich bei den Gams um ein „hartes Bergwild" handelt, das nicht gefüttert werden muss, weil es sich durch die Jahrtausende an die unwirtlichen Verhältnisse des Hochgebirges angepasst hat. Gut: Verfasser durfte sich – noch gar nicht so lange her – in einem hochakademischen und finanziell keineswegs billigen Lehrgang betreffs der Notwendigkeit und Sinnhaftigkeit der Gamsfütterung weiterbilden lassen. Alleine, er blieb in diesem Punkt unbelehrbar.

Doch die Rehe – konnten die sich nicht anpassen? Sind sie vielleicht gar eine Erfindung der Moderne? Man sollte die Protagonisten dieser Fütterungslehre einmal vor die Wahl stellen, wo sie als Allesfresser eine Woche Survivaltraining lieber absolvieren würden: im Weinviertel oder oberhalb der Waldgrenze am Ötscher? – Zu diesem noch einmal Prof. Hackländer: *„Rehe haben vor uns überlebt und werden nach uns überleben."*

Immer wieder ist das Argument zu hören: *„Wir müssen den Rehen über die Fütterung das zurückgeben, was wir ihnen zuvor durch unsere Lebensraumnutzung genommen haben."* – Da sei schon die Frage erlaubt, wann in den vergangenen Jahrhunderten es den Rehen ernährungsmäßig und auch sonst ähnlich gut ging wie derzeit?

Nun aber zurück zur eigentlichen Frage, nämlich der, ob Rehwildfütterung Tierschutz ist? Ich mag die Antwort vorweg geben: Sie bewegt sich zwischen brutaler Tierquälerei und belanglos! Belanglos ist sicher die Raufe mit dem Grummet. Letzteres wird in der Regel ohnehin nur im Zustand echter Nahrungsknappheit genommen, und es richtet im Pansen kein großes Unheil an. Bedenklich sind alle eingesäuerten Futtermittel, also auch der beliebte Obsttrester. Sie senken den pH-Wert im Pansen und verursachen Acidose. Wir Menschen vertragen als Allesfresser in dieser Hinsicht deutlich mehr als die Rehe, aber wir kennen den Zustand der Magenübersäuerung auch und nennen ihn „Sodbrennen". Jeder weiß, wie unangenehm das ist. Allerdings sind wir fast ausschließlich kurzfristig davon betroffen, und wir lassen uns von Hausmitteln (z.B. Milch) oder der Pharmaindustrie helfen. Rehe müssen diesen Zustand – dank sorgender Hege – oft Monate hindurch und ohne jede Hilfe durchstehen. Deutlich härter, um nicht zu sagen brutaler, ist das Angebot energiereichen Kraftfutters.

Kraftfutter sorgt für ein signifikantes Absinken des pH-Wertes, was dann nicht nur Acidose auslöst, sondern auch ein günstiges Milieu für Magen- und Darmparasiten schafft. Sinkt der pH-Wert unter 5, ist das für Rehe tödlich! Daher sind Fütterungsfehler im Winter vielfach die häufigste Todesursache bei zur Untersuchung vorgelegtem Rehwild. So jedenfalls lehrt uns einer der erfahrensten deutschsprachigen Wild-Tierärzte, Armin Deutz.

Wenn wir bei Fütterung von Tierschutz reden, müssen wir uns auch die Frage gefallen lassen, ob und in welchem Maße uns Hunger und Hungertod beim Menschen interessiert. In Deutschland leben Millionen Menschen – weil sie Kinder, arbeitslos, krank oder nach einem arbeitsreichen Leben in Rente sind – in einer Armut, die sie Hunger leiden lässt. Sie überleben, weil es die „Tafeln" gibt. Die Politik lässt sie absolut im Stich.

Caritas Österreich berichtet: *„Alle 10 Sekunden stirbt ein Kind an Hunger."* Das ist nicht neu. Seit Jahren appelliert die UNICEF, das Kinderhilfswerk der Vereinten Nationen, diesbezüglich an die Verantwortlichen dieser Welt. Aber Tatsache ist auch, dass die Medien mit einem verendet im Schnee liegenden Reh weit, weit mehr Emotionen erwecken (und Leser werben) als mit noch so vielen Bildern von zu Skeletten abgemagerten oder schon sterbenden Säuglingen oder Kleinkindern!

Teufelszeug Kraftfutter

Es ist nicht ganz ungefährlich, sich gegen die Verabreichung von Kraftfutter an Schalenwild auszusprechen. Tut man dies öffentlich, etwa in Zeitschriftenbeiträgen, muss man schon mit knallharten Drohungen einzelner Hersteller rechnen. Der Glaube an die Justiz eines Rechtsstaates ist trügerisch. Große Hersteller mit eigener Rechtsabteilung haben mehr Gewicht als ein auf sich selbst gestellter „Schreiberling". Es hat während der Redakteurszeit des Verfassers auch selten an Beiträgen zum Thema Fütterung gefehlt, die ganz offen von Herstellern lanciert wurden, und welche die Notwendigkeit intensiver Fütterung erläuterten. An willigen (geschäftstüchtigen), seriös wirkenden Autoren unterer wie gehobener Bildungsschichten fehlte es nicht.

Es fehlt auch nicht an Empfehlungen, die uns sagen, in welchem Verhältnis Kraft-, Saft- und Raufutter kombiniert werden müssen. Sie haben alle einen großen Mangel, nämlich den, dass Wildtiere nicht lesen können. Doch selbst wenn, so würde es ihnen an der Einsicht

Energiereiches Futter im Stoffwechseltief ist ernährungsphysiologisch nicht sinnvoll. Bei der industriellen Herstellung von Futtermischungen ist es jedoch, technisch bedingt durch die Zusammensetzung von Einzelfuttermittel, nicht möglich, einen angemessenen Proteingehalt von nur 8 Prozent einzuhalten; das Minimum dürfte bei 12 Prozent Rohprotein liegen. Apfeltrester besitzt einen Rohproteingehalt von etwa 1 bis 4 %, wobei die Proteine unverdaulich sind.

Prof. Dr. Wilhelm Hartfiel,
ehemals Institut für Tierwissenschaft der Uni Bonn

fehlen, sich daran zu halten. Sprich: Zuerst wird das Kraftfutter aufgenommen, dann eventuell das Saftfutter und nur zu einem geringen Teil das Raufutter. Dominante Tiere verhalten sich selbst gegenüber den eigenen Jungen ziemlich rücksichtslos, oder man könnte auch sagen „menschlich". Die Tatsache, dass sie ein bestimmtes Futter bevorzugt annehmen, sagt rein gar nichts über dessen Bekömmlichkeit aus, was nebenbei auch für Salz gilt. Auch der seinen eigenen Angaben nach vernunftbegabte Mensch nimmt beim Essen mehrheitlich keine Rücksicht auf die eigene Gesundheit, dies, obwohl er lesen und schreiben kann und in den Medien permanent auf falsche Ernährung und die von ihr ausgehenden Gefahren hingewiesen wird.

Was aber passiert im Pansen eines Rehs, das sich diesen mit Pellets oder Getreide gefüllt hat? Das gekaute Futter quillt auf; es entzieht dem Körper Wasser, und es produziert Durst. Wo wird der Durst gestillt? An der Vegetation! Nadelholz- wie Laubholztriebe haben einen sehr hohen Wassergehalt. Theoretisch könnte das Wild auch einfach Silage aufnehmen, die ja ebenfalls einen hohen Wassergehalt hat. Es muss aber mit dem „neutralen Wasser" der Triebe und Knospen auch seinen pH-Wert irgendwie im Zaum halten. Das heißt, wir schaden dem Wild mit einer derartigen Fütterung gleich in mehrfacher Hinsicht: Wir sorgen für krankmachende Acidose ebenso wie für Endoparasiten, wir mindern die Immunität der Tiere, verursachen ihnen Durst und fördern den Verbiss!

In der Zeitschrift „Der Anblick", Heft 2/2019 erschien ein Beitrag, in dem der Leser erfuhr, dass es beim Rehwild zu keiner jahreszeitlich bedingten Reduktion der Pansenschleimhaut kommt, wenn schon im zeitigen Herbst voll mit Getreide gefüttert wird. Der Organismus des Rehs erkennt dann sozusagen die Jahreszeit nicht. Konsequenterweise muss dann den ganzen Winter intensiv durchgefüttert werden. Das ist nicht neu und wurde vor einem halben Jahrhundert schon diskutiert. Schließlich beherrschte die vom gelernten Tiermediziner Reinhold Hofmann zur Diskussion gebrachte „Herbstmastsimulation" mehr als ein Jahrzehnt hindurch die jagdlichen Medien, Stammtische und Fortbildung. Allerdings berücksichtigte die Herbstmastsimulation zumindest noch ansatzweise das winterliche Stoffwechseltief. Ihr Ansatz war intensive Fütterung im Herbst als Ersatz für nicht mehr ausreichend vorhandene natürliche Mast und im Hochwinter eine quantitative und qualitative Reduktion.

Rehbock.

Wem gehört er? – Wildtiere, auch die jagdbaren, sind ein kulturelles Erbe unseres Volkes. Erst nach der Erlegung gehört der Rehbock dem Jäger.

Nun gehören lebende Wildtiere keineswegs einem Eigenjagdbesitzer oder einem Jagdpächter. Sie gehören auch keiner Körperschaft. Sie sind bis zum Zeitpunkt ihrer Erlegung herrenlos. Wir könnten auch sagen: Sie sind ein kulturelles Erbe unseres Volkes. Wenn dem so ist, dann hat der Jäger aber auch kein Recht, sie nach seinen Wünschen „umzubauen", denn die Rehe gehören ihm nicht. Schon gar nicht macht es Sinn, das Ergebnis einer Millionen Jahre andauernden Evolution – nämlich auch harte Winter zu bewältigen – zu vernichten!

Verbissschäden lassen sich bestimmt nicht verhindern oder wenigstens minimieren, indem Getreide gefüttert wird. Auch wird das Wohlbefinden durch eine Absenkung des Säurespiegels im Pansen und der dadurch entstehenden Acidose sicher nicht gesteigert. Die deutschen Wildökologen Detlef Eisfeld und Hermann Ellenberg haben vor rund einem halben Jahrhundert nachgewiesen, dass der Stoffwechsel der Rehe – völlig unabhängig vom zur Verfügung stehenden Nahrungsangebot – im Hochwinter am geringsten ist. Zwar verstehen wir das Fötenwachstum wie den Aufbau eines neuen Geweihs als kolossale körperliche Leistung, tatsächlich aber wird hierfür weit weniger Energie aufgenommen und verbraucht als etwa zum Säugen der Kitze.

Was also bleibt? Der Wunsch nach starken Trophäen!

Mindert Fütterung Wildschäden?

Damit sind wir bei einem anderen Argument angelangt, das zur Verteidigung der Fütterung herhalten muss – sie soll Wildschäden mindern. Darüber finden wir zahlreiche Beiträge in Zeitschriften und Büchern, und es waren nicht selten gerade Forstleute und Wissenschaftler, die mit Minderung des Verbisses oder sogar der Schälschäden die Fütterung verteidigten und auch konkrete Rezepte und Anleitungen lieferten. Noch in den Siebzigerjahren des vergangenen Jahrhunderts sagte die Wissenschaft den Jägern, wie viele Kalorien sie den verschiedenen Schalenwildarten täglich zuführen müssen und wie sie das technisch am besten tun sollten. Bei den Berufsjägerprüfungen mussten wir den Prüfern – mehrheitlich Wissenschaftlern – darüber Auskunft geben. Was diese hören wollten, war bekannt…

Bis in die Gegenwart laufen immer wieder Untersuchungen, die sich mit diesen Fragen beschäftigen und dem Jäger als Orientierung dienen sollen. Es scheint, als seien manche Ergebnisse durchaus zeitorientiert. Wissenschaft ist absolut unabhängig und nur der Wahrheit verpflichtet – aber jede Untersuchung muss auch von einem Sponsor oder einer Interessensgruppe finanziert werden…

Fakt ist aber, dass Fütterung in nennenswertem Maße Durst hervorrufen kann, der vom Wild dann gestillt werden muss. Unbestritten ist auch, dass Fütterung eine Lockwirkung haben kann und somit die Wilddichte währen der Fütterungszeit in dem Gebiet erhöhen kann. Mehr Wild wird aber kaum mit weniger Verbiss einhergehen! Fütterung konzentriert das Wild und somit auch den Verbiss, er wird also augenfälliger. Ein bestimmtes Maß an Verbiss wird aber erst dann zum Verbissschaden, wenn es sich konzentriert. Um es verständlich auszudrücken: 1.000 verbissene Pflanzen auf zehn Hektar fallen kaum auf und stellen noch nicht grundsätzlich einen Schaden dar. Dieselbe Zahl

> *Man kann die Schäden in der Regel durch heftige künstliche Fütterung um fast die Hälfte verringern. Man kann sie jedoch, auch das ist längst bewiesen, durch reichliches natürliches Äsungsangebot nahezu ausschalten.*
>
> Hubert Weinzierl

verbissener Pflanzen, auf einem oder zwei Hektar um die Fütterung herum, kann schon ein sehr schwerer Verbissschaden sein.

Inzwischen ist – teilweise – ein Umdenken erkennbar. In Kärnten beispielsweise fehlt im neuen Jagdgesetz die Fütterungspflicht. Schon zuvor hatten bereits viele Reviere – trotz der teils alpinen Lage – auf die Fütterung des Rehwildes verzichtet. Dies ist sicher zu einem wesentlichen Teil der Verdienst des zur Zeit der Niederschrift dieser Zeilen noch amtierenden Landesjägermeisters! Ein großer privater, jagdlich ansonsten sehr traditionell geführter Forstbetrieb in den Karawanken hat bereits 1994 die Rehwildfütterung gänzlich eingestellt, andere Reviere zogen nach. Anlass für den Fütterungsverzicht waren starke Verbissschäden, die dem Betriebsziel eines standortgerechten, stabilen Bergwaldes (= Wildlebensraum!) entgegenstanden. Die Bilanz des nun schon ein Vierteljahrhundert währenden Fütterungsverzichtes zeigt, neben einer hervorragenden Waldverjüngung, auch starke Rehe und einen höheren Abschuss als vor Einstellung der Fütterung. Es trat also das Gegenteil dessen ein, was die jagdlichen Auguren weissagten!

Inzwischen haben die Rotwildbestände im Lande ein Maß erreicht, das die Jäger vor fast unlösbare Aufgaben stellt. Denn dort, wo tatsächlich das Bestreben besteht, die Bestände abzusenken, wird die Jagd immer schwieriger und zeitaufwändiger. Der erhöhte Jagddruck macht das Wild in vielen Revieren nahezu unsichtbar. Der Schluss vieler Jäger: Es ist nichts mehr da! Wird in einem Revier mit Hilfe der Drückjagd jedoch wirklich einmal Strecke gemacht, was mehr Ausnahme als Regel ist, führt der Jagdneid zu einer öffentlichen Verunglimpfung jener, die tun, wozu sie der Gesetzgeber verpflichtet. Diese Verunglimpfungen werden häufig in den Tagesmedien in Form von Leserbriefen ausgetragen, was letztlich die Glaubwürdigkeit der Jagd weiter beschädigt.

Fütterung als Zahlenhege

Nach den in der Regel meinen Vorträgen folgenden Diskussionen, ist von Jägern nicht selten das Argument zu hören, man müsse füttern, weil die gestiegene Zahl der Jäger einen hohen oder gar höheren Wildbestand erfordere. Das ist sachlich nicht ganz von der Hand zu weisen. Teilweise wird aber auch die wachsende Zahl jener Menschen, die zur Jagd drängen – und um die geworben wird! – damit verteidigt, wir bräuchten mehr Jäger, um die Schalenwildbestände in den Griff zu bekommen. Das heißt, manche sehen die Jagd als eine Art „Volkssport" an. Das ist eine verdammt gefährliche Sichtweise! Genauso könnten die Kritiker der hohen Schalenwildbestände (deren Höhe von einem Teil der Jäger bezweifelt wird) verlangen, auf Schalenwild weitgehend zu verzichten, weil unsere Volkswirtschaft eher auf Reh und Hirsch als auf den Rohstoff Holz verzichten kann. Mit derselben einseitigen Betrachtungsweise könnten Hundehalter das Recht einfordern, Hunde ohne Rücksicht auf das Wild überall frei laufen zu lassen, weil es in Zukunft – mit wachsender Bevölkerungszahl noch viel mehr Hunde und Hundehalter geben wird.

Als Jäger sollten wir uns grundsätzlich als Wahrer des Lebendigen sehen! Dazu gehört aber weit, weit mehr als Reh, Sau und Hirsch. Die kann man theoretisch auch in Kleingehegen mit betoniertem Boden halten, nur dürfen wir dann nicht mehr von „Wild" sprechen. Die Massentierhaltung gibt uns da viele „Tipps"… Der Jäger sollte sich auch nicht als „Sachbearbeiter" sehen, der dem Wild Futterrationen zuteilt und es damit zum Abhängigen – zum Sozialhilfeempfänger! – macht!

Hege heißt, dem Wild vor allem mit den Mitteln und Möglichkeiten der Jagd – mit Patronen – Lebensraum und Lebensqualität zu erhalten und zu schaffen. D a s bedeutet Vielfalt und nicht Einfalt in Form von Trog und Raufe.

Ob beispielsweise die Fütterung tatsächlich zu höheren Rehwildbeständen führt, darüber gibt es unterschiedliche Aussagen, was kaum anders sein kann. Da steht ganz vorne die Frage, auf welcher Fläche womit gefüttert wird und was außen herum geschieht. Gerade in kleineren Revieren, also solchen von wenigen hundert Hektar, erhöht sich der Wildbestand oft nur temporär. Die Rehe ziehen im Herbst zu und verlassen das Revier nach der Schneeschmelze wieder. Die Erhöhung ist nicht auffällig. Es ließe sich auch drastischer, aber keineswegs polemisch formulieren: Wir laden Rehe aus der Nachbarschaft dazu ein, im Winter bei uns für etwas mehr Verbiss zu sorgen!

In großen Eigen- oder auch Gemeinde- bzw. Genossenschaftsjagden kann das anders ausschauen. Dort kann sich der Wildbestand tatsächlich erhöhen.

Es ist aber ein Trugschluss, zu glauben, man könne mit Fütterung den Rehwildbestand endlos erhöhen. Die Natur wehrt sich dagegen mit erhöhter Sterblichkeit. Also füttern, um die Sterblichkeit zu erhöhen? Der Zugang an Jägern lässt sich damit sicher nicht abfangen. Fütterung kurbelt zwar zweifellos die Reproduktion der Rehe an, aber es zählt ja nicht nur die Nahrungssituation im Winter, sondern auch die während der Vegetationszeit. Überdies ist auch die Wilddichte ein regulierender Faktor. Winterfütterung hat – eventuell – nicht nur eine höhere Reproduktion zur Folge. Es müssen sich auch mehr Rehe die Nahrung während der Sommerzeit teilen, was zu höherer Abwanderung führt. Das heißt auch, dass ein Teil der Rehe – trotz Winterfütterung – kümmert, dass dichtebedingt die Ansteckung und damit der Parasitenbefall und selbstverständlich auch die Verbissschäden steigen. Schließlich steigt infolge – als natürliches Regulativ – auch die natürliche Sterblichkeit. Unbestritten ist, dass eine höhere Reproduktion meist zu einer höheren Migration führt – ein Teil der Rehe wandert ab.

Fasanenfütterung: Kirrung für Beutegreifer

Eine Art, die wohl in jedem ihrer mitteleuropäischen Verbreitungsgebiete gefüttert wurde und wird, ist der Fasan. Meist geschieht dies unter Schütten. Darunter versteht man schräge, meist so gut 60 Zentimeter hohe Dächer aus Brettern, Strohmatten, Blechen oder Kunststoffen, unter die früher Kaff (Ausputzgetreide) geschüttet wurde. Daher der Name Schüttung. In dieses Kaff wurde regelmäßig Getreide gemischt, teilweise auch Rosinen oder Haferflocken. Das Kaff sollte für Beschäftigung sorgen; die Fasane sollten nach dem Futter scharren. Diese Form der Fasanenfütterung wird den Jungjägern heute noch empfohlen. Kaff war allerdings ein Produkt stationärer Dreschmaschinen, die es längst nicht mehr gibt. Daher behilft man sich heute mit anderen Stoffen, etwa Strohhäcksel. Platziert wurden und werden die Schüttungen meist in Gehölzen, Hecken oder an Waldrändern.

Das sind die Weisen, die durch Irrtum zur Wahrheit reisen. Die bei dem Irrtum verharren, das sind die Narren.

Friedrich Rückert (1788 – 1866), deutscher Dichter

Fasanhahn.

Wenn eine bestimmte Wildart in einem Lebensraum ohne konstante Winterfütterung nicht mehr überleben kann, so darf man sich die grundsätzliche Frage stellen, ob dieser Lebensraum dann überhaupt noch tauglich ist.

In den letzten Jahrzehnten stiegen viele Revierinhaber auf Futterautomaten um. Deren erste Generation bestand meist nur aus einem Kunststoffeimer mit einer Pickvorrichtung im Boden. Pickten die Fasanen, fielen jeweils einige Maiskörner heraus. „Moderne" Automaten werfen – je nach Einstellung – in gewissen Zeitabständen Futter aus. So wie der Bauer im Stall die Fütterung automatisiert, so automatisieren manche Jäger auch die Fütterung von Fasan und Wildsau draußen in der freien Landschaft.

Alle stationären Fasanenfütterungen sind mit großen Nachteilen verbunden:

– Sie konzentrieren die bunten Vögel und ziehen deren Nutzer an.
– Sie ziehen Mitfresser wie Vögel und Kleinnager an.
– Sie sind Verbreitungsstätten für Parasiten und Krankheiten.

Zur Bekämpfung der gefiederten Fressfeinde werden Abschussgenehmigungen beantragt oder solche von Verbänden gefordert (z.B. Niederösterreich).
Zur Bekämpfung der Kleinnager, vor allem der Wanderratten, werden „Rattenfutterkisten“ aufgestellt, in denen den Nagern vergiftetes Lockfutter angeboten wird. Das dabei verwendete kumarinhaltige Gift führt dazu, dass die Nager innerlich verbluten. Sie werden dadurch zur leichten Beute ihrer natürlichen Nutzer: Marder, Iltis, Wiesel und Greifvögel. In diesen sammelt sich das Gift und wirkt schließlich auch in ihnen tödlich. Die „Hege“ tötet also die natürlichen Nutzer der als schädlich deklarierten Nager. Dennoch glaubt der Jäger, alles fest im Griff zu haben. Dies ist umso dramatischer, als die kleinen Marderartigen bereits unter der Nagerbekämpfung durch die Landwirte zu leiden haben. Wohlgemerkt nicht unter den Fallen, die im Grünland zur Reduzierung der Wühlmausplage gestellt werden, sondern unter flächigen Vergiftungsaktionen mit Rodentiziden.

Die erste Generation dieser Giftköder führte bei Kleinnagern ziemlich schnell zur Resistenzbildung, sodass Folgemittel stärker und damit gefährlicher wurden. Doch schon die erste Generation war für behaarte wie gefiederte Beutegreifer höchst gefährlich. Mitunter führte schon die Aufnahme einer einzigen Ratte zum Tod des Konsumenten. Heute enthalten viele Giftköder den Wirkstoff Flocoumafen. Bei Ratten führt die Aufnahme nach 4 bis 7 Tagen zum Tod. In dieser Zeit sind sie eine besonders leichte Beute für alle Beutegreifer.

Ein anderer, auch für den Menschen hochgefährlicher Wirkstoff ist Difethialon. Köder mit diesem Wirkstoff dürfen nicht im Freien verwendet werden, und Nager, die solche aufgenommen haben, dürfen nicht ins Freie gelangen – zumindest theoretisch nicht. Daneben gibt es noch eine ganze Reihe anderer – ebenfalls nicht ungefährlicher – Wirkstoffe.

Häufig handelt es sich bei den Giftködern schlicht um vergifteten Weizen, den – so zugänglich – auch zahlreiche Kleinvögel, Rebhühner und Fasane aufnehmen und daran verenden. Natürlich sind Jäger gegenüber der Vergiftung von Kleinnagern durch Landwirte skeptisch. Sie werden aber unglaubwürdig, wenn sie selbst Gift an Fasanenfütterungen ausbringen, auch wenn dies in sogenannten Rattenfutterkisten geschieht.

Hören wir zu diesem Thema nochmals einen der hochverehrten „Altvorderen“, was er mit Blick auf das Hermelin unter Hege versteht:

> Weil sie große Liebhaber der Eier sind, so mache in frische Eier kleine Löchlein, tue Mercurium sublim (Quecksilbersublimat) darein und lege selbige an Örter, wo die Wiesel ihren Aufenthalt haben; darnach gehen sie, saufen solche aus und müssen vom Mercurio in ihren Löchern verrecken, wodurch man zwar die Bälge einbüßet, doch werden sie solchergestalt aus dem Wege geräumet.

Soweit C. Otto anno 1772 in seinem Forst-, Fisch- und Jagdlexikon, zitiert nach Wilfried Ott in „Die besiegte Wildnis“ (2004).

Es bedarf hier der grundsätzlichen Überlegung, ob ein bestimmter Lebensraum für eine bestimmte Wildart – in diesem Falle den Fasan – ohne konstante Winterfütterung und/oder ohne regelmäßige Aussetzaktionen überhaupt tauglich ist. Man wird das mehrheitlich verneinen müssen.

sehr, sehr spät, nämlich im 20. Jahrhundert, systematisch gesammelt. Gleichwohl dienten Rothirsche und ihre Geweihe dem Adel schon vor Jahrhunderten als noble Geschenke, besonders wenn es sich um Kuriositäten wie etwa weiße Hirsche handelte.

Angekauft wurde Rotwild auch zur Wiederbegründung von Rotwildbeständen oder zur Bestandsfestigung, aber auch zum Besatz von Tiergärten. Bis ins späte 18. Jahrhundert hinein dominierten außerhalb des Gebirges die eingestellten Jagen, also Prunkjagden, bei denen es nur darum ging, in erlauchter Gesellschaft – und selbstverständlich vor Damen – möglichst viel Wild abzuschlachten. Auf die Idee, Trophäen auszupunkten oder Geweihe zu wiegen, kam noch niemand.

Der Schriftsteller Friedrich von Gagern schrieb hierzu 1915 in der Zeitschrift „Wild und Hund“:

> Trophäen sind also Messer eines finanziellen Niveaus, sie sprechen für ihren Eigentümer mit einer fast marktschreierischen Beredsamkeit, sie machen Reklame für ihn.

Kaiserin Maria Theresia und, mehr noch, ihr Sohn Joseph II. hatten dafür gesorgt, dass Rotwild in ihrem Machtbereich bereits lange vor der Revolution fast nur noch in Gehegen vorkam. Das steht in krassem Gegensatz zur heute immer wieder kolportierten Meinung, erst die Revolution von 1848 hätte das Rotwild in kürzester Zeit in freier Wildbahn eliminiert und so artenreiche Wälder, insbesondere die Tanne wachsen lassen. Tatsächlich war das Rotwild zum Beispiel im Bayerischen Wald und im angrenzenden Böhmerwald bereits 1820 in freier Wildbahn völlig verschwunden. Erst 1874 ließ Fürst Schwarzenberg wieder Rotwild aussetzen. Wohl das meiste nach 1848 ausgesetzte Rotwild stammte aus Gattern.

Ein Beispiel: Aus dem Pfälzer Wald war das Rotwild schon mit Ende der Napoleonischen Kriege (1792 bis 1815) völlig verschwunden. Eine Wiedereinbürgerung wurde von den Behörden verboten. Nach dem Ende des Ersten Weltkriegs gründete sich unter Federführung von Förstern in Johanniskreuz ein „Hirschgartenverein“, der Rotwild aus dem Fichtelgebirge, aus Rominten, dem Odenwald, dem Ebersberger Park bei München und aus Het Loo in Holland ankaufte. In den 1930er-Jahren kam auch noch ungarisches Rotwild hinzu. Wie fast überall, wo Wild illegal ausgesetzt wurde, „entflohen“ einige Stücke, und andere wurden in der Folge offiziell freigelassen.

Die Hirschzucht in Gehegen und die Auslassung solchen Wildes in freier Wildbahn hatte eine lange Tradition. Sie lässt sich zumindest bis ins 14. Jahrhundert belegen. Schon 1399 wurde in Frankfurt am Main der Hirschgraben eingerichtet, in dem Rotwild gezüchtet und immer wieder an europäische Adelshäuser zur Aussetzung verkauft oder verschenkt wurde.

Mit dem Aufkommen des Trophäenkults wurden auch immer häufiger Wapiti- und Maralhirsche gezüchtet und zur „Blutauffrischung" ausgesetzt. So bezog Fürst Pleß schon 1862 Wapitis aus Berchtesgaden, von denen allerdings einige sehr schnell an Milzbrand eingingen. Ab 1897 wurden durch den Reeder Lösener Wapitis in Sachsen eingekreuzt. Auch in Österreich, wo der Trophäenkult damals noch nicht in dem Maße die Jagd beherrschte wie bei den Preußen, wurden Wapitis eingebürgert, so etwa 1889 auf der Koralpe in Kärnten.

Auch Fürst Woldemar zu Lippe setzte zwischen 1877 und 1883 im Lipper Land (Nordrhein-Westfalen) immer wieder Wapitis aus. 1899 ließ Legationsrat Dr. Bumiller in Mecklenburg Maralhirsche frei. Ein Jahr später war der gesamte Bestand krankheitshalber erloschen. Im selben Jahr wurden Marals auch in Springe (Niedersachsen) ausgesetzt, nachdem zuvor das dortige stark schälende Rotwild abgeschossen worden war. Die Marals zeigten sich undankbar und schälten noch stärker als das heimische Rotwild. Bastarde aus Wapiti und Rothirsch wurden bei Hannover freigesetzt. In Mecklenburg versuchte man sich mit Altai-Hirschen, und in der Schorfheide wurde mit Kreuzungsprodukten aus Maral, Wapiti und russischem Rothirsch aufgewertet. Die Liste ließe sich fortsetzen.

Wie wir an anderer Stelle schon lasen, waren auch viele private Jäger in der zweiten Hälfte des 19. Jahrhunderts dem Rotwild, seiner Schäden wegen (die ja nun bezahlt werden mussten), wenig wohlgesonnen. Die bürgerliche Jagd überließ die Hege des Rotwildes mehr oder weniger dem Adel. So war in Österreich, bis in die Mitte des 20. Jahrhunderts, ein Großteil des heutigen Rotwildverbreitungsgebietes völlig rotwildfrei. Erst mit dem wachsenden Interesse an Trophäen wuchs zwangsweise auch das Interesse an dessen Trägern. Erst die Trophäen – nicht das Rotwild selbst – begannen die Schäden aufzuwiegen.

Doch die Neugründung von Rotwildvorkommen erfolgte eher selten mit Tieren, die *lokal* autochthon waren, also vorher schon in der Nähe vorkamen, vielmehr wurde häufig Rotwild aus Vorkommen importiert, die für ihre starken Trophäen bekannt waren, etwa aus den Donauauen oder den Karpaten. Teilweise wurden auch einfach Gatter geöffnet, in denen Rotwild unterschiedlicher Provenienz gehalten wurde.

Selbst in dem später für seine gewaltigen Hirsche bekannten Ostpreußen (z.B. Rominten) gab es 1883 nur noch drei winzige, isolierte Vorkommen.

Der Forstmann und Jagdwissenschaftler Joachim Beninde, der sich bis zu seinem frühen Tode intensiv mit der Einkreuzung von Fremdblut beim Rotwild beschäftigte, hat den Unsinn dieses Irrweges der Hege klar zum Ausdruck gebracht:

> Die Körper- und Geweihstärke der südeuropäischen, asiatischen und amerikanischen Formen des Edelhirsches verschwindet auf mitteleuropäischen Standorten in der Kreuzungszucht schon in den ersten Generationen. … Die Hoffnung auf nachhaltige Steigerung der Stärke durch fremdes Blut müssen als gescheitert angesehen werden.

Der Gipfel der Perversion

Mit der Verfrachtung von Rotwild nach Neuseeland wurden auch dort große Probleme geschaffen. Die Neubürger vermehrten sich rasant und werden seit vielen Jahren aus dem Hubschrauber heraus geschossen. Auch europäische Jäger „erweidwerken" so ihre ganz Kapitalen fürs Kaminzimmer…

Längst wurde aber Rotwild auch zum Farmvieh; die Schlachtkörper werden in großen Mengen nach Europa exportiert. Gut – auch bei uns halten Landwirte Rotvieh zur Fleischproduktion, doch handelt es sich hierbei um eher kleine Gatter und Stückzahlen, oft auf Grenzertragsböden. In Neuseeland sind es – für unsere Begriffe – eher riesige Farmen und Gatter, in denen das Rotvieh teilweise mit dem Hubschrauber zusammengetrieben wird wie in Amerika die Rinder. Genutzt wird nicht nur das Fleisch. Begehrte Exportware sind die Hoden und die Bastgeweihe der Hirsche, die als Potenzmittel nach Asien exportiert werden.

Seit Jahren kaufen meist europäische Grundbesitzer neuseeländische Kapitalhirsche, um sie auf ihren Besitzungen in Chile und Argentinien für europäische und US-amerikanische Trophäenjäger bereitzuhalten. Die neuseeländischen Hirsche fallen eben durch unglaublich starke Geweihe auf. Während sich europäische Trophäenjäger dem Kulturziel „Lebenshirsch" und „Rekordhirsch" eher kleinbürgerlich mit Hilfe von ganz auf das „Hegeziel Kronenhirsch" fixierten Abschussrichtlinien, intensiver Fütterung, halbjähriger Haltung in Freilaufställen und gelegentlicher Einkreuzung von Wapitis und Marals nähern, sind die Neuseeländer längst zur künstlichen Besamung übergegangen! Schon kursieren auch in Mitteleuropa gut bebilderte Kataloge der professionellen Spermagewinner. Wie in der normalen Viehzucht werden Stammbäume und Leistungsnachweise erstellt. Schon die zweijährigen Kapitalhirsche werden zur Spermagewinnung herangezogen. Im Katalog finden wir die Portraits der einzelnen Hirsche und alle notwendigen Daten. Was diese erst Zweijährigen auf dem Schädel haben stellt alles weit, weit in den Schatten, was uns historische Sammlungen wie etwa jene auf der Moritzburg in Sachsen oder die im Odenwald zu bieten haben. Ein simpler 18-Ender vom zweiten Kopf hat da keinen Platz – unter 20 Enden beginnt niemand zu zählen.

Noch wird Kahlwild im deutschsprachigen Raum – offiziell – nicht künstlich besamt, und noch werden alle, die sich das leisten könnten, den Gedanken energisch von sich weisen. Trotzdem: Verfasser erlaubt sich das Orakel, die Zeit, in der Größenwahn und finanzielle Potenz auch bei uns die Hirschbrunft – zumindest teilweise – an den Tierarzt übertragen, wird kommen!

> *Jede Propaganda hat volkstümlich zu sein und ihr geistiges Niveau einzustellen nach der Aufnahmefähigkeit des Beschränktesten unter denen, an die sie sich zu richten gedenkt. Damit wird ihre rein geistige Höhe um so tiefer zu stellen sein, um so größer die zu erfassende Masse der Menschen sein soll…*
>
> Adolf Hitler

Muffel- und andere Schafe

Ein typisches Beispiel für die Einkreuzung einer Wildart, mit dem Ziel, stärkere Trophäen zu erreichen, ist das Muffelwild. Korrekt müssten wir eigentlich sagen: die wildlebenden Muffelschafe, denn nach Ansicht vieler Wildbiologen handelt es sich um verwilderte Hausschafe. „Reinrassig" sind sie auch nicht mehr, ein Umstand, der ihnen schon von Haus aus die Eigenschaft „Wildtier" nimmt. Allenfalls handelt es sich um teilweise in Freiheit lebende Tiere. Man könnte es auch härter ausdrücken: Es sind ursprünglich auf Inseln im Mittelmeer verwilderte Hausschafe, die nach Mitteleuropa eingeführt und dort in Tierparks und Gehegen mit anderen Schafen gekreuzt und schließlich in freier Wildbahn ausgesetzt wurden.

Helmuth Wölfel, Zoologe, Jagdwissenschaftler und Jäger, schreibt hierzu:

> Europäische Mufflons aber dürften bereits vor 10.000 Jahren in Anatolien domestiziert und schon als urtümliche Haustierrasse von Kleinasien nach Europa gekommen sein. Erst dann wurden sie von Seefahrern auf Mittelmeerinseln (Korsika, Sardinien ec.) als lebende Fleischreserven ausgesetzt. … Überhaupt nicht umgehen können Mufflons mit Luchsen, überhaupt die Widder. Ich habe selbst so einen Macho gesehen, der sich der Katze mit gesenkten Schnecken stellte. Geradezu eine Einladung für den Luchs, es ging alles sehr perfekt und schnell.

Wie sehr im Rahmen der Hege an den Muffelschafen herumgebastelt wurde, wird augenfällig, wenn man die heute wild auf Korsika lebenden Muffelschafe mit jenen Tieren vergleicht, die wir in Mitteleuropa als Muffelwild bezeichnen.

> *Hier hat wieder einmal der weise Mensch, anscheinend veranlasst durch seinen Hunger nach starken Trophäen, durch Einkreuzung mit Zackelschafen und Heidschnucken eine an sich sehr anspruchslose, kaum Wildschaden verursachende Wildart in ihren für Forstmann und Jäger gleichermaßen angenehmen Eigenschaft verdorben.*
>
> Ulrich Scherping

Muffelwidder.
Ursprünglich als Haustier von Kleinasien nach Europa gekommen, dann als lebende Fleischreserve ausgesetzt, schließlich beliebtes genetisches Bastelobjekt.

Die ersten Muffelschafe holte Prinz Eugen von Savoyen 1730 für seinen Tierpark Belvedere nach Österreich. Von dort kamen sie, ergänzt durch korsische Direktimporte, 1750 in den Lainzer Tiergarten.

In ihrem ursprünglichen Verbreitungsgebiet trugen die Widder relativ bescheidene Hörner, die Schafe waren hornlos. Die heute üblichen imposanten Schnecken sind auch die Folge immer wieder vorgenommener Einkreuzungen, vor allem mit Zackelschafen und Heidschnucken. Die Schnecken wurden aber nicht nur imposanter, sie neigen heute auch zu Fehlstellungen, wobei die Spitzen in den Träger (Hals) einwachsen können. Höchstwahrscheinlich hätten Jägerschaft und Waldbesitzer überhaupt kein Interesse an dieser Tierart, wäre sie hornlos. Es wurde bis heute auch kein Paarhufer in Europa ausgesetzt, bei dem nicht zumindest die männlichen Tiere über Geweihe oder Hörner verfügen. Zugegeben – mit der Suche nach Paarhufern ohne Stirnwaffen tut man sich etwas schwer. Vorstellbar wären freilich Moschushirsch und Wasserreh.

Heute wird auch die Neigung vieler Muffelstämme, Waldbäume zu schälen, Einkreuzungen zugeschrieben. Angeblich sollen „reine Stämme" nicht schälen, was zu bezweifeln ist, weil so ziemlich alle Schaf- und Ziegenarten schälen. Vor allem aber dürfte es in Mitteleuropa in freier Wildbahn keine Muffelschafe geben, die nicht irgendwann mit anderen Schafrassen gekreuzt wurden. Inzwischen ist die „Blutauffrischung" für Mufflons im deutschsprachigen Raum jedoch kein Thema der Hege mehr. Eher macht man sich Gedanken, Muffelwildvorkommen in wenig geeigneten Lebensräumen wie dem Flachland wieder zu tilgen, wobei man immer auf den erbitterten Widerstand der Jäger stößt.

Die Haltung – oder nennen wir es höflich „Hege" – von Muffelschafen in Revieren, in denen sie sich nicht in ausreichendem Maße ihre Schalen abnutzen können, ist im Grunde Tierquälerei. Das gilt für alle Vorkommen im Flachland und einen nicht geringen Teil der Vorkommen in den Mittelgebirgen. Die Tiere können ohne Felsen ihre Schalen nicht abnutzen. Daher wachsen diese immer wieder aus und behindern die Tiere beim Ziehen und erst recht bei der Flucht. Sie sind anfällig für die Moderhinke, eine bakterielle und äußerst schmerzhafte Entzündung im Schalenbereich. Das führt häufig dazu, dass erkrankte Muffel fast nur noch im Knien äsen. Das heißt, sie stehen nicht mehr mit den Schalen auf dem Boden, sondern stützen sich auf die „Handgelenke", eine Haltung die bei allen an Moderhinke erkrankten Schaf- und Ziegenarten zu beobachten ist. Dabei geht es nicht nur um die Erkrankung einzelner Tiere der Art Muffelschaf, sondern auch um die Verbreitung der Krankheit durch befallene Tiere, sowohl auf Gams und Steinwild wie auf Hausschafe und Ziegen.

Ob es nun bei den Muffelschafen um Wildtiere im eigentlichen Sinne handelt oder um vielfach eingekreuzte, in ihrer Urheimat wildlebende Hausschafe, ändert nichts an ihrer Beliebtheit als „Jagdwild". In diesem Zusammenhang sei an die verwilderten Hausziegen in den schottischen Highlands erinnert. Bei ihnen handelt es sich nicht einmal um einen in seinem Äußeren homogenen Typ. Dennoch findet ihr Abschuss auch in Deutschland und Österreich Interessenten, die gerne bereit sind, dafür nicht wenig Geld auf den Tisch zu legen. Sieht man die Erbeutung eines „Billys" sportlich, verdient sie das Wort „Jagd" sicher. In der Regel ist weit mehr körperliche Fitness und – zumindest für den Guide – mehr jagdliche Erfahrung erforderlich als beim Abschuss eines Rehbocks, eines Keilers an der Kirrung oder eines Hirsches auf der Drückjagd oder auch vom Hochsitz aus. Dennoch handelt es sich bei Hirsch, Rehbock und Keiler eindeutig um Wildarten, nicht nur im rein jagdrechtlichen Sinne. Wenn aber ein schottischer Farmer seine verwilderten Ziegen nicht einfach abschießt, sondern sie nachhaltig durch Abschussverkauf bewirtschaftet, dann erfüllt er damit alle Merkmale der Hege, auch wenn es sich eindeutig um verwilderte Nutztiere handelt. In Österreich würde man das „den Jagdwert der Reviere erhalten" nennen.

Eine ganz andere Frage ist die, ob eine solche Hege zu Lasten anderer Arten oder der Lebensräume geht? Bei schottischen Wildziegen ist die Frage sicher nicht ganz einfach zu beantworten, bei in Mitteleuropa lebenden Muffelschafen durchaus. Selbst wenn wir keine Äsungskonkurrenz sehen, so bleibt doch ein zusätzlicher Druck auf die Vegetation. Muffelschafe nutzen zwar durchaus Pflanzen, die von autochthonen Wiederkäuern in der Regel verschmäht werden, deshalb meiden sie aber nicht jene Pflanzen, deren Verbiss den vorgenannten Arten als Wildschaden angelastet wird. Wenn es jedoch um Schälschäden geht, dann gehen sie im „Wettbewerb" mit Rot- und Damwild eventuell als „Sieger" hervor.

Für die im ganzen Alpenraum heimischen Gams und das dort teils heimische, teils heimisch gemachte Steinwild stellen Muffelschafe ein zusätzliches Risiko dar: als Überträger einer ganzen Reihe von Krankheiten.

Hier wollen wir noch einmal Hermann Löns als begabten Zyniker zu Wort kommen lassen:

> Nachdem man so Asien, Afrika, Amerika und Australien abgeklappert hatte, um die deutschen Wildbahnen zu vervollständigen, auch durch Einführung von Mufflons und anderen wilden Schafböcken dem strotzenden Geldbeutel wohltuende Erleichterung verschafft hatte, kehrte man reuevoll zur paläarktischen Fauna zurück und begnügte sich mit dem welschen Rothuhn und dem schottischen Moorhuhn, auf Deutsch Grause.

Blutauffrischung – Hege oder geistige Unzucht?

Während Muffelwild bereits bei seiner Ankunft in Mitteleuropa eingekreuzt wurde und beim Rotwild bis heute Rekordhirsche durch die Zufuhr von Maral- und Wapitiblut „herangehegt" werden, wurde Fremdblutzufuhr beim Rehwild nur während einer relativ kurzen Zeitspanne betrieben. Beteiligt waren weniger die adligen Standesherrschaften, sondern eher das Großbürgertum. Eingeführt und ausgesetzt wurden gleichermaßen Rehe aus Ungarn wie Sibirische Rehe (*Capreolus pygargus*). Dabei leben in Ungarn dieselben Rehe wie bei uns, nämlich Vertreter der Rasse *Capreolus capreolus*. Dort, wo sie auffällig stark sind, schulden sie das der guten Ernährung und vielleicht dem Jagdwesen selbst. Verfrachtet man einen ungarischen Kapitalbock in die äsungsarme Lüneburger Heide, wird aus ihm in kurzer Zeit eben auch ein simpler Heidebock.

Fakt ist, dass noch bis in die Siebzigerjahre des 20. Jahrhunderts in Mitteleuropa Sibirisches Rehwild ausgesetzt wurde, weil sich die Befürworter auch auf unseren Rehböcken ähnlich starke Geweihe wünschten. Da sei die Frage erlaubt, was in einem Jägerschädel vorgeht, dem die bei uns seit Millionen Jahren lebenden und sich permanent unseren Umweltbedingungen anpassenden Rehe nicht mehr gut genug sind, weil er glaubt, mit stärkeren Trophäen protzen zu müssen? Welches Naturverständnis, welches Verständnis für Wildtiere und welche Achtung vor der Kreatur steht hinter derartigen Bestrebungen?

Natürlich wurden die Erwartungen nicht erfüllt und die Blutauffrischung beim Rehwild ist im Moment kein Thema mehr. Geholfen hat

> *Die Wildzucht beschäftigt sich mit derjenigen Tätigkeit des Hegers, die auf die Förderung einer gesunden Entwicklung gerichtet ist, insoweit diese von der Abstammung abhängt. … Die Hege begreift in sich: die einfache Bestandsvermehrung, die Blutauffrischung, die Kreuzung und die Neubegründung von Wildständen.*
>
> Ferdinand von Raesfeld, 1912

Ungar. Rehböcke
mandschurisches Sika,
orig. Solm'ser Muffel,
engl. Rotwild,
engl. Damwild

Aus bestgeführtem Gatter und aus Wildfängen ist erstklassiges, kapital veranlagtes u. gesundes Wild, unter ständiger veterinärmedizinischer Kontrolle stehend, abzugeben:

ca. 30 Stück Sikawild
ca. 100 Stück Damwild
ca. 20 Stück Muffel
ca. 10 Rehböcke
ca. 30 Stück Rotwild

Selbstabholer werden bei der Vergabe des Wildes bevorzugt, Versand ist jedoch auch per Bahnexpreß möglich. Alle Tiere sind geimpft und gegen Parasiten behandelt. Einzelne weibliche Tiere werden nicht abgegeben.

Postf.
Tel.

„Kapital veranlagt, unter veterinärmedizinischer Kontrolle…"

sie vor allem dem Tierhandel. Es waren aber auch nicht nur finanzstarke Emporkömmlinge, die – einzig der Geweihe wegen – europäische durch sibirische Rehe austauschen oder beide zumindest vermischen wollten. Auch der „Erste sozialistische Arbeiter- und Bauernstaat", die DDR, mischte da mit. Immerhin sah man dort Trophäen als Objekte des „sozialistischen Wettbewerbs". *(Man lese in der Zeitschrift „Unsere Jagd" die Jahrgänge vor 1989 und achte auf die Autoren!)* Die „Hörner" dienten folglich zumindest ebenso dem Ansehen des Staates innerhalb der sozialistischen Bruderländer, wie dem des Erlegers.

Natürlich waren es nicht die kleinen Vorsitzenden der sozialistischen Jagdkollektive, die solche Ideen vorantrieben; sie waren allenfalls Mitläufer und Vollstreckungsgehilfen. Der politischen Elite diente sich die Wissenschaft an, was nach dem Zusammenbruch des Regimes zumindest die Möglichkeit bot, Trophäengier in wildbiologische Forschung umzubenennen.

So sollte im Fläming alles autochthone Rehwild erlegt und durch Sibirische Rehe ersetzt werden. Auch im Wildforschungsgebiet Lausitz in der DDR wurde die Hybridisierung europäischen und sibirischen

Rehwildes wissenschaftlich betrieben. Dort wurden von 1966 bis 1978 insgesamt 32 Paarungen zwischen sibirischen Rehböcken und europäischen Rehgeißen organisiert. Allerdings blieben mehr als ein Drittel erfolglos. Insgesamt kam es zu 19 Geburten, von denen in freier Natur die wenigsten erfolgreich verlaufen wären, denn 9 Geißen brachten ihre Kitze nur mit Hilfe eines Kaiserschnittes zur Welt, und in 3 Fällen musste anderweitig Geburtshilfe geleistet werden. Überdies waren die wenigen hybriden Böcke zeugungsunfähig, berichtet der sächsische Oberförster Siegfried Bruchholz im Jahr 1997.

Deutsches Weidwerk und deutsche Hege fanden aber nicht nur in Deutschland und Österreich statt, sie wurden und werden auch europaweit kopiert. Franzosen, Italiener und andere Nationalitäten zeigten Jahrzehnte hindurch Interesse an ungarischem Rehwild. Den Ungarn konnte es Recht sein. Sie profitierten vom Lebend-Export weit mehr als vom Abschussverkauf oder gar vom Wildbret.

Hasenhege aus der Kiste

Rehe sind schon relativ große Tiere, was ihren Preis und natürlich auch die Transportkosten in die Höhe treibt. Hasen sind in jeder Hinsicht billiger. Noch etwas macht die Hasen interessant. Während nämlich die Rehe europaweit expandieren und ihre Strecken seit mehr als einem Jahrhundert steigen, werden die Hasen von der Agrarindustrie mancherorts an den Rand der Ausrottung gedrängt. Auch hier kann vor allem Ungarn helfen. Noch in der zweiten Hälfte des 20. Jahrhundert waren Feldhasen für viele ungarische Jagdbetriebe ein Exportschlager. Der Fang war finanziell interessanter als Abschuss und Wildbretverkauf. Gefangen wurden/werden die Hasen in breit übers Feld gespannten Netzen, hinter denen die Fänger flach auf dem Boden liegen. Sie

> *Die Hasenapotheke ist nicht mehr vorhanden. Hasen ernähren sich einseitig und sind dadurch krankheitsanfällig. Stress beeinflusst die Reproduktion. Geschwächte Beutetiere fallen Beutegreifern leichter zum Opfer.*
>
> Erich Klansek

Feldhase.

„Insbesondere wird man nach schlechten Hasenjahren seinen arg geschrumpften Bestand rechtzeitig verstärken…“.

nehmen die ins Netz gelaufenen Hasen auf und setzen sie in Transportkisten.

Der Jagdwissenschaftler Detlev Müller-Using empfahl als Bearbeiter von „Diezels Niederjagd“, 16. Auflage, 1954, noch wärmstens das Aussetzen von Feldhasen zum Zwecke der Bejagung. Dies wohlgemerkt in einer Zeit, als es in Deutschland und Österreich noch Feldhasen „satt“ gab. Er stellt fest, dass führende Jagdwissenschaftler lange Zeit vom Aussetzen abrieten. Inzwischen aber sei es dem Basler Zoodirektor Heini Hediger mit einem einfachen Kunstgriff gelungen, Hasen in Gefangenschaft zu züchten. Müller-Using schreibt:

> Insbesondere wird man nach schlechten Hasenjahren seinen arg geschrumpften Besatz rechtzeitig verstärken … bei den kurzen Pachtdauern, die heute üblich sind, wird mancher Jäger nicht einen mehr oder minder vollständigen Ausfall der Hasenstrecke hinnehmen wollen. In diesem Falle kann der Ankauf und das nicht weiter schwierige Aussetzen – ein bloßes Laufenlassen in der Nähe geeigneter Deckung tut's in den meisten Fällen – sehr nützlich sein.

Empfohlen wird hier nicht eine dem Besatz angepasste sparsame Bejagung oder Verzicht, sondern fröhliches Jagen auf ausgesetzte Hasen. Weiter unten empfiehlt Detlev Müller-Using, sich eine kleine Hasenzucht anzulegen und verweist auf das Feldhasenmerkblatt des Deutschen Jagdschutzverbandes, in dem eine Anleitung hierzu enthalten sei.

Zur Ehrenrettung der Jagdwissenschaft muss erwähnt werden, dass sich nicht wenige Jagdwissenschaftler vehement wie begründet gegen Zucht und/oder Aussetzung aussprachen!

Mit dem Unsinn des als Hege verstandenen Aussetzens beschäftigte sich auch Herbert Zörner, seines Zeichens Diplom-Biologe und Verfasser des Buches „Der Feldhase". Er berichtet von 500 markierten Hasen, die in Polen von Czempin nach Manowo verfrachtet und dort zur „Blutauffrischung" ausgesetzt wurden. Von diesen 500 Hasen schafften zwei Häsinnen in kurzer Zeit die Rückkehr in ihr 229 Kilometer entferntes Heimatgebiet. Von 300 im Raum Kosobudy ausgesetzten Hasen schafften zwei sogar den 464 Kilometer weiten Heimweg.

Von Herbert Zörner stammt auch folgendes Zitat:

> Noch einige Bemerkungen zu den häufig zitierten Umsiedlungen. Der Rückgang eines Hasenbesatzes ist nicht auf ‚Degeneration', wie man früher immer angenommen hat, sondern vielmehr auf durch ungünstige Einflüsse der Umwelt angestiegene Verlustquoten und eine zu starke jagdliche Nutzung zurückzuführen.

Noch in den 1980er Jahren züchtete die Jagdverwaltung des Großherzogs von Luxemburg in großem Stil Feldhasen in Holzboxen, die kleinen Kaninchenställen ähnlich waren. Diese Hasen wurden vor den Jagden ausgesetzt.

Auch in manchen österreichischen und deutschen Revieren wurden regelmäßig ungarische und polnische Hasen aus den Transportkisten gelassen und vor die Flinten getrieben. Prominentester „Hasenimporteur" war Erich Honecker, der mit „sozialistischen Bruderhasen" den jagenden Mitgliedern des Politbüros wie dem diplomatischen Corps sowie Unternehmern und Politikern aus dem Lager des westdeutschen Klassenfeindes Jagdfreuden kreierte. Größere Abnehmer waren und sind aber Jäger in Frankreich, Spanien und Italien.

Heinz Hassenewerd bezifferte 2010 in der deutschen Jagdzeitschrift „Wild und Hund" den jährlichen europaweiten Bedarf an Feldhasen mit rund 100.000 Tieren. Davon sollten 8 Prozent vor allem aus dänischen Zuchtbetrieben stammen. Rund 92.000 der zur „Blutauffrischung gelangenden Hasen sind demnach Wildfänge. Zuchthasen werden nach Angaben Hassenewerds „zurzeit" – also im Jahr 2010 – mit 250 bis 300 Euro das Paar gehandelt. Wildfänge liegen deutlich darunter. Zur Blutauffrischung empfiehlt er 2 bis 3 Paare pro 100 Hektar… – Natürlich werden Feldhasen nicht zur Wiedereinbürgerung gekauft. Sie sind mehrheitlich reines Flintenfutter: gekauft, aus den Kisten gelassen und beschossen…

Europäische Jagdpolitik wird in Brüssel gemacht, und Europas Jäger lassen sich von einer Organisation vertreten, die gar kein Interesse daran hat darzustellen, dass Jagd in Kärnten etwas anderes ist als Jagd in der Normandie, und die Jagd in der Schweiz etwas völlig anderes ist als die Jagd auf Kreta. Der Jäger im Salzburger Flachgau will nicht aus Bunkern heraus mit Schrotkanonen auf im Wasser liegende Entenpulke schießen! Umgekehrt würde sich kein italienischer Jagdfunktionär stolz damit brüsten, dass in seiner Provinz zumindesten 3.000 Greifvögel pro Jahr illegal geschossen werden und man dazu stehen müsse, wie Verfasser es im Rahmen eines akademischen Lehrgangs erlebte.

Trockene Sommer haben bei vielen Jägern wieder Hoffnung bezüglich der Hasen geweckt. Reviere, die lange auf die Bejagung verzichteten, riskierten wieder eine vorsichtige Bejagung. Aber dieser positive Trend kann auch trügen. Die Wilddichte steht immer in Abhängigkeit zum Lebensraum. Vermehren sich in einer „desolaten" Landschaft die Hasen infolge vorübergehend günstiger Faktoren wie trockenem Wetter oder geringer Raubwilddichte, macht sich ihre Dichte für die Hasen schnell negativ bemerkbar. Stress entsteht, bei der Futtersuche müssen weite Wege zurückgelegt werden, und Krankheiten werden leichter übertragen. So ist der Fallwildanteil gerade in Revieren mit einem besonders hohen Herbstbesatz an Hasen (80 Hasen/Hektar und mehr) am höchsten.

In einem Fall trug die Praktik, Hasen für den Abschuss auszusetzen, ganz wesentlich zu einem dauerhaften und generellen Jagdverbot bei – im Schweizer Kanton Genf! Dort sorgte 1974 eine Volksabstimmung für die Abschaffung der Jagd und die ersatzweise Beschäftigung kantonaler Wildhüter. 69 Prozent der Bevölkerung votierten für ein Verbot der Jagd durch Hobbyjäger. Es ist erstaunlich, dass zwar bis heute über das Genfer Jagdverbot polemisiert wird, die Ursachen und realen Fakten jedoch diskret verschwiegen werden. Hier aufzuklären und vorzubeugen wäre Sache der Jagdzeitschriften gewesen und hätte der Jagd weit mehr gedient als mit manchem unkommentierten Beitrag auch noch Öl ins Feuer zu gießen. Stattdessen wird bis heute in teils üblen Polemiken daran erinnert, dass jetzt „teure Beamte" – wo notwendig – die Regulation der Wildbestände übernehmen müssten. Vielleicht sollten wir uns bescheiden daran erinnern, dass bei uns, zumindest teilweise, auch „teure Beamte" sich mit völlig überflüssigen Rehwildabschussplänen herumschlagen müssen…

Bei dem, was so hoch als Kanton gehandelt wird, handelt es sich im Grunde um eine eher kleine „Gemeindejagd", klein jedenfalls im Vergleich mit Gemeindejagden in Österreich, Südtirol, Slowenien, Polen und vielen anderen europäischen Ländern. Der gesamte Kanton Genf – also die Stadt inklusive Seeanteil, Feld und Wald – ist gerade einmal knapp 16.000 Hektar groß, davon sind inzwischen weniger als 3.000 Hektar Wald… Die Kosten für Prävention, Wildschäden und hauptamtliche Wildhut belaufen sich auf etwa 1,2 Millionen Schweizer Franken, was pro Einwohner etwa einer Tasse Kaffee, genossen in einem Restaurant entspricht! Darin enthalten ist allerdings auch noch die Tätigkeit der Wildhut bei der Vogelschlagbekämpfung auf dem Genfer Flughafen, die auch anfällt, wenn die Jagden verpachtet werden.

Was aber war die Ursache für die Volksabstimmung von 1974? Es war das, was eine verblendete private Jägerei „Hege" nannte, nämlich vor allem das massenhafte Aussetzen von und das Schießen auf gezüchtete, importierte Feldhasen und andere Wildarten!

„Getunte" Kaninchen

Auch wenn das Wildkaninchen in Österreich als jagdbares Wild keine überragende Bedeutung hat, so ist es doch ein Paradebeispiel falsch verstandener und letztlich desaströser Hege. In Deutschland waren die Wildkaninchen bis in die 1950er-Jahre eine der häufigsten Niederwildarten. Sie verursachten in der Land- und Forstwirtschaft erhebliche Schäden. Gleichwohl wurde alles getan, um ihre Bestände so hoch wie möglich zu halten. Da Kaninchen von fast allen heimischen Beutegreifern geschlagen und gerissen werden, konzentrierte sich die Hege auf die „Raubwildbekämpfung".

> *Man konnte den Leuten in ihrer Dummheit zusehen, man konnte über sie lachen oder Mitleid mit ihnen haben, aber man musste sie ihrer Wege gehen lassen.*
>
> Hermann Hesse (1877 - 1962),
> deutscher Schriftsteller

1952 infizierte ein französischer Arzt auf seinem eingezäunten Grundstück lebende Wildkaninchen mit brasilianischen Myxomatose-Viren. Flöhe und Stechmücken verbreiteten diese in Windeseile in ganz Europa. Dank enorm hoher Kaninchenbestände und einer sehr kurzen Inkubationszeit von nur wenigen Tagen hatte die Krankheit leichtes Spiel. Schon Anfang der 1960er-Jahre waren die Strecken in Deutschland stark eingebrochen.

Immerhin bildete ein Teil der infizierten Kaninchen auch Resistenz aus. Daher kam es – dank der enormen Reproduktionsraten der Kaninchen – sehr schnell wieder zu einer Erholung der Bestände. Doch statt die Kaninchenbesätze fortan möglichst gering zu halten, taten die Niederwildjäger alles, rasch wieder jagdlich relevante Bestände aufzubauen. Sie wollten wieder möglichst hohe Strecken. Das einzige Rezept hieß „Raubwildbekämpfung". Dabei wären Beutegreifer, vor allem Fuchs und Habicht, die prädestiniertesten Gegenspieler der Myxomatose und Verbündete des Jägers gewesen. So aber brachen die Strecken nach einem steilen Anstieg in den 1970er-Jahren erneut zusammen – und wieder reagierten die Jäger mit massiven Hegeanstrengungen.

In vielen Jagdzeitschriften wurden Kaninchen zum Aussetzen angeboten. Doch keineswegs nur reine Wildkaninchen. Neues Blut wurde zugeführt – solches von Hauskaninchen! Damit wollte man – was völlig unsinnig war – nicht nur der Myxomatose begegnen, sondern endlich auch stärkere „Wildkaninchen". Viele Zeitschriftenbeiträge beschäftigten sich mit der Kaninchenhege. Neben der Bekämpfung von Beutegreifern galt es, Äsung und Deckung zu schaffen.

In den 1980er-Jahren, als sich die Wildkaninchen neuerlich erholt hatten, trat eine neue, bis dahin in Europa unbekannte Krankheit in Erscheinung, die „Rabbit Haemorrhagic Disease" (RHD), landläufig als „Chinaseuche" bezeichnet. Ende der 1990er-Jahre wurde eine Variante festgestellt (RHDVa). Sie befällt Feldhasen und Wildkaninchen

Wildkaninchen – Paradebeispiel für falsch verstandene Hege. Anders als in Deutschland hatte man mit dieser Wildart in Österreich nicht allzu viel am Hut.

gleichermaßen. 2010 kam schließlich auch noch RHD2. Immer wären Beutegreifer die prädestiniertesten Verbündeten des Hegers gewesen. Geschehen ist immer das Gegenteil – noch intensivere Verfolgung der Beutegreifer. Schauen wir uns allerdings die Fuchsstrecken an, dann sind an der Sinnhaftigkeit des „Prädatoren-Managements" gleich doppelte Zweifel angebracht. Denn der permanente Anstieg der Fuchsstrecken zeigt doch, dass es nicht einmal gelang, den Zuwachs abzuschöpfen. Trotz intensiver Jagd gelang es erst Räude und Staupe, die Fuchsbestände lokal einzudämmen!

Die Überhege der Wildkaninchen und ihr wiederholtes Zusammenbrechen durch Viruskrankheiten war in Teilen Südeuropas auch für Beutegreifer fatal. So sind Wildkaninchen die wichtigste Beute des in Spanien lebenden Pardelluchses, ebenso des Kaiseradlers, der in den letzten Jahren in Österreich, im Rahmen der „Hege" – illegal – wiederholt Gift und Schroten zum Opfer fiel.

Fasan – wie Hege eine Art kaputtmacht

Während die Schalenwilddichten steigen, geht das Niederwild vielerorts beängstigend zurück. Der Niedergang der Strecken erfolgt allerdings keineswegs gleichmäßig, also linear, sondern immer wieder mit kürzeren oder längeren Phasen der Erholung oder gar Aufwärtsentwicklung. Je nach Focus können wir in der Statistik Bilder der Hoffnung wie der Resignation abrufen. Betrachten wir jedoch die Gesamtentwicklung der letzten anderthalb Jahrhunderte, so ist ein steiler Abstieg bei fast allen Niederwildarten unübersehbar. Die Ausnahme ist der Fasan; so sehr wir auch jammern, werden heute doch deutlich mehr Fasanen erlegt als vor der Wende vom 19. ins 20. Jahrhundert! Es ist ganz einfach: Wir haben den Fasan nie Fasan sein lassen, uns nie mit bescheidenen Strecken zufriedengegeben, so wie sie uns die Landschaft schenkte. Wir haben Jahrzehnte hindurch in großem Stil nachgeholfen – ausgesetzt!

Bei keiner anderen Wildart lag und liegen Einkreuzungen näher als beim Fasan, einfach weil es eine Unzahl verschiedener Fasanenrassen gibt, die sich alle miteinander kreuzen lassen. Hinzu kommt, dass der Fasan seine „Europakarriere“ eher als bestaunenswerter Vogel fürstlicher Menagerien begann. Aus ihnen fand er noch lange nicht in die freie Wildbahn, sondern zunächst in die höfischen Geflügelhaltungen. Schon dort schieden sich vermutlich die Geister. Während in der Menagerie Gold- und Diamantfasan wohl mehr Bewunderung verbuchten als ein gewöhnlicher Colchicus oder Tenebrosus, waren letztere für die fürstlichen Tafeln interessanter.

Schon sehr früh wurden Fasanerien betrieben, die den Nachwuchs für das fürstliche Vergnügen der Fasanenjagd sichern sollten. Dabei handelte es sich häufig – Maschendraht gab es noch keinen – um nach oben offene Gehege. Damit der Stammbesatz nicht flüchten konnte,

> *Ich habe in meiner Laufbahn noch nie erlebt, dass Aussetzaktionen erfolgreich waren. Ich habe mit dem Aufstocken keine Freude, weil ausgesetzte Fasanen nur Greife anlocken.*
>
> Erich Klansek

wurden den Tieren einfach die Handschwingen abgeschnitten. Wir dürfen davon ausgehen, dass in diesen Gehegen bereits unterschiedliche Rassen miteinander gekreuzt wurden. In der Jagdliteratur des 19. und des 20. Jahrhunderts lesen wir vielfach, dass auch Diamantfasane die Schützen anflogen. Es waren wohl die prächtigen, bis an die 120 Zentimeter langen Stöße, die sie im Flug imposant erscheinen ließen. Neben Hinweise auf Diamantfasane sind immer wieder solche auf die kleinen Goldfasane zu finden. Auch sie wurden zur optischen Aufpeppung der Fasanenjagd ausgesetzt.

Kobell beschreibt in seinem 1859 erschienenen „Wildanger" recht anschaulich die Fasanenhege seiner Zeit, die wie heute aus der Bereitstellung von Nachschub für die Flinten bestand; heute sprechen wir schamhaft von „Besatzstützung". Da stellt sich doch ganz zwanghaft die Frage, für wie dumm halten wir die nicht jagende Öffentlichkeit, wenn wir Fasanen aussetzen, diese alsbald totschießen und dann von „Bestandsstützung" reden. Könnte es nicht sein, dass diese nicht jagende Öffentlichkeit uns schlicht ein gerüttelt Maß an Dummheit unterstellt?

Im Rahmen eines akademischen Lehrgangs lernte Verfasser den Begriff „Bleischlachtung" kennen. Gemeint war damit das Schießen auf künstlich aufgezogene und ausgesetzte Fasanen. Der Begriff trifft den Nagel auf den Kopf: Lebewesen werden in großer Zahl – meist industriell – gezüchtet, aufgepäppelt und gequält, mit dem einzigen Ziel, an ihnen unsere Schießkunst unter Beweis zu stellen. Wie viele der geschundenen Kreaturen dabei nur krankgeschossen werden, wie viele irgendwo mehr oder weniger qualvoll verenden, spielt überhaupt keine Rolle. Das Wildtier hat die Aufgabe, dem Teilnehmer an solchen Schießveranstaltungen das Ego aufzupolieren, egal zu welchem Preis für das Tier und ungeachtet des Schadens für die Jagd, durch Verlust an Glaubwürdigkeit!

Klaus Hackländer schreibt dazu im „Oberösterreichischen Jäger", Ausgabe März 2017: *„Das Aussetzen der berüchtigten ‚Kistlfasanen' ist natürlich nicht als Bestandstützung zu bezeichnen, da es lediglich der Abschießbelustigung dient."* An anderer Stelle lesen wir: *„Wenn Fasane ausgesetzt werden, weil der Zuwachs ausbleibt, dann ist der Lebensraum nicht geeignet."*

Man darf davon ausgehen, dass die heute in Österreich vorkommenden „Jagdfasane" nur minimal Blut der oben genannten „Zierfasane" führen. Allerdings gibt es vermutlich auch keine reinblütigen Fasane mehr. Alle Vorkommen erfuhren zahllose Kreuzungen, die teils gewollt waren, teils aber auch daher resultierten, dass durch viele Jahrzehnte in den einzelnen Revieren ganz unterschiedliche Rassen und Mischlinge ausgesetzt wurden. Dafür sorgten schon die Fasaneriebetreiber mit ihrer Werbung.

Je größer die Probleme der Fasane mit der mehr und mehr industrialisierten Landwirtschaft wurden, umso intensiver wurde nach Rassen und Schlägen gesucht, die damit zurechtkamen. Die immer schneller werdende Mähtechnik ließ den Ruf nach „Heckenbrütern" laut werden, und der Markt reagierte darauf mit entsprechenden Angeboten.

Heute finden wir in freier Wildbahn kaum noch „reine" Fasane, am wenigsten dort, wo immer wieder zugekaufte Tiere ausgesetzt wurden. Wo über Jahre nicht mehr ausgesetzt wurde, setzen sich bestimmte Typen durch, wirklich rein sind sie nicht! In der Mehrzahl der mitteleuropäischen Reviere hält sich der Fasan auf Dauer ohnehin nur bei ständiger Zufuhr von Zuchttieren. Insofern ist die Frage nach der Rasse ohne wirkliche Bedeutung.

Kobell:

> Unter den künstlichen Fasanerien ist wohl eine der ersten die in Karlsruhe. Der dortige Fasanenmeister, ein Franzose namens Senechal, hat die Kunst des Aufziehens, Kreuzens und Erhaltens der Varietäten zu einer außerordentlichen Vollkommenheit gebracht.

Mit dem bis heute vielerorts als unverzichtbar deklarierten Aussetzen von Zuchtfasanen, werden die wenigen freilebenden Fasanenbesätze weiter kaputtgemacht. Die „Aussetzware" hat kaum Überlebenschancen. Die Tiere sind nicht an die Bedingungen und Gefahren der Kulturlandschaft angepasst. Ihnen fehlt schon die Führung durch eine umsichtige, erfahrene Henne. Sie kennen weder die Gefahren aus der Luft noch die am Boden. In den Aufzuchtbetrieben kommen sie mit diesen nicht in Kontakt. Jeder Hühnerhalter auf dem Land, der noch freilaufende Hühner hat, die von einer Henne erbrütet und aufgezogen wurden, kennt den Unterschied. Jungfasane aus Kunstaufzucht sind arglos, ihre Instinkte weitgehend verkümmert. Was ihnen noch geblieben ist, wird von keiner Henne gefördert. Ganz anders die am Hof von einer Henne erbrüteten Küken.

Wir hatten, als wir noch in einem Forsthaus im Wald wohnten, viele Jahre Hühner: zugekaufte Junghühner unterschiedlichster Rassen und Eigenbruten. Die „Industriehühner" überquerten ohne nach oben zu sichern den Hof, pickten arglos in der Wiese vorm Haus und wussten zumindest anfangs nicht das Verhalten der am Haus lebenden Althühner zu deuten. Jene aber, die bei uns schlüpften, scharten sich als Küken immer eng um die Henne und diese verhielt sich mit Küken noch weit vorsichtiger als zuvor. Schon unter der Stalltür wurde ausgiebig gesichert und erst dann die offene Rasenfläche überquert. Sie scharrten bevorzugt im Schutz der Hainbuchenhecke, und jeder größere, über die kleine Lichtung ums Forsthaus fliegende Vogel wurde argwöhnisch beobachtet, egal ob Bussard oder Reiher. Nie hatten wir Verluste durch Fuchs oder Marder. Gut – ein oder zwei Hühner holte uns jedes Jahr der Habicht. Aber das waren meiner Erinnerung nach ausnahmslos zugekaufte „Industriehühner", teils sogar ausrangierte Batteriehühner, die uns unser Sohn mitgebracht hatte.

Die meisten der in großer Zahl ausgesetzten Fasane aus Zuchtbetrieben locken mit ihrem nicht mehr den Bedingungen der Natur angepassten Verhalten Beutegreifer an. Genau deshalb wurde und wird ja oft, häufig völlig ungeachtet der Gesetzeslage, erst unmittelbar oder zumindest sehr kurz vor einer Jagd ausgesetzt. Die Behauptungen, es werde zur Bestandsaufstockung ausgesetzt, sind scheinheilig. Kein geschäftsfähiger Mensch setzt Fasane zur Bestandsaufstockung aus, um sie im selben Jahr totzuschießen. Dabei spielt es keine Rolle, ob eine Woche oder drei Monate vor der Jagd ausgesetzt wird. Alle Initiativen, das Aussetzen generell oder die Bejagung im Jahr des Aussetzens zu verbieten, sind bisher in Österreich wie in Deutschland am Widerstand der Jagdverbände/Jägerschaften und/oder am Widerstand jagender Parlamentarier gescheitert.

Heinrich Spittler und Alexander Feemers weisen noch auf einen weiteren Nachteil der Aussetzpraxis hin. Es sei gestattet, zu zitieren:

> Bei den Revierbegehungen ist zunächst einmal aufgefallen, dass in allen untersuchten Revieren das angetroffen wurde, was in Abb. 1 zu sehen ist. Sie zeigt eine Stelle in einem mit Gras bewachsenen Wildacker, an der ein Fasan auf dem Boden übernachtet hat, obwohl in nicht weiter Entfernung davon Möglichkeiten zum Aufbaumen vorhanden waren bzw. sind. Und zwar handelte es sich bei den Funden dieser Art nicht um gelegentliche Einzelfälle, sondern sie waren vielmehr relativ häufig anzutreffen.
>
> Bilder dieser Art hat es früher, das heißt, in den sechziger und siebziger Jahren des vorigen Jahrhunderts, nicht bzw. kaum

Natürliches Übernachtungsverhalten: aufgebaumter Fasan.
Untersuchungen zeigen, dass ausgesetzte Fasanen oft – was völlig widernatürlich ist – auf dem Boden übernachten und dabei zur leichten Beute des Raubwildes werden.

> gegeben. In den letzten Jahrzehnten findet man sie jedoch in zunehmendem Ausmaß, wenn man danach sucht, und zwar im Prinzip in allen Fasanenrevieren.

Obiger Auszug stammt aus „Schrei nach Hege", Untersuchungen des Stifterverbandes für Jagdwissenschaften zu den Ursachen für den Rückgang der Fasanen.

Angenommen, das Aussetzen wäre nur unter der Bedingung erlaubt, zuvor die Lebensräume fasanentauglich aufzubessern und nach jeder Aussetzung mindestens zwei Jahre hindurch auf die Jagd zu verzichten, dann würde wahrscheinlich nirgends mehr ausgesetzt!

Es sind jene Jäger, die alljährlich Fasane als Nachschub für die Flinten aussetzen, welche die wenigen angepassten und überlebensfähigen Fasane in Bedrängnis bringen. An dem, was in diesem Falle „Hege" genannt wird, gehen die letzten autochthonen Fasanen ebenso kaputt wie das Ansehen der Jagd!

In Deutschland wie in Österreich wurden Jahrzehnte hindurch Fasane in großer Zahl in vollkommen ungeeigneten Lebensräumen

gem Level halten, kaputtgemacht werden, war weiter vorne schon zu lesen.

Manchmal lösen aber in der Vergangenheit empfohlene Hegemaßnahmen in der Rückschau auch eine gewisse Erheiterung aus. Etwa dann, wenn Heinrich Wilhelm Döbel in dem Buch „Jäger-Practica" das 130. Capitel mit „Bastarde von Fasanen zu ziehen" überschreibt. Dort empfiehlt er allen Ernstes Fasanen und Haushühner miteinander zu kreuzen. Döbel: *„So kann man auch einen jungen Hofhahn und 6 bis 7 junge Fasanhühner in einem besonderen Zwinger beieinander setzen. … Wenn nun die Hühner im Frühlinge legen, so suchet man die Eier fleißig ab und leget solche denen Truthühnern oder Hofhühnern unter."* Er sah allerdings auch die Gefahr, dass Haushühner kürzere Schwänze vererben…

Natürlich machte sich Döbel über den Sinn solcher Bastardierungen Gedanken: *„Es ist pur um der Curiosität willen, sonderlichen Nutzen kommt nicht heraus."* Doch etwas weiter schiebt er noch eine Begründung nach: *„So stellen sich auch einige vor, dass sie ihnen delicater zu speisen schmeckten, als die ordentlichen Fasanen, dessetwegen auch an manchen Orten vieles zum Bastardziehen angewendet wird."*

Gut, über Geschmack lässt sich eigentlich nicht streiten. Doch wenn Haushühner tatsächlich delikater schmecken als Fasane, dann hätte man das Kapitel Fasanenzucht gleich der Landwirtschaft übertragen können: Produktion zarter Haushühner statt zäher Fasane, und Kopf ab statt Weichschuss!

Auch über die Hege der Hohltauben machte sich unser jagdlicher Ziehvater Gedanken. Er empfahl dort, wo Hohltauben in alten Eichen oder Aspen einzufallen pflegen, Nistkästen aufzuhängen. Solche sollten aus kernfaulen dünneren Stammstücken hergestellt werden. Ergänzt wurden diese Tauben-Wohnanlagen mit einer Sulze. Diese bestanden aus gesalzenem Lehm, der mit Koriander, Fenchel, Anis, Süßholz, Meisterwurz, Engelwurz und Eisenkraut vermengt wurde. Döbel riet dringend, die im ersten Jahr der Hege geschlüpften Tauben nicht zu bejagen, sondern lieber weitere Höhlen aufzuhängen. Kleiner Tipp seinerseits: Die Tauben an den Sulzen mit Netzen zu fangen; hat den Vorteil, dass man nicht vorbeischießt…

Enten – vom Geflügelhof in die Kühlkammer

Stockenten sind eine Art, deren Aufzucht relativ einfach gelingt und die weltweit in großer Zahl vorkommen. Um Enten bejagen zu können, bedarf es nicht viel mehr als eines Gewässers, das keineswegs groß sein muss, und etwas jagdliche Zurückhaltung – sagen wir jagdlichen Anstand. Die Enten, die wir in Mitteleuropa schießen, sind nur zu einem geringen Teil „unsere“ Enten. Die meisten sind wohl Nachbarn, Durchzügler oder Wintergäste. In Deutschland und Österreich verhalten sich die allermeisten Stockenten als Strichvögel – großräumig gesehen sind sie also Standvögel, die auch im Winter bei uns bleiben, aber besonders unwirtlichen Wetterlagen mehr oder weniger kleinräumig ausweichen. Enten, die an kleineren Bächen brüten und dort den Sommer verbringen, weichen im Herbst meist auf größere Gewässer aus, die nicht so schnell zufrieren. Enten, die an größeren Stillgewässern leben, deren Ränder im Winter vereisen, übersiedeln an stark strömende Fließgewässer. Diese Wechsel erfolgen nicht immer direkt und keineswegs einheitlich. So kann der Wechsel vom Bach auf den See erfolgen und von diesem später an einen Fluss oder in den urbanen Bereich.

Fließ- wie Stillgewässer in Dörfern und Städten sind heute wichtige Überwinterungsgebiete der Stockente. Dort werden sie nicht bejagt und überdies meist reichlich gefüttert. Noch etwas werden sie dort: „umgeprägt“. Sie ändern ihr Verhalten – sie verzichten ganzjährig auf die freie Landschaft. Völlige Jagdruhe und reichlich Nahrung machen alte Instinkte und Verhaltensweisen entbehrlich.

Auch große Tagesstrecken sind mir zuwider, wenn am Abend des Jagdtages alles durcheinander geraten ist, keine Erinnerung mehr an das einzeln erlegte Stück aufkommen will, sondern nur ein Wirbel von Anlauf und Anflug, von Laden und Schießen, keine Rechenschaft über Treffer und Fehlschuss und am Ende des Jagdtages eine physische Ermattung. Was hat das eigentlich mit Weidwerk noch zu tun?

Ulrich Scherping

Für die Jagd ist das nachteilig, denn mitten im Dorf zu jagen mag früher die Zustimmung der Bevölkerung gefunden haben, heute führt das – ungeachtet der Rechtslage – zu heftigen Protesten und einem Aufschrei in den Medien. Draußen in der freien Landschaft aber sorgt die Jagd bei den Enten für immer größere Fluchtdistanzen. Bedenken, bezüglich einer Übernutzung, wie sie bei den Rehen gerne gepflegt werden, sind den meisten Jägern bei Enten fremd.

Wer heute in einem „gut gehegten" Wasserwildrevier Enten jagen (schießen) will, der fährt nach Ungarn oder Tschechien. Dort ist immer noch selbstverständlich, was vor relativ wenigen Jahren auch bei uns in abgeschwächter Form Brauch war. Enten werden in direkt am Wasser liegenden Farmen erbrütet und wachsen in diesen dem Herbst entgegen. Oder sie schlüpfen in einer industriellen Brutanlage und werden dann umgesetzt. In ihrem Gehege sind sie völlig futterabhängig, was den Vorteil hat, dass sie sich gut „steuern" lassen. Am Jagdtag (es sind viele im Laufe eines Herbstes) wird mancherorts eine entsprechende

Am Entenwasser.

Am besten den Stockenten noch die Flügel stutzen, damit das undankbare Federvieh nicht abhaut…

Zahl von ihnen zu einer Art Turm mit Laufsteg gefüttert. Dort drängen sie sich gegenseitig hoch und flattern dann – notgedrungen – von einer Plattform aus über die Schilfkulisse zu den hinter dieser aufgestellten Schützen. Dank ihrer Haltung im Gehege – man könnte sachlich durchaus korrekt auch von einem „Vernichtungslager" sprechen – fliegen die meisten denkbar schlecht und werden so auch von manch drittklassigem Flugwildschützen getroffen.

Wir sollten zumindest den Mut haben, uns über das Verhältnis der Zahl unserer bei solchen „Jagden" abgegebenen Schüssen zu der des dabei tatsächlich erlegten Wildes zu machen. Ich habe in einem meiner früheren Dienstbezirke Entenjagden ohne künstliche Aufzucht erlebt, bei denen auf rund fünfzig abgegebene Schüsse eine erlegte Ente kam. Gewiss, das ist ein absolutes Negativbeispiel, das ich nicht verallgemeinern will. Aber zehn abgegebene Schüsse für ein erlegtes Stück Niederwild, egal ob Ente, Fasan oder Hase, sind so selten auch nicht. Selbst wenn das Verhältnis nur 1:5 beträgt, also *nur* 80 Prozent der beschossenen Kreaturen nicht liegen, dann dürfen wir doch nicht davon ausgehen, dass keine von ihnen getroffen wurde. Oder wollen wir tatsächlich darauf beharren, dass wir kollektiv so schlecht schießen, dass mehrheitlich alle Schrote weit am beschossenen Wild vorbeifliegen? Dann sollten wir endlich aufhören mit Schrot zu schießen. Was aber, wenn wir „etwas besser" schießen und von den „vorbeigeschossenen" Kreaturen die Hälfte doch eines oder mehrere Schrotkörner abbekommen hat…?

Lassen wir die bei unseren östlichen Nachbarn üblichen, vorstehend beschriebenen Methoden der Entenhege beiseite; bleiben wir in Mitteleuropa. Zunächst einmal müssen wir festhalten, dass im Internet eine nicht geringe Zahl von Betrieben zu finden ist, die in Deutschland wie in Österreich künstlich erbrütete Enten als Aussetzware anbieten. Es muss also einen Markt geben. Wir können auch sagen, es werden nach wie vor in nicht geringem Umfang Enten ausgesetzt.

Peter Panzer, Berufsjäger beim Landesjagdverband Rheinland-Pfalz, schreibt in seinem Buch „Die Hege der Stockente im Binnenland": *„Das künstliche Aufziehen von Entenküken ist oft unumgänglich. … Die künstliche Aufzucht beginnt im Grunde schon beim Absammeln der Eier…*

Empfohlen werden zwei Aufzuchtmethoden, eine am Ufer und eine im Wasser. Erstere erfolgt in einer flachen Hütte am Ufer, ausgestattet mit einer Petroleumlampe als Wärmequelle. Im Wasser kommen die Küken in einen auf Pfählen dicht über dem Wasserspiegel montierten, etwa zwei Meter langen und gut einen Meter breiten Drahtkäfig, inklusive einer kleinen Nächtigungsbox. Ernährt werden sollen sie mit „Putenstarter“ oder „Alleinfutter für Hühnerküken“. Im Alter von drei Wochen werden die Küken in die Freiheit entlassen und fortan mittels Futterautomat am Ufer verköstigt. Über Sinn und Zweck dieser künstlichen Aufzucht schreibt Panzer: *„An dieser Stelle sei noch einmal gesagt, daß der Sinn der Entenhege einzig in der Arterhaltung liegt und jeder Massenzuchtversuch dieses edle Ziel untergräbt.“*

Enten füttern?

Die Stockente war von je her ein Massenwild, das im Herbst und Winter auch in vielen Revieren anwesend war und bejagt wurde, wo nie eine Ente brütete. Kein Wunder, dass die häufigste „Hegemaßnahme“ das Anfüttern war – und ist. Hierbei muss zwischen der eigentlichen Fütterung in der Notzeit und der auf die Jagdzeit beschränkte Kirr- oder Lockfütterung unterschieden werden. Zur eigentlichen Fütterung lesen wir in einem vom Niederwildausschuss des Deutschen Jagdverbandes nach dem Krieg herausgegebene Merkblatt zur Stockentenhege:

> Von größter Bedeutung für die Erhaltung des Besatzes ist die Fütterung der Stockente in Notzeiten. … Wo die Ente gründeln kann, schüttet man Hafer, Gerste, Mais, Hinterkorn, Kaff, Schrot oder Kleie. Unter anderem sind die Ausflüsse von Teichen und Ausbuchtungen von Gräben als Futterstellen geeignet.

Wenn der Jäger das heute so praktiziert, hat er wahrscheinlich eine Anzeige am Hals! Das Angebot von Futter im Wasser ist heute durch eine ganze Reihe von Vorschriften verboten. Diese wenig durchdachten Praktiken haben die Jagd in der Vergangenheit wie in der Gegenwart häufig in Verruf gebracht. Auch an Land können wir uns nicht mehr erlauben, was früher üblich war. Was wir an Land streuen, wird entdeckt und hinterfragt. Es zieht aber auch Krähen und vor allem Ratten an. Die Konsequenz ist in vielen Revieren, dass auf die Krähen geschossen wird und gleichzeitig Rattenfutterkisten mit Giftködern aufgestellt werden. Vergiftete Nager werden von ihren natürlichen Nutzern wie Greifvögel, Iltis oder Marder aufgenommen, die ihrerseits

> *… in den meisten Fällen kommen wir um eine Kirrung der Enten nicht herum, wenn der Einfall klappen soll. Haben Sie mehrere für den Entenstrich infrage kommende kleine Teiche im Revier, sollte in der Anfangsphase ab Anfang August überall gekirrt werden.*
>
> Mathias Meyer, 2018,
> Berufsjäger und Jagdjournalist

verenden. Der „Erfolg" ist also ein doppelter: Wir vergiften die Ratten und ihre natürlichen Nutzer gleich mit. Dabei dürfen wir getrost davon ausgehen, dass genug Ratten am Leben bleiben, die sich rasch wieder vermehren, während wir dem relativ selten gewordenen Iltis den Garaus machen.

Die Winterfütterung der Stockenten ist aber nicht nur wegen rechtlicher Vorschriften und wegen ihrer Wirkung in der Öffentlichkeit unverantwortlich. Für die Enten selbst wiegt weit schwerer, dass sie ihr Verhalten ändern. Sie bleiben einfach dort, wo sie gefüttert werden, oftmals selbst dann, wenn das Gewässer bis auf ein relativ kleines, freibleibendes Loch zufriert. Sie verlieren ihren Instinkt dafür, wann es – ohne diese „Sozialstationen" – notwendig ist, zu ziehen. Der aber ist für ihr Überleben als Art wichtig. Wir vergessen dabei, dass an unseren Fütterungen vor allem Enten hängenbleiben, die aus weniger wintermilden Gebieten zu uns kommen.

Noch in den 1980er-Jahren machte in Baden-Württemberg ein Jäger und Besitzer eines Kieswerkes Schlagzeilen, der ganze Wagenladungen Getreide an seinen Kiesguben abkippte und an solchen „Kirrungen" unglaubliche Massenstrecken durchziehender Enten erzielte. Kritik dazu in der Jagdpresse war unerwünscht und wurde schnell zur „Nestbeschmutzung". Die allgemeine Presse und die elektronischen Medien mussten sich solche Dummheiten nicht nachsagen lassen.

Noch etwas: Wenn wir Krankheiten verbreiten wollen, wenn uns beispielsweise an Botulismus gelegen ist, sind solche Kirrungen oder Fütterungen der Enten eine große Hilfe…

Deutsche Hege weltweit

Rehwild wurde sogar nach Übersee verfrachtet, zwar nicht zur Blutauffrischung, aber zur Besatzgründung. Schon im Oktober 1933 lieferte die damals renommierte Ulmer Tierhandlung Julius Mohr neun lebende Rehe nach Chile. Empfänger war ein begüterter Hamburger Kaufmann. Die Rehe selbst waren dabei mit einem Preis von 860 Reichsmark der billigste Posten. Weit teurer war der Schiffstransport von Hamburg nach Corral in Chile, der 2.473,26 Reichsmark kostete. Die Verpflegung der Rehe auf der wochenlangen Seereise war etwas eintönig: 5 Sack Karotten, 5 Sack gequetschter Hafer und 4 Ballen Heu. Die Verfrachtung gelang zwar, doch war von den acht Rehen nach kurzer Zeit keines mehr am Leben.

Einen zweiten Versuch, Rehwild nach Chile zu verfrachten, fand Ende des 20. Jahrhunderts statt. In dem Fall wurden 35 Rehe aus niederösterreichischen und ungarischen Gehegen zusammengekauft und per Luftfracht nach Santiago de Chile geflogen und von dort aus per Lkw nochmals rund 1.000 Kilometer südwärts verbracht. Sie überstan-

Skeptische Rehgeiß.

Sogar nach Übersee hat man Rehe verfrachtet. In Chile startete man schon 1933 den Versuch einer Bestandsbegründung – ohne Erfolg…

den den Transport ausnahmslos, obwohl das involvierte Beraterteam aus Veterinären und Wildbiologen rund ein Drittel Transportverluste vorhergesagt hatte. Zuerst in einem Quarantänegatter, später in größeren Gattern lebend, vermehrten sie sich rasch, um nach wenigen Jahren ebenso rasch zu verschwinden. Eine neue Einfuhrgenehmigung wird wohl nicht mehr zu bekommen sein, und so wird diesem südamerikanischen Land weitere Faunenverfälschung erspart bleiben. Es leidet ohnehin schon unter teils exorbitant hohen Rot- und inzwischen auch Schwarzwildbeständen.

> *Es ist die Ehrfurcht vor dem jagdlichen Tun und Denken unserer Väter, die uns die ungeschriebenen Gesetze der Hege und Pflege des Wildes befolgen lässt.*
>
> Walter Frevert, 1939

Der Verfasser dieses Buches hat keine Ehrfurcht vor einem Tun und Denken, das jene Brutalität und Verachtung der Kreatur beinhaltet, welches noch in der ersten Hälfte des vergangenen Jahrhunderts die Hege bestimmte. Er hat keine Achtung für die Verwendung von Strychnin und nicht für die Drahtschlinge, den Selbstschuss, die brutalen Quälereien beim Fang von Reihern, Greifvögeln und Eisvögeln und nicht die damals postulierte Ausrottung des „Raubzeuges“, auch wenn das alles die Hege unserer Väter war!

Oft nur kurzes Leben in Freiheit – Wintergatterhirsche.

Wintergatter für höhere Wildbestände

Warum Wintergatter?

Dem Bau von Wintergattern lag die Überlegung zugrunde, dass, bei Konzentration des Rotwildes während des Winters in Gattern, außerhalb der Gatter keine Schäden durch diese Wildart entstehen können. Dabei waren sich die Verfechter dieses Gedankens durchaus bewusst, dass es aber innerhalb der Gatter sehr wohl zu erheblichen Schäden kommen kann. Diese versuchte man jedoch durch entsprechende Standortwahl (rauborkige, nicht mehr schälgefährdete Altbestände, keine Jungbestände) zu minimieren.

Sehr schnell wurde erkannt, dass Rotwild aber auch während der Vegetationszeit Wildschäden verursacht. Am ehesten ließen sich die Sommerschälschäden absenken, nicht jedoch der Verbiss. Es zeigte sich, dass dieser vielfach unmittelbar nach Öffnen der Gatter im Frühling am höchsten ist. Das Rotwild ist dann gierig nach natürlicher Äsung. Die Vegetation zieht jedoch nicht immer mit, und mit spätem Schnee und Kälteeinbruch muss im Hochgebirge bis in den Sommer hinein gerechnet werden. Doch selbst bei günstiger Witterung lässt sich das Wild nicht auf die Nutzung von Wiesen und Almen beschränken. Vor allem in der Übergangszeit zwischen dem Öffnen der Gatter und dem Wachstumsbeginn in den Hochlagen hält es sich im Bergwald

> *Tatsächlich drängt sich der Eindruck auf, dass mancherorts die Schadensverringerung nur als Vorwand zur Errichtung von Wintergattern dient, in Wirklichkeit aber die Erhaltung einer hohen Rotwilddichte angestrebt wird oder auch nach der Brunft ein Abwandern starker Hirsche in Nachbarreviere verhindert werden soll.*
>
> Helmuth Wölfel, Wildbiologe

auf. Dabei kann es zu starkem, flächigem Verbiss von jungen Waldbäumen kommen.

Als Konsequenz sperrt man das Wild immer länger in den Gattern ein, nämlich so lange, bis die Almen (so es im Revier welche gibt) wieder grün werden. Wirklich verhindern lässt sich der Verbiss von Forstpflanzen damit auch nicht. Wohl aber ändern sich langsam die Verhaltenstraditionen des Rotwildes. Drängten anfangs vor allem die hochträchtigen Alttiere – je nach Witterungsverlauf – bereits Ende März, spätestens jedoch im April auf Freilassung, wollen heute manche Tiere die Gatter gar nicht mehr verlassen.

Die Gatter machen aber auch nur Sinn, wenn die Außensteher – Rotwild, das außerhalb der Gatter überwintert – konsequent erlegt werden. Die Zahl der Außensteher war und ist meist unbekannt, es darf oder muss spekuliert werden. Grundsätzlich handelt es sich bei den Außenstehern um die überlebenstüchtigsten Individuen. Es sind jene, die am ehesten in der Lage sind, ohne Fütterung und womöglich oberhalb der Waldgrenze zu überwintern, so, wie es vor Einführung der Winterfütterungen üblich war. Etwas polemisch ließe sich sagen: Das clevere Wild wird erschossen, das weniger clevere wird in Wintergattern zu immer stärker vom Menschen abhängigen „Sozialhilfeempfängern" gemacht.

Selbst wenn wir das akzeptieren, müssen wir zur Kenntnis nehmen, dass gerade in der Steiermark – dem Land der Wintergatter schlechthin – die Schälschäden nicht weniger wurden, sondern stiegen!

„Rotwild-Management"

Im Alpenraum werden in Hochlagen vor allem Rinder gesömmert. Das heißt, die Tiere werden meist Mitte Juni – sobald die Vegetation es ermöglicht, dass sich die Tiere vom aufwachsenden Grün ernähren können – aus den Ställen im Tal hinauf auf die Almen getrieben. Im September, möglichst ehe in den Hochlagen der erste Schnee fällt, muss das Vieh wieder ins Tal, zurück in die Ställe. Dort wird es im Winter mit Futter versorgt. Genau das wird also seit mehr als einem halben Jahrhundert in einigen österreichischen Bundesländern und im bayerischen Alpenraum auch mit dem Rotwild gemacht. Gut, das ist so nicht absolut korrekt, denn das Rotwild darf etwas länger in den Hochlagen bleiben, nämlich bis nach der Hirschbrunft. Die erreicht in der

> *Viele Anzeichen deuten darauf hin, dass selbst die schlechteste Naturäsung durch die übliche Fütterung nur unzureichend ersetzt werden kann.*
>
> Paul Schwab, Oberforstrat

zweiten Septemberhälfte ihren Höhepunkt und klingt Anfang Oktober aus. Danach muss das Wild die vegetationsarme Jahreszeit auch nicht in Ställen, sondern in sogenannten Wintergattern verbringen. Das sind mehr oder weniger große Zäune mit einer Fütterung als Zentrum.

Allerdings wird es inzwischen in manchen Wintergattern bereits in der zweiten Augusthälfte angefüttert. Da in den Gattern zumindest nicht regulär gejagt wird, nehmen in ihnen gerade ältere Hirsche im Sommer gerne ihren Einstand. Dort werden sie dann in der Brunft bejagt. Teils bleiben die Tore auch noch längere Zeit offen, sodass die Tiere in die Gatter jederzeit frei ein- und auch wieder auswechseln können. Teils werden die Tore jedoch schon im Sommer geschlossen, und das Wild wechselt über sogenannte Einsprünge in die Gatter. Es kann diese aber auf demselben Weg nicht mehr verlassen.

Die „Jagd" auf den Brunfthirsch in einem Wintergatter soll, so versicherte uns ein bayerischer Forstbetriebsleiter, sehr schwierig und spannend sein. Doch es kann auch verdammt schwierig sein, einen Affen in einem relativ kleinen Käfig zu fangen; niemand würde von „Jagd" sprechen…

Die feinen Unterschiede

Das Vieh soll den Sommer in den Hochlagen nutzen, weil dort nicht nur ausreichendes, sondern auch qualitativ besonders hochwertiges Futter wächst und weil das Vieh in den Hochlagen widerstandsfähig und gesund bleibt. Rotwild muss die Wintergatter im Juni verlassen, weil es außerhalb bejagt werden soll. Natürlich könnte man den Wildbestand auch in den Wintergattern regulieren. Das würde sogar besser funktionieren als außerhalb der Gatter. Es wird teilweise – ungeachtet der jeweiligen Gesetzeslage – auch gemacht. Aber der Abschuss im Gatter gilt den Beteiligten (dem Personal) in diesem Falle nicht als Jagd.

> *Wintergatter bleiben auch bei aufwändiger, gekonnter Ausführung Gefängnisse, sie gleichen dann eben liberalisiertem Strafvollzug mit Freigang zur Brunft und zur Bejagung!*
>
> Helmuth Wölfel

Der Abschuss des Rotwildes während der Zeit, in der die Gatter geschlossen sind, ist verpönt und wird vielfach der Tierquälerei zugeordnet. Allerdings erlaubt es in manchen Ländern die Gesetzeslage, Rotwild in Gattern zu töten, die deutlich kleiner sind als manche Wintergatter. Die Szenarien, die bezüglich des Abschusses von Rotwild gezeichnet werden, nämlich das Entstehen absoluter Panik, haben mit der Realität dennoch wenig zu tun. Jedenfalls nicht dort, wo diese Arbeit von einem mit dem Rotwild, seinen Befindlichkeiten und seinem Verhalten vertrauten Personal durchgeführt wird. Dass dabei auch Schusswaffen zum Einsatz kommen, welche die Vorgaben des jeweiligen Jagdgesetzes nicht unbedingt erfüllen, versteht sich und ist durchaus sinnvoll.

Es ist auch nicht verpönt Schwarzwild, Damwild und Muffelwild in sogenannten Jagdgattern zu töten, wenn diese Gatter eine gewisse Größe haben. Diese Vorgangsweise wird als edles Weidwerk bezeichnet, selbst dann, wenn Wild, nur zum Zwecke des Abschusses in solche Jagdgatter verbracht wird!

Was nun das in Gattern überwinternde und dort versorgte Rotwild betrifft, so hebt es einfach seinen ideellen wie finanziellen Wert, wenn zumindest die männlichen Tiere außerhalb der Gatter geschossen werden können. Die meisten Bergreviere bieten hier gratis eine fantastische Kulisse, wie sie in Revieren des Flachlandes oder der Mittelgebirge nicht zu finden ist.

Die Almen bieten dem Rotwild im Herbst, wenn das Vieh frühzeitig abgetrieben wird, noch energiereiche Nahrung und dienen als Brunftplätze. Aus diesem Grund müssen Rinder und Schafe die Almen meist auch dann schon in der ersten Septemberwoche räumen, wenn noch ausreichend Futter vorhanden ist. Inzwischen wird der Almabtrieb in weiten Teilen des deutschsprachigen Alpenraums auch von der Tourismuswirtschaft intensiv genutzt, wobei frühe Termine eher für gutes Bergwetter und viele Touristen stehen.

Rotwild auf Freigang.

Kann man Tiere, die sechs, ja acht Monate in ein Gatter eingesperrt leben müssen, noch als „Wild" bezeichnen?

Hinter der Einrichtung von Wintergattern stand – siehe oben – die Überlegung, vor allem die im Winter entstehenden Schälschäden auf den Bereich der Gatter zu begrenzen und zu konzentrieren. Durch die überlegte Wahl von Gatter-Standorten, lässt sich in den Gattern das Schälverhalten des Wildes beeinflussen. Ältere und rauborkige Fichten werden nicht oder zumindest weniger geschält als Jungbestände mit relativ zarter Rinde.

Tiere, die sechs, ja acht von zwölf Monaten in ein Gatter eingesperrt leben müssen und in ihren Entscheidungen nicht mehr wirklich frei sind, kann man aber ehrlicherweise nicht mehr als „Wild" bezeichnen. Es ist rein sachlich nicht einmal mehr ein Halbjahreswild. Niemand käme auf die absurde Idee, Rinder, die drei Monate frei auf Almen grasen, als „*Wild*-Rinder" zu bezeichnen. Ebenso ist es absurd, Rothirsche, welche die meiste Zeit des Jahres eingesperrt sind, als Rot*wild* zu bezeichnen. Zoologisch wird die Art *Cervus elaphus* – ungeachtet des Geschlechts – ohnehin als Rothirsch bezeichnet. Das Wort „Wild" kennt die zoologische Terminologie ja nicht, es ist vielmehr ein reiner Rechtsbegriff, der Arten kennzeichnet, die bejagt werden dürfen.

Verhaltensänderungen

Rotwild ist relativ langlebig, das heißt, die meisten Tiere haben viele Jahre Zeit Erfahrungen zu sammeln, aber auch, um sich auf geänderte Lebensbedingungen einzustellen. Das zeigt sich bei den Alttieren besonders deutlich. Lange war es für viele von ihnen ein Problem, in den Wochen vor dem Setzen zusammen mit vielen anderen eingesperrt zu sein. Sie wollten, wenn es außerhalb der Gatter grün wurde, in Richtung ihrer tradierten Setzplätze ziehen. Man ließ und lässt sie aber nicht ziehen, denn sie sollen eingesperrt bleiben, bis auch in den Hochlagen der Schnee weg und ausreichend Futter vorhanden ist. Das aber kann dauern. Setzplätze, wie sie das in Freiheit lebende Wild bevorzugt, sind in Gattern kaum vorhanden. Das führt bei den Tieren ganz sicher zu erheblichem Stress!

Heute wird von in Wintergattern tätigen Berufsjägern berichtet, dass ein Teil der Tiere offensichtlich bereits umgeprägt ist. Es hat nicht mehr den Drang, die Gatter zu verlassen. Eher weigert es sich. Es sind wohl Nachkommen jener Tiere, die in ihrer Not bereits im Gatter gesetzt und sich irgendwie arrangiert haben.

Während der langen Zeit des Gatteraufenthaltes erlebt das Wild (das ja keines mehr ist) auch nicht die Realität des Lebens in Freiheit. Die Zahl der Menschen, mit denen es – sehr vertraut oder auf Distanz – Kontakt hat, ist eng begrenzt. Es erlebt keine Wanderer, keine Variantenskifahrer, keine Forstwirtschaft, keine Erntemaschinen und kaum Autos. Es kann während der „Inhaftierung“ seine Sinne gewissermaßen an der Garderobe abgeben. Es braucht sie nicht mehr beim Überqueren einer Straße, nicht mehr bei der Futtersuche in karger Zeit und nicht mehr bei der Vermeidung von Lawinen und Steinschlag.

Durch den Zoo-Effekt des Wintergatters sind Domestikations-Auswirkungen unausbleiblich. Das unnatürliche Winterstadium (Futter-Optimum; Wegfall der Selektion von schwachen und konditionell unterdurchschnittlichen Biotypen) verändert auch den Genpool in negativer Weise.

Hannes Mayer, Waldbauprofessor

Es sitzt im „Pflegeheim“ ohne eigene Entscheidungsbefugnis. Es bekommt den Status vieler alter Menschen!

Dass sich dieser Zustand noch nicht wirklich dramatisch auswirkt, hängt wohl auch damit zusammen, dass ein Teil des Rotwildes die Gatter nach wie vor meidet und es immer wieder zu Durchmischungen kommt. Langfristig werden sich jedoch die „Pflegeheimbewohner“ durchsetzen, weil bevorzugt jene erschossen werden, die sich unseren Vorstellungen nicht unterordnen und nicht im Gatter überwintern! Nicht die Bedürfnisse des Wildes zählen, nicht seine Überlebenstauglichkeit im harten Winter ohne Hilfe des Menschen, sondern einzig finanzielle und jagdliche Interessen – die Hege!

Genau jenes Wild, das die Mühsal und Gefahren eines Bergwinters der Sozialhilfe im Gatter vorzieht, müsste das Ziel der Rotwildhege sein. So aber machen wir, sobald die „Gefügigen“ eingesperrt sind, Jagd auf die Elite, auf die cleveren – auf die Zukunft. Wir hegen die gemanagten, meist mit Namen versehenen, zum Teil aus der Hand fressenden Trophäenträger, nicht das freie, autarke Wild! Und wir haben uns zur Verteidigung dieses morbiden Hegeverständnisses jede Menge, auf den ersten Blick, eingängige Ausreden gebastelt.

Was kommen wird

In vielen Ländern Mitteleuropas ist der Wolf auf dem Vormarsch. Mag sein, dass die politische Macht der Jagdorganisation stark genug ist, ihn zum Freiwild zu erklären. Ob aber diese Macht ausreicht, immer wieder sporadischen Zuzug zu verhindern, ist zweifelhaft. Wo aber der Wolf auf Wintergatter stößt – und das gilt abgemildert auch für den Bären – wird es Ärger geben. Wintergatter und Wolf gehen sich nicht aus, jedenfalls nicht dort, wo der Schnee auf Seite des Wolfes ist und ihn den Zaun überwinden lässt, oder einfach dort, wo Gatter mit Ein-

Diese sind wohl sehr schädliche Raubthiere zu nennen, anerwogen dass sie sehr flüchtig im Laufen sein, und was sie auch packen, das entkommt ihnen so leicht nicht, sondern muss dran.

Heinrich Wilhelm Döbel (1699 – 1759) zum Wolf

Wölfe!

Wo der Wolf auf Wintergatter stößt – und das gilt abgemildert auch für den Bären –, dort wird's Ärger geben.

sprüngen vorhanden sind! Beim Rotwild wird viel Blut fließen, denn es ist in seiner Haft dem Wolf ausgeliefert. Auch bei der Jagd wird – im übertragenen Sinne – Blut fließen, weil sie nicht tatenlos zuschauen kann und weil sich der Hass vieler Jäger gegen Konkurrenten noch steigert und weil in Folge das Ansehen der Jagd weiter sinkt!

Der Wolf wird nicht nur im Gatter Beute machen, sondern während der wenigen Monate des Freigangs seiner Beutetiere auch außerhalb, also im Sommer und Frühherbst. Das wird er in jedem Fall, denn er lebt seit ewigen Zeiten, wo es vorhanden ist, auch vom Rotwild. Aber er wird auf ein Rotwild stoßen, das nur noch mangelhaft mit ihm vertraut und kaum auf ihn vorbereitet ist.

In der Lausitz, wo 1996 der erste aus Polen zugewanderte Wolf gesichtet wurde, ist das Rotwild ebenso wenig ausgestorben wie Reh- und Schwarzwild, ganz im Gegenteil! Dass die Wölfe dort, trotz des Hasses mancher Jäger und nicht weniger illegaler Abschüsse heimisch wurden, liegt an den großen Truppenübungsplätzen, die von den deutschen Bundesforsten verwaltet werden. Privatjäger jagen dort nur als

Gäste und müssen sich an bestehende Gesetze halten. Auch in anderen deutschen Bundesländern sind Truppenübungsplätze Schutzinseln der Wölfe. Ob sie sich ohne diese dauerhaft halten könnten, ist fraglich. In Österreich gibt es nur eine vergleichbare Schutzinsel, den Truppenübungsplatz Allentsteig an der tschechischen Grenze, im Bundesland Niederösterreich. Auch dort wurden einwandernde Wölfe zuerst wieder sesshaft.

In den Ausgaben Juli und August 2018 der Jagdzeitschrift „Der Anblick" wurden zwei Beiträge eines Biologen publiziert, der die Meinung vertritt, bei den in Europa und Nordamerika lebenden Wölfen handle es sich weitgehend um Bastarde. Er nannte sie schlicht Hunde. Er begründet diese Behauptung damit, den Tieren würden zwischen den Zehen die Schwimmhäute echter, nicht verbastardierter Wölfe fehlen, und die Haare der nordamerikanischen Wölfe seinen hinter den Gehören rot… Es war wohl kein Zufall, dass die Beiträge gerade zu dem Zeitpunkt erschienen, als vor allem in Deutschland und Österreich mit großem Aufwand zur Hatz auf den Wolf geblasen wurde. Die Wirkung war verheerend!

Schwarzwild – ungestüme Vermehrung seit dem Zweiten Weltkrieg.

Bestes Beispiel Schwarzwildhege

Hunger löste das Problem rasch

Schwarzwild profitierte – trotz des Hungers der Bevölkerung – von den Kriegsjahren 1914 bis 1918 ebenso wie von 1939 bis 1945. Viele Förster und Privatjäger wurden zum Militär eingezogen und standen an der Front, und mit jedem Kriegsjahr stieg die Zahl jener die nicht mehr zurückkamen, weil sie gefallen waren. Hunderttausende gerieten in Gefangenschaft und kehrten erst Jahre nach dem Ende des Krieges zurück. Während der Kriegsjahre litten große Teile der Bevölkerung unter Hunger. Da wäre Wildbret zwar hochwillkommen gewesen, aber es fehlten die Jäger. Die Jagd konnte sich aber auch die Perversion nicht leisten, Lebensmittel oder deren Rohstoffe massenweise in die Wälder zu karren, um „Schwarzwildhege“ zu betreiben. So vermehrte sich diese Wildart innerhalb weniger Kriegsjahre enorm.

Mit der Kapitulation 1945 hieß es für die relativ wenigen Jäger, die den Größenwahn des Nationalsozialismus überlebt hatten, für viele Jahre „Jagd vorbei“. Schwarzwild konnte sich fast ungehindert vermehren und eroberte Gebiete zurück, in denen es seit Jahrzehnten nicht mehr vorkam. Erst nach und nach lockerten die Alliierten in Westdeutschland das totale Waffenverbot. Einzelne Förster bekamen die Erlaubnis, Schwarzwild zu schießen. Da vorher alle Jagdwaffen eingezogen und vernichtet worden waren (auf Waffenbesitz stand die Todesstrafe!), erhielten die bevorzugten Förster für die Jagd das amerikanische Sturmgewehr M 1 im Kaliber 30 Carabin. Jahre später, als den westdeutschen Jägern die Jagd wieder erlaubt war, wurde dieses Kali-

Verehrter Herr und König,
Weißt du die schlimme Geschicht?
Am Montag aßen wir wenig,
Und am Dienstag aßen wir nicht.

Georg Weerth (1821 bis 1856),
deutscher Erzähler, Lyriker und Feuilletonist

ber vom Gesetzgeber nicht einmal für Rehwild zugelassen. Mit dieser, aus heutiger Sicht äußerst primitiven Bewaffnung – selbstverständlich ohne Zielfernrohr – gelang es einer bescheidenen Zahl von Förstern und später auch privaten Jägern in wenigen Jahren, weite Teile Deutschlands wieder schwarzwildfrei zu machen. Der Hunger war damals allgegenwärtig, und niemand wäre auf die absurde Idee gekommen, mit Lebensmitteln oder deren Ausgangsmaterialien Wildschweine anzulocken. Kein Wissenschaftler hätte es gewagt, solches auch noch zu empfehlen. Auf die Frage, wie es möglich war, das Schwarzwild so schnell wieder in den Griff zu bekommen, gibt es nur eine Antwort – man wollte es einfach!

Modelle für möglichst viele starke Eckzähne

Mit wachsendem Wohlstand, mit allgemeiner Wiederbewaffnung und zunehmender Mobilität vermehrte sich das Schwarzwild wieder. Auf die Frage, wie das möglich war, gibt es eine ebenso einfache Antwort – man konnte es sich leisten!

Niemand hielt die kommende Entwicklung der Schwarzwildstrecken für möglich. Und wenn man nicht gerade Wildschaden bezahlen musste, genoss man diese Entwicklung. Längst gab es wieder genug Jäger, die sich auch hohe Schäden leisten konnten und wollten. Auf Sauen zu jagen, war einfach „lustig“. Natürlich kam das niemandem über die Lippen. Jagd war schließlich kein Hobby (diese Ausdrucksweise war noch undenkbar). Jagd war Weidwerk, war ethische Verpflichtung. Von ritterlicher Jagd auf ritterliches Wild war die Rede. Der hohle Spruch, dass, wer Sauköpfe ernten wolle, Hundsköpfe dransetzen müsse, und ähnliches Geschwafel machte die Runde. Noch konnte man es sich leisten, der wenig aufgeklärten Bevölkerung zu erzählen,

Die grundsätzliche Frage erhebt sich, ob man die derzeitige Verbreitung erweitern und bzw. oder die Dichte des Schwarzwildes anheben sollte.

Erhard Ueckermann,
deutscher Jagd- und Forstwissenschaftler

Sau in Bewegung.

Für die Jagd auf Schwarzwild gelten andere Gesetze. Auf keine andere Wildart wurde und wird so hemmungslos herumgepulvert wie auf dem Schwarzwild.

der Jäger sei in erster Linie Heger, der nur schieße, wenn es unbedingt sein müsste. Die Jäger degradierten sich verbal zu Euthanasiespezialisten, die sich nur zum Schuss überwinden mochten, wenn es darum ging, krankes oder schwaches Wild zu „erlösen“. Tausendfach waren derartige Phrasen in Tageszeitungen und Illustrierten nachzulesen und im Rundfunk oder später im Fernsehen zu hören.

Diese Phrasen waren, wenn es um den Abschuss von weiblichem Schalenwild ging, vielfach Realität. Selbst gegen Ende des 20. Jahrhunderts wurde in vielen bundesdeutschen und österreichischen Revieren kein weibliches- oder Jungwild geschossen. Mancherorts ist es heute noch so. Ausgenommen war immer das Schwarzwild. Auf dieses ritterlich genannte Wild schossen die meisten, der sich selbst als ritterlich empfindenden Jäger, ziemlich hemmungslos. Was bei Rot- und Rehwild vielerorts noch als Sakrileg galt, die Bewegungsjagd, war, wenn sie dem Schwarzwild galt, zu allen Zeiten hochbegehrt. Auf keine andere Wildart – den Fuchs ausgenommen – wurde und wird so hemmungslos herumgepulvert wie auf dem Schwarzwild. Auch auf der Einzeljagd war und ist man nicht zimperlich. Die Bache, deren Frischlinge bei Mond weder im sommerlichen Weizenfeld noch im Kartoffelacker zu sehen sind…, die beliebige Sau auf der Kirrschneise im Strahl der Lampe…

Und dennoch wurden die Sauen mehr und mehr. Lediglich die wirklich alten Keiler, oder was man von Fall zu Fall eben so nannte, die hinkten der davonstürmenden Bestandsdynamik weit hinterher. Das wollte eigentlich niemand. Also war wieder einmal die Hege gefragt. Bestandespyramiden wurden erfunden, genial durchdacht und auf Papier gebracht. Schonung aller jungen und mittelalten Keiler war angesagt. Nur wie man vor Hundegeläut und Gefechtslärm die den Forstweg überfallende oder dem halben Mond huldigende Sau als dreijährigen oder gar uralten Keiler erkennt, sagte keine Anmerkung und keine Fußnote der schönen Bestandespyramiden.

Egal, Modelle kamen in Mode. Modelle, die dem Jäger zeigten, wie man Schwarzwild so hegen konnte, dass die Pyramide nicht mehr spitz, sondern in einem breiten Plateau aus alten Keilern endete und gleichzeitig der schier unglaublichen Vermehrung Einhalt geboten wurde. Die größte Popularität gewann das Lüneburger Modell (*Dieses sah vor, Wildschweine über 50 Kilo grundsätzlich zu schonen und nur einzelne Bachen ab 1. November zu erlegen. Keiler sollten mindestens 5 Jahre alt oder über 100 Kilo schwer sein. Vom 1. Februar bis 15. Juni sollte absolute Jagdruhe herrschen.*). Vom Lüneburger Modell gab es in der Folge manche Variation. Alle hatten sie „reife Keiler" zum Ziel, und alle vergaßen, dass es sich beim Schwarzwild um r-Strategen handelt. Ein Merkmal dieser Gruppe ist ihre geringe Lebenserwartung, ein Umstand, der dem postulierten Hegeziel nicht gerade entgegenkommt. Noch etwas: r-Strategen setzen temporär besonders gute Nahrungssituationen knallhart in Vermehrung um. Ebenso fahren sie diese herunter, wenn Mast und ähnliche Annehmlichkeiten Mangelware sind oder fehlen. Nichts kann sich bei einer solchen Wildart fataler auswirken als feste Abschussvorstellungen und die Angst, wenn der Nachwuchs einmal gering ist. Statt in Jahren mit geringer Reproduktion unbeirrt und mit Hochdruck weiter intensiv zu jagen, wurde und wird in vielen Revieren sofort auf die Bremse getreten. So lassen sich Schwarzwildbestände nie und nimmer abbauen!

Bestandteil fast aller dieser Hegemodelle ist die Schonung der Bachen; absolut tabu ist die Leitbache. Wie aber könnte man je irgendeinen

Junge Bache.
Schonung der Bachen war in vielen Schwarzwild-Bejagungsmodellen ein Kernpunkt. Wie aber kann ein Wildtierbestand abgebaut werden, wenn man nicht in die reproduzierende Klasse eingreift?

Wildtierbestand abbauen, ohne in die reproduzierende Klasse einzugreifen?

An diesen unsinnigen Forderungen und Empfehlungen beteiligten sich auch Jagdwissenschaftler und Wildbiologen. Wer davor warnte oder gar den Bachenabschuss forderte, wie Ulf Hohmann in Rheinland-Pfalz, wurde als ahnungslos diffamiert und tat sich lange schwer, bei den einschlägigen Printmedien eine Plattform zu finden.

Letztlich – die Abschusszahlen hatten sich längst vervielfacht, die Schwarzwildschäden hatten zur Unverpachtbarkeit einzelner Reviere geführt und die Schweinepest feierte Urstände – da rangen sich auch andere Wissenschaftler durch, bei den Bachen zaghaft Zugeständnisse zu machen. Doch inzwischen waren auch die Frischlingsbachen als Hauptträger der Vermehrung entdeckt worden. Keine Frage, es gibt immer viel mehr Frischlingsbachen als Altbachen. Doch eine Altbache bringt auch mehr als doppelt so viele Frischlinge auf die Welt und durch!

Das Phänomen, dass Frischlinge in ihrem ersten Lebensjahr oder kurz danach selbst Frischlinge auf die Welt bringen, war früher in dieser Selbstverständlichkeit nicht bekannt. Heute lernen wir, dass bei einem Gewicht von 25 bis 30 Kilogramm die Frischlingsbache in die Rausche (Paarungsbereitschaft) kommt, und bei den meisten trifft dies wohl zu. Luftschadstoffe, die Buche und Eiche in Stress versetzen und sie viel häufiger als früher fruktifizieren lassen, Mais, der heute das trostlose Bild der Landschaft prägt und eine Mastfütterung für Schwarzwild darstellt, machen Frischlinge frühreif.

Was aber macht der Heger? Er kirrt, häufig das ganze Jahr hindurch, vor allem aber auch in der Zeit, die auch heute noch hin und wieder „Notzeit" genannt werden kann. Mit der Kirrung überbrückt er sie und reduziert so die frühe Frischlingssterblichkeit. Tierschützer mögen das sogar gut finden, aber das Schwarzwild ist damit dem Jäger schlicht entglitten und bringt auch sich selbst in eine ungute Situation!

Niels Hahn hat an der Universität Freiburg Biologie studiert und beschäftigte sich intensiv mit der Schwarzwildproblematik. Er schreibt: *„In Baden-Württemberg bringen demnach die Jäger im Durchschnitt 136 kg Mais an Kirrungen pro erlegtem Wildschwein aus!"* Dennoch bestreiten viele Jäger bis heute, dass die Kirrung einen Einfluss auf die Vermehrung des Schwarzwildes hat.

Lösungen werden verweigert

Natürlich gibt es Möglichkeiten, die Schwarzwildbestände abzubauen – mit dem Saufang! Viele Jäger sind jedoch vehement gegen den Fang, und die jagdlichen Organisationen waren es nahezu in ihrer Gesamtheit. Jäger, die aus der kollektiven Haltung ausscherten, gerieten unter Druck. Trotzdem ist der Fang bis heute das simpelste Mittel. Aber während hochrangige deutsche Jagdfunktionäre seit Jahrzehnten gebetsmühlenhaft verkündeten „Die Fallenjagd ist unverzichtbar" und dabei auch noch Unterstützung (vornehmlich selbst jagender) Wildbiologen erhalten, wird der Fang von Frischlingen – ungeachtet explodierender Bestände, unbezahlbarer Schäden und Schweinepest – rundweg abgelehnt. Von Tierquälerei ist die Rede und davon, dass dies nichts mehr mit Jagd zu tun habe und keineswegs weidgerecht sei.

Jahrzehnte hindurch wurde die „Ablenkfütterung" empfohlen, und vereinzelt geschieht das heute noch. Sie soll verhindern, dass Schwarz-

> *Ablenkfütterungen, an denen natürlich nicht gejagt werden darf, halten die Sauen auch bei Nahrungsengpässen im Streifgebiet und eignen sich wie Kirrungen hervorragend zur Ausbringung von Ködern zur oralen Immunisierung.*
>
> Klaus Pohlmeyer, Veterinärmediziner

wild seine Nahrung in der Landwirtschaft sucht. Natürlich darf dann an solchen Ablenkfütterungen und in ihrer Umgebung nicht gejagt werden; die Sauen sind folglich vor weiteren Reduktionsbestrebungen geschützt, und die Frischlinge dürfen auf eine frühe Geschlechtsreife und Rausche hoffen.

Rolf Hennig schrieb 1962 in seinem Buch „Die Abschussplanung beim Schalenwild" zur Sinnhaftigkeit der Schwarzwildfütterung als Hegemaßnahme:

> Es sei darauf hingewiesen, dass sich der Wildschaden beim Schwarzwild wie bei keiner anderen Wildart durch Anlage von Wildäckern, richtige Fütterung und sonstige Hegemaßnahmen stark vermindern und damit die wirtschaftlich tragbare Wilddichte sich beträchtlich heraufsetzen lässt.

Ein phantastisches Hegerezept, das bei vielen Jägern gut ankam: Intensiv füttern, Wildäcker anlegen, und schon lässt sich die tragbare Wilddichte beträchtlich heraufsetzen, und gleichzeitig fallen die Wildschäden in den Keller…

Von einer Heraufsetzung der Wilddichte beim Schwarzwild redet heute niemand mehr, zumindest nicht sehr laut. Trotzdem hängen nicht wenige Jäger diesen Überlegungen gedanklich nach. Die Zahl derjenigen, die auch heute noch die Ablenkfütterung als Mittel der Schadenssenkung sehen, ist keineswegs gering.

Landwirtschaft heute – sie lässt dem Niederwild kaum noch Platz.

Entdeckung der Biotophege

Die Anfänge

Graf Pálffy von Erdöd berichtet, dass in dem zu Weltruhm gelangten Niederwildrevier Tótmegyer schon in alter Zeit die Hühnerstrecken auf den kleinbäuerlichen Flächen weit höher waren als auf denen des Großgrundbesitzes. Dort erreichten die einzelnen Feldschläge bereits um die 20 Hektar. Es sollte allerdings noch einige Jahrzehnte dauern, bis die Lebensraumgestaltung zumindest zum allgemeinen (Diskussions-) Gut wurde.

Wir haben an anderer Stelle schon gelesen, dass man sich in den höfischen Jagdbetrieben bereits vor Jahrhunderten Gedanken um das Wohlbefinden und vor allem um die Vermehrung des Wildes machte. Raum und Geld waren vorhanden. Nach der Revolution des Jahres 1848 änderte sich das Gesicht der Jagd zwar, aber die Landwirtschaft war zunächst noch äußerst wildfreundlich. Erste Anzeichen einer Wende waren mit Erfindung des Mineraldüngers und der Technisierung zu spüren. Ackerrandstreifen machten in Zeiten der Drei-Felder-Wirtschaft keinen Sinn. Es galt auch nicht Feuchtgebiete zu schaffen, eher wollte man solche trockenlegen. Das änderte sich erst deutlich gegen Ende des 20. Jahrhunderts.

In den letzten Jahrzehnten vor der Jahrtausendwende füllte das Thema Biotophege zahllose Zeitschriften und Bücher und war Gegenstand vieler Vorträge, Seminare und Schulungen. Die Jäger hatten erkannt, dass sich die Landwirtschaft in eine Richtung entwickelte, in der für Niederwild ebenso wie für eine Unzahl von Wildpflanzen, Insekten und andere Lebewesen immer weniger Platz bleibt. Schlim-

> *Dabei darf die Hauptfrage nicht darin bestehen,*
> *wieviel „Natur“ die Landwirtschaft abtreten muss,*
> *sondern wieviel Landwirtschaft die Natur erträgt.*
>
> Wolf-Eberhard Barth,
> deutscher Jäger, Kynologe und Naturschützer

mer noch: Bäuerliche Landwirtschaft war der aufkommenden Agrarwirtschaft und der Spekulation mit Agrarprodukten zunehmend im Weg. Die Politik stand bei Wahlveranstaltungen zwar immer auf der Seite der kleinen Bauern, selten aber mit ihren in Gesetze und Verordnungen mündenden Entscheidungen. Diese Freiheit ließ man ihr nicht. Dass es so schlimm kommen würde, wie es heute ist, wollte damals noch niemand glauben. Immerhin waren es noch überwiegend Bauern, die das Land bewirtschafteten. Heute sind die guten Böden und Lagen in steigendem Maß längst in der Hand von Spekulanten. Dass dem so ist, entspricht Wirken und Willen der Politik. Diese Politik bedauerte immer wieder den Zustand, den sie schuf, und treibt ihn gleichzeitig weiter voran. Daran hat sich bis heute nichts geändert. Politik verteilte aber auch Feigenblättchen, mit denen sie sich zu Hoffnungsträgern hochstilisierte. Sie kreierte allerlei Programme, mit denen die verheerenden Konsequenzen der industriellen Landwirtschaft auf Flora, Fauna und Umwelt gemildert werden soll.

„Reviergestaltung" wurde zu einem Schlagwort. Das Volk der Jäger war lange gläubig und hoffnungsfroh. Seine gewählten Vertreter waren vielfach Landwirtschaftsminister, Bauernvertreter und Großagrarier. Was sollte da schiefgehen? Die Jagd wurde oft genau von jenen geführt, denen die Parole vom „Wachsen oder Weichen" Religion war. Daran, dass die Feigenblätter irgendwann nicht mehr bezahlt oder der Boden nicht mehr zur Verfügung stehen würde, glaubten nur wenige.

Anfangs war alles gut, was irgendwie grün war, was Deckung bot oder gefressen wurde. Selbst der Naturschutz spielte mit und freute sich. In Deutschland erschien 1968 das Buch „Reviergestaltung" von Hubert Weinzierl. Der war nicht nur Jäger und sogar Jagdfunktionär, sondern auch Vorsitzender des Bund Naturschutz in Bayern und später des bundesweit agierenden NABU, einer Organisation, die Politikern und Jagdfunktionären das Fürchten lehrte. Weinzierls Buch lohnt

Woran wir bei der Einbürgerung im Lehrrevier Buschletten nicht gedacht hatten, war die Begeisterung, mit der unser Rehwild den Sachalin-Knöterich angenommen und beinahe ausgerottet hat.

Hubert Weinzierl

sich heute noch zu lesen, auch wenn man nicht mehr alles unterschreiben möchte, etwa seine Aussagen zum Umgang mit Raubwild und Raubzeug oder Fütterung. Die könnte man heute in der Tat den ultrakonservativen Jägern zuschreiben (Weinzierl hat sich später von vielen seiner Aussagen distanziert).

Ökologische Sauberkeit…

Überhaupt war man damals nicht besonders zimperlich. Es fehlten im gängigen Sprachschatz jener Zeit noch die Worte Floren- und Faunenverfälschung. Und so wurde empfohlen, was Sinn zu machen schien. Weinzierl empfahl noch – ganz im Geiste seiner Zeit und durchaus in Einklang mit manchen Wissenschaftlern – den Anbau von Sachalin-Knöterich *(Fallopia japonica),* der heute als Problempflanze gilt und auch von öffentlichen Stellen mit erheblichem finanziellem Aufwand bekämpft wird.

Weinzierl, der in seinem Buch „Reviergestaltung" noch den Anbau von Sachalin-Knöterich empfahl, meinte es auch mit einem anderen Neophyten recht gut. Er sah im Riesenbärenklau *(Heracleum mantegazzianum)* eine hervorragende Deckungspflanze:

> Als Kuriosum sei abschließend auf eine Pflanze hingewiesen, die sich im Lehrrevier Buschletten als Deckungspflanze „enormen" Ausmaßes bewährt hat und perennierend ist, nämlich der Riesenbärenklau … , der aus dem Osten stammt und im ersten, spätestens im zweiten Jahr schon 3 Meter hoch werden kann. Seine Vermehrung geschieht durch Saat im Spätsommer, sodass er im darauffolgenden Jahr erstmals seine Deckungsfunktion voll erfüllt.

Heute wird alljährlich in den Medien vor dieser Pflanze gewarnt, weil sie schwere Verätzungen der Haut hervorrufen soll. (Als Berufsjägerlehrling musste ich noch die Stängel des Riesenbärenklaus schneiden und das Mark herausschaben. Getrocknet dienten solche Stängel als Hirschruf.) Der Radiosender „Hitradio Ö3" titelte in einer im August 2016 ausgestrahlten Sendung gar: „*Riesen-Bärenklau – die Killerpflanze des Sommers*".

Später verbreitete sich das Drüsige Springkraut *(Impatiens glandulifera)* bei uns. Anfangs galt es noch als phantastische Insektenpflanze. Dann wurde es als nicht an unsere Flora und Fauna angepasst verteu-

Neophyt Mais.

Wie die Kartoffel ist auch der Mais ursprünglich bei uns nicht zu Hause gewesen. Nachdem man aber damit Geld verdienen kann, sind diese Pflanzen trotzdem hochwillkommen.

felt. Dabei ist es heute in manchen von der Agrarindustrie geschändeten Gebieten eine der wenigen verbliebenen den Insekten dienende Massenpflanze!

Dieser Zeit des „Alles-Machbaren“ folgte die der „Biologischen Reinheit“. Florenverfälschung wurde zu einem Schlagwort. Die Kanadische Goldrute *(Solidago canadensis)*, seit 1644 in Mitteleuropa, geriet, wo sie sich vor allem auf Ödland und in Auwäldern verbreitet hatte und heimisch wurde, zum Feindbild des Naturschutzes. Sie gilt heute als Neophyt, weil sie erst nach 1492 (Entdeckung Amerikas durch Kolumbus) nach Europa kam. Hätte sie Europa gute 150 Jahre früher erreicht, würde sie heute als heimisch gelten und wäre wohlgelitten. Dies gilt auch für das bereits erwähnte Drüsige Springkraut *(Impatiens glandulifera)*. Beide Arten bilden eine hervorragende Insektenweide!

Der Reinheitswahn setzte sich auch in zahlreichen Förderrichtlinien für die Schaffung von Hecken und Flurgehölzen durch. So wurden Förderungen abgelehnt, wenn sich unter den zur Pflanzung vorgesehenen Gehölzen Neophyten wie beispielsweise der aus Afrika stam-

> *Wenn der Naturforscher sein Recht einer freien Beschauung und Betrachtung behaupten will, so mache er sich zur Pflicht, die Rechte der Natur zu sichern; nur da, wo sie frei ist, wird er frei sein, da, wo man sie mit Menschensatzungen bindet, wird auch er gefesselt werden.*
>
> Johann Wolfgang von Goethe

mende Sommerflieder *(Buddleja salviflora)* befanden. Dabei ist auch er eine hervorragende Insektenpflanze, und unsere Winter sorgen auch ohne EU-Verordnung dafür, dass er nicht invasiv wird. Wer ihn – sei es der Optik oder der Insekten wegen – unbedingt wollte, musste ihn nachträglich einbringen…

Österreichs Flora besteht inzwischen zu rund 30 Prozent aus Neophyten, und diese sind hochwillkommen, wenn sich Geld mit ihnen verdienen lässt. So will heute niemand mehr die Kartoffel ausrotten, obwohl sie eindeutig zu den Neophyten gehört. Selbstverständlich ist auch der Mais ein Neophyt, eine Art, die ökologisch sicher weit problematischer ist als das Vorkommen von Goldrute und Springkraut, einfach, weil sein Anbau das Aus für zahlreiche heimische Ackerkräuter und in der Folge auch für Insekten sowie nachgeordnet für eine Unzahl von Vögeln und Säugern bedeutet. Mais wurde vielerorts schlicht zum Tod der Landschaft! Natürlich wagt in Brüssel, Berlin oder Wien niemand, ökologische Änderungen im Maisanbau zu fordern, denn hier geht es, im Gegensatz zu Springkraut & Co., um wirtschaftliche Interessen – um Milliarden!

Erhalt von Zuständen

Viele Jäger ließen sich nicht nur für die Schaffung von „Biotopen" begeistern, sondern auch für den Erhalt solcher. Sie taten dies teilweise in Eigeninitiative, teils gemeinsam mit dem Naturschutz. Immer folgten sie Vorgaben des „amtlichen" Naturschutzes! Sie mähten beispielsweise Schilf, weil eine feuchte Wiese offenbleiben sollte, weil dort vielleicht Mehlprimel und Frühlingsenzian wuchsen. Sie entfernten auf anderen Flächen auch Weidenbüsche, weil dort Schilf wachsen sollte. Ich will das nicht lächerlich machen, aber es zeigt auf, um was es bei den meisten derartigen Naturschutzmaßnahmen geht – um Momentaufnahmen und die Konservierung des Status quo – um den Erhalt eines Zustandes. Genau das hat die Natur aber nicht vor. Ihre Stabilität beruht auf ständiger Veränderung – auf Sukzession!

Der Jäger hat nicht wenig in solche „Momentaufnahmen" investiert, etwa bei der Pflege von Birkwildlebensräumen, aber auch bei der Offenhaltung von Wiesen und Weiden in Rotwildgebieten. Letzteres war und ist durchaus sinnvoll, wenn Offenhaltung und Pflege dem Rotwild und meinetwegen dem Landschaftsbild, aber nicht primär der Jagdausübung dienen.

Was hier gesagt wird, soll den Jägern nicht zum Vorwurf gemacht werden. Es entsprach dem Zeitgeist, war letztlich von der Politik (die für jedes ihre Untaten abdeckende Feigenblatt dankbar ist) gewollt. Überdies waren und sind es nicht nur die Jäger, die sich um derartige Momentaufnahmen bemühen. Ihnen weit voraus eilt der Naturschutz, der amtliche wie der ehrenamtliche. Im Übrigen macht der Erhalt von Momentaufnahmen zumindest teilweise durchaus Sinn, weil wir die Natur ohnehin nicht mehr gewähren lassen. Wir klammern uns an das „ökologische Gleichgewicht", das es nie gab, während sich die Natur unaufhaltsam der Sukzession bediente. Wir mähen Feuchtwiesen und schützen in ihnen einzelne Büsche und Hecken für das Braunkehlchen. Die Natur hätte aufkommende Verbuschung entweder von Pflanzenfressern schwenden lassen oder die Fläche der Sukzession übergeben. Wir versuchen mit Schutzbauwerken, welche Milliarden verschlingen, Hochwasser abzuhalten. Die Natur ließ die Wasser gewähren und neue Landschaften gestalten. So entstanden auch die Biotope für die Braunkehlchen immer wieder neu. Wir verbauen mit Unsummen die Gipfelregionen der Hochberge, um den Abgang von Lawinen zu verhindern, weil wir uns die darunterliegenden Hänge und Täler „unter den Nagel gerissen" haben – wir können gar nicht mehr anders. Die Natur ließ die Lawinen herunterdonnern, ließ sie den Bergwald aufreißen, schuf Geröllhalden, mit einer unglaublichen Artenvielfalt, und jede Menge Klein- und Sonderbiotope.

Noch können wir nicht alles, weil eben Technik nicht alles verhindern kann. So haben wir zwei Jahrhunderte hindurch die Landschaft verfichtet, das Wort „Brotbaum" erfunden, die Weißtanne selbst ver-

„Brotbaum" Fichte.
Zwei Jahrhunderte hindurch haben wir die Landschaft verfichtet, die Weißtanne verteufelt, bis sie keiner mehr haben wollte, und die edelsten Laubhölzer in Brennholz verwandelt...

teufelt, bis sie keiner mehr haben wollte, und die edelsten Laubhölzer in Brennholz verwandelt. Dann aber kam, erst schleichend und schließlich sehr aggressiv, ein ganzes Rudel von Sukzessionsfans: die geringe Selbstverträglichkeit der Fichte, ihre Abneigung gegen Trockenheit, ihre Anfälligkeit für eine ganze Reihe von Insekten. Sie alle drängen auf Sukzession, auf Wandel, und sie schaffen ihn schneller und gründlicher als alle Waldbesitzer, Förster und Professoren zusammen. Und sie alle schaffen neues Leben in unglaublicher Fülle auch für das den Jäger interessierende Schalenwild, für Waldhase, Haselhuhn, Schnepfe und Habichtskauz. Dass der Waldbesitzer diesen Wandel als existenzielle Bedrohung sieht, dass er darunter leidet, dass er Haus und Hof verlieren kann, ist gleichermaßen richtig wie dramatisch. Was ihm bleibt ist ein Hilferuf an und eine Hoffnung auf die Politik – auf jene also, die Jahrzehnte hindurch alle Warnungen in den Wind schlugen, von Panikmache schwafelten und bis heute unser Heil in Momentaufnahmen sehen. Nein – uns Jäger trifft nicht mehr Schuld als alle unsere Zeitgenossen!

Vielfältiger Lebensraum oder Entenlacke?

Im letzten Drittel des 20. Jahrhunderts, als die „Biotopgestaltung“ regelrecht boomte, entstanden unglaublich viele kleine Feuchtgebiete. Es waren teils kleine Lacken von kaum mehr als Stubengröße, aber auch Teiche von landschaftsprägenden Maßen. Sie waren und sind eigentlich alle sinnvoll. Wasser macht heute mehr Sinn als je zuvor in der überschaubaren Geschichte. Der Jäger, der im Rahmen seiner Hege einen Teich baut, hat fast immer „Enten im Kopf“. Das mindert nicht grundsätzlich den Wert des Teiches. Der Naturschützer, der Gleiches tut, hat vielleicht Libellen oder Zwergtaucher im Kopf.

Man wird im Einzelfall entscheiden müssen, was mit der Schaffung eines Biotops bezweckt werden soll. Manche sind so klein und bescheiden, dass der Jäger gar keinen Anlass sieht, sich Gedanken über eine jagdliche Nutzung zu machen. Ich denke hier an flache Laichtümpel für Amphibien. Dort kann man in der Regel keine Enten jagen. Dennoch können sie für Arten von Bedeutung sein, die auch dem Jäger am Herzen liegen, etwa als Tränken für Fasan, Tauben & Co.

Kritisch wird es aber dann, wenn der Jäger erst mit Idealismus und finanziellem Einsatz – inklusive Zuschüssen – Lebensräume schafft, um diese nach Fertigstellung in „Lockstationen“ und „Abschussrampen“ für Enten umzuwandeln. Es sind nicht nur die Futterhaufen, der Mais oder anderes Getreide, das dort am Ufer oder, schlimmer noch, gleich im Wasser abgekippt wird. Ein Jäger, der sich Gedanken über Zusammenhänge macht, bepflastert Teichufer nicht mit Bruthütten für Stockenten! Er hat begriffen, was Enten wirklich brauchen – intakte Ufervegetation! Hat er diese noch nicht, kann er sie mit „Wohnsiedlungen“ für Enten nur verhindern. Das gilt natürlich auch für das Kirren oder Füttern von Stockenten. Von Artenschutz können wir ohnehin nicht sprechen, weil nur solche Arten auf derartige Maßnahmen reagieren, die ohnehin nicht bedroht sind.

> *Die Bevorzugung einer Art setzt eine populationsdynamische Kettenreaktion in Gang, die zum Verschwinden gefährdeter Tier- und Pflanzenarten beitragen kann und deshalb unverantwortlich ist.*
>
> Wolf-Eberhard Barth

Barth meint bereits vor rund drei Jahrzehnten hierzu:

> Einseitige Förderung von „Allerweltsarten", z.B. Nisthilfen und Anfütterung von Stockenten, hat alleine schon durch den einsetzenden unnatürlichen Populationsdruck stets die Verdrängung von seltenen und meist empfindlichen Arten zur Folge.

Jeder mag einmal darüber nachdenken, welche Gedanken einen Nichtjäger bewegen, der in der Presse liest, dass Jäger ein „Biotop" geschaffen haben. Lobeshymnen, vielleicht noch eine Einweihung mit Jagdhornbläsern, Politiker, die sich bei solchen Veranstaltungen gerne fotografieren lassen. Ein halbes Jahr später sieht er dann im flachen Wasser den Mais liegen und am Ufer die bunten Patronenhülsen. Und im nächsten Jahr stehen im Teich die ersten Bruthütten, schwimmen ein paar Entenküken, und Jäger bekämpfen zu deren Schutz Krähen und fangen den vielerorts bedrohten Iltis, der den Entengelegen die Ratten vom Leib hält – um seinen Kadaver wegzuwerfen. Kaum sind aus den Küken halbwegs flugfähige Enten geworden, muss der Jäger mit seiner Flinte eingreifen, um das „ökologische Gleichgewicht" wieder herzustellen…

Nimmt uns da ein mit unserem Tun auch nur halbwegs vertrauter Nichtjäger noch ernst?!

Mäusebussard – für manchen Jäger ein Feindbild.

Das ökologische Gleichgewicht

Alibi und Selbstbestätigung

Nein, die Schlagwörter „ökologisches Gleichgewicht", „Beutegreifer-Regulation" oder gar „Prädatoren-Management" hatten die Altvorderen noch nicht auf den Lippen. Gleichwohl unterschieden sie zwischen nützlichen und schädlichen Arten. Allerdings gab es vor vielen Jahrhunderten auch schon Jäger, die sich Gedanken über Zusammenhänge machten. So ist es bemerkenswert, dass Heinrich Wilhelm Döbel den Habicht vor rund dreihundert Jahren durchaus positiv sah, weil dieser zur Beizjagd abgerichtet werden konnte, während er dem viel kleineren Sperber großen Schaden unter den Hühnervögeln zuschrieb. Er sah folglich im Habicht einen doppelten Nutzen: Man konnte ihn als Beizvogel verwenden, und man wusste, dass er auch den kleineren Sperber erbeutete.

Doch damit nicht genug. Während nämlich heute landauf und landab nach der Freigabe von Bussarden gerufen wird, beurteilte Döbel – bereits vor rund dreihundert Jahren! – die Rolle des Bussards so:

> Denn obgleich dieser Vogel größer als ein Habicht ist, so hat er doch so einen schnellen Flug nicht, dass er an den erwachsenen Hasen oder Rebhühnern leicht nicht was thun kann, und muss also, wie gedacht, sich mit Mäusen und Luder zur Winterszeit am meisten behelfen.

Döbel war – eingedenk der Möglichkeiten seiner Zeit – ein sehr genauer Beobachter der Vogelwelt und unterschied schon treffend zwischen Stand-, Zug- und Strichvögeln. Umso mehr wundert es, dass er den Habicht im Alterskleid für eine eigene Art hielt, die er „Isländer oder großen Sperber" nannte. Döbel: *„Sie werden auch zum Hasen- und*

> *Die verlorene Landschaft kann ich durch Raubwildbejagung nicht kompensieren.*
>
> Erich Klansek

Hühnerbeizen gebraucht und sind überhaupt dem Habichte in seiner Eigenschaft gleich."

Georg Ludwig Hartig verwies vor rund zweihundert Jahren bereits darauf, dass die aus Fasanerien stammenden Fasanen besonders vielen Krankheiten ausgesetzt sind. Rezepte zur Förderung des Fasans in freier Wildbahn bietet er nicht an, widmet aber mehr als sechs Druckseiten der Fasanerie. Da es zu seiner Zeit noch kein Maschengeflecht gab, Netze teuer waren und Fasanerien folglich mit Mauern oder Bretterwänden umgrenzt und nach oben hin häufig offen waren, empfahl Hartig, den Jungfasanen die vorderen Schwunggelenke abzuschneiden, um sie flugunfähig zu machen. Das erscheint uns heute grausam, aber wir übersehen geflissentlich, dass wir den Zuchtfasanen vielfach die Schnäbel gekappt oder gebrannt, oder „Brillen" schmerzhaft durch die Schnabelscheidewand gedrückt haben, um sie am Federpicken zu hindern; ebenso werden bis heute Ferkel ohne Betäubung kastriert!

Dass Fasane keine autochthonen Vögel sind, wusste auch Döbel und hatte sehr wohl erkannt, dass sie in vielen Gegenden des deutschsprachigen Raums nur durch ständigen Nachschub aus Fasanerien in freier Wildbahn gehalten werden können.

Im Geiste der Zeit sehen

Bei der Beurteilung der von den Altmeistern empfohlenen Maßnahmen gilt es, die Zeit und den Personenkreis zu berücksichtigen, für die sie gedacht waren. Noch war die Jagd ein Privileg des Adels und der vielfach ebenfalls adligen Berufsjägerei. Die breite Masse des Volkes hatte noch keinen Zugang zur Jagd oder allenfalls in sehr bescheidenem Umfang. Gefühllosigkeit und die Bereitschaft, des Prinzips oder falscher Hoffnung wegen zu quälen, war auch damals kein Privileg der Jagd. Landesherren ließen Untertanen köpfen, wenn diese ihre Hege störten. Vom Erzbischof von Salzburg ist überliefert, dass er einen Wilderer in eine Hirschdecke einnähen und anschließend von seiner Meute zerreißen ließ. Immerhin ließ die Heilige Mutter Kirche bis ins späte 18. Jahrhundert hinein auch Frauen und Mädchen auf Scheiterhaufen verbrennen. Haben wir heute mehr Achtung vor dem Leben, vor dem Menschen und seinen Bedürfnissen? Sicher nicht, denn im Giftgas stirbt es sich auch nicht so viel angenehmer als im Qualm des Scheiterhaufens, und wir liefern gerne. Die Hand, die dem ertappten

Wir gehören einer Zeit an, deren Kultur in Gefahr ist, an den Mitteln der Kultur zugrundezugehen.

Friedrich Nietzsche

Wilderer abgehackt wurde, fehlte diesem auch nicht mehr als das Bein, das ein Kind verliert, weil es ihm eine von uns verkaufte Landmine abgerissen hat. Letztlich habe ich als Berufsjäger noch gelernt, dass wir Jagdschutzorgane auf einen Schlingensteller schießen dürfen, wenn er mit seinem Rucksack vor uns flüchtet, weil sich in diesem eine Schusswaffe verbergen konnte, mit der er aus der nächsten Deckung auf uns schießen könnte. Ich lernte auch – falls wir je auf einen Menschen schießen – das so zu tun, dass er keine Aussage mehr machen kann... Letztlich fanden sich in den Katalogen der Jagdausrüster eigens für den Jagdschutz (für Menschen) gedachte Vollmantelpatronen. Auch das ist in Summe ein trübes Kapitel der Hege.

Es war im Geiste der Zeit, Wildtiere in nützlich und schädlich aufzuteilen, und es entspricht noch immer dem Geist der Zeit, jene, die man als schädlich erachtet, entweder offensiv abzulehnen (verbal wie nonverbal) oder sie im Rahmen des ökologischen Gleichgewichtes zu „managen". Das gipfelt dann in so dümmlichen Sprüchen wie „der Fuchs muss kurzgehalten werden". Damit wir uns richtig verstehen, ich habe nichts gegen eine sinnvolle Fuchsbejagung, und ich sehe durchaus Situationen, in denen es notwendig sein kann, lokal Fuchsdichten abzusenken. Aber was soll das sein: „kurzhalten"? Bilden solche hohlen Parolen wirklich die Grundlage und Rechtfertigung, nur weil sie sich auch der bescheidenste Geist merken kann? Wenn wir etwas kurzhalten wollen, sollten wir doch zumindest wissen, welche Zahl sich hinter „langhalten" versteckt. Zählt irgendeiner die Füchse seines Reviers, und kann er das überhaupt?

Gehen viele Vertreter der Jägerschaften nicht auf die Barrikaden, wenn Waldbesitzer oder Förster Wald vor Wild fordern? Gewiss, viele fordern, dass wir mehr Rehe oder Rotwild erlegen. Aber was wäre, wenn wir aufgefordert würden – analog zu den Fuchswelpen – Rehkitze zu fangen und zu erschlagen?

Ist es vielleicht eher so, dass zu einem ökologischen Gleichgewicht auch ein geistiges Gleichgewicht kommen müsste, eines, das auf fun-

Hermelin.
Als „hegewürdig" wird nur trophäentragendes Wild erachtet oder solches, das für eine sportliche Jagd taugt. Um prestigelose Arten wie Krähe, Fuchs oder Hermelin kümmert man sich kaum.

damentale Betrachtungsunterschiede von Fleischfresser und Pflanzenfresser ebenso verzichtet wie zwischen bejagbaren und unbejagbaren, zwischen hegewürdigem Trophäenwild, beziehungsweise solchem, das zu sportlicher Jagd taugt wie Hase und Fasan und prestigelosen Arten wie Krähe, Fuchs oder Hermelin?

Warum lernen und schreiben wir so viel über Geweihaufbau oder die Notwendigkeit der Fütterung und so wenig über den Knochenfettgehalt der Wildtiere als ein Konditionsweiser von weit höherer Bedeutung als Geweihe, Krucken und Eckzähne?

Warum lernen wir über Büchsenkaliber in manchen Vorbereitungskursen mehr als über die Auswirkungen künstlicher Fütterung auf das Wildtier und auf seine Umwelt? Über die Kaliber kann mich der Büchsenmacher meines Vertrauens aufklären. Über die Fütterung klären – aus ökonomischer Sicht – die Werbeanzeigen der Futtermittelindustrie und die nicht selten gesponserten redaktionellen Beiträge von Zeitschriften auf. Aber sicher ist es nicht im Interesse einer traditionellen Hege, Dinge allzu tief zu hinterfragen.

Da sind wir wieder beim Geist der Zeit. In der Hege treffen sich der Geist einer längst vergangenen Zeit, jener, der schön sauber zwischen nützlich und schädlich trennt, mit neuem Geist, jenem der nach immer mehr und größer strebt und dessen tiefster Glaube die Machbarkeit ist. So stellen wir halt immer noch den Schwanenhals, fangen mancherorts immer noch die Krähen in der Massenfalle, schwafeln dümmlich von „unverzichtbar" und ökologischem Gleichgewicht.

Der Fuchs muss „kurzgehalten" werden…

Wie oft musste ich mir diese hohle Phrase – *„Der Fuchs muss kurzgehalten werden"* – in meinem langen Leben als Jäger anhören! Schon der Sprachgebrauch ist abstoßend und anmaßend. Wenn wir eine Art kurzhalten wollen, dann sollten wir zunächst wissen, wie stark diese Art bei uns vertreten ist. Vielleicht sollten wir, angesichts galoppierenden Lebensraumschwundes, die Zahl der Jäger und mehr noch der Fischer kurzhalten? Gut – die Fuchsstrecken steigen seit Jahrzehnten, das zeigt, dass Füchse zu den Gewinnern gehören. Sie sind Profiteure eines gnadenlosen Krieges gegen die Artenvielfalt und letztlich gegen uns Menschen selbst. Unsere wichtigsten Ressourcen und Lebensgrundlagen werden in einer wahrscheinlich nicht mehr besiegbaren Brutalität der Habgier geopfert! Das Sakrileg unserer Zeit heißt Gewinnmaximierung auf allen Ebenen; dieser scheint auch der Mensch untergeordnet zu sein.

Es wäre Sache aller jener, die vorgeben, die Interessen des Wildes und der Jäger zu vertreten, darauf ständig und unüberhörbar hinzuweisen. Die meisten machen genau das Gegenteil: Sie verschweigen, was Sache ist, deklarieren einen Schuldigen – in dem Fall Fuchs & Co – und sichern sich auch noch den Beifall eines Großteils ihrer Klientel.

> *Die jagdliche Literatur hat nach und nach durch das ewige Geschrei von der ungeheuren Schädlichkeit des Fuchses in allen weidmännisch sein wollenden Kreisen einen Haß gegen dieses Wild großgezogen, der stellenweise ans Lächerliche streift.*
>
> Ferdinand von Raesfeld, 1913

Sie werden überdies von Teilen der Wissenschaft unterstützt. „Ökologische Falle", heißt das Zauberwort. Man verneint zunächst, dass Beutegreifer die Hauptschuld am Rückgang von Arten tragen. Man sagt inzwischen sogar, dass es nicht gerechtfertigt sei, Beutegreifer zu bejagen, um selbst mehr Friedwild zu ernten. Aber dann der Pferdefuß: Es gibt Arten, die nur noch in geringer Stückzahl und verinselt vorkommen. Arten, die bereits soweit geschwunden sind, dass es auf jedes einzelne Exemplar ankommt, bei denen der Fuchs sozusagen nur ein einziges Mal zubeißen muss, um das Vorkommen erlöschen zu lassen. Klingt verdammt vernünftig. Ja, man könnte sogar die Schultern zucken und sagen: macht halt. Die Fuchsbestände würde es nicht tangieren. Aber wäre der durch fortschreitenden Lebensraumverlust bedrohten Art damit tatsächlich geholfen?

Beispiel: Brachvögel sind aus weiten Teilen Deutschlands und Österreichs als Brutvögel verschwunden. Aber da gibt es immer noch so ein paar Ecken, so ein paar Feuchtwiesen zwischen Autobahn und Industriegebiet, in denen alljährlich noch ein, zwei oder gar drei Paare brüten. Für das kleine Feuchtgebiet wird eine Schutzverordnung erlassen, werden Schilder aufgestellt und Informationsabende veranstaltet. Exkursionen werden organisiert. Fotografen und Birdwatchers reisen an. Die Jäger betreiben Prädatorenmanagement… Aber ist einer wirklich so naiv zu glauben, dass mit dem ganzen Wirbel die Art erhalten werden kann? Verschwindet, während hier eine kleine Ecke zur Arche Noah hochstilisiert wird, nicht gleichzeitig das Zehnfache an Brachvogel-Lebensraum anderen Ortes?! Und überhaupt: Was passiert mit der feuchten Wiese in einer Zeit, in der vor wenigen Jahren Flüsse auch im heißesten Sommer noch im Überfluss Wasser führten, die heute trockenfallen?

Noch ein Beispiel: Da werden selbst oben auf der Alm am Bau Fuchswelpen geschossen – der Birkhühner wegen. Stimmt: Füchse fressen junge wie erwachsene Birkhühner. Aber sie sind nicht die Einzigen, die das tun. Da ist neben weiteren Interessenten auch der Steinadler. Auch er stellt den Birkhühnern nach. Kaum hat der treusorgende Heger die Fuchswelpen liquidiert und im nächsten Loch entsorgt, schlägt der Adler ein Junghuhn. Knapp ein Kilogramm wiegt es. Wahrscheinlich könnte das junge Birkhuhn noch leben, wenn dem Adler ein Jungfuchs begegnet wäre. Der hätte wahrscheinlich schon

Jungfüchse.

„Der Fuchs muss kurzgehalten werden" – allein schon der Sprachgebrauch ist abstoßend und anmaßend.

doppelt so viel auf die Waage gebracht und wäre vielleicht einfach zu erbeuten gewesen.

Aha, wird der Heger sagen, dann wäre der Jungfuchs ja ohnehin gestorben, warum also keine jagdliche Freude…?

Weil der Fuchs in den Adlerklauen dem Birkwild wahrscheinlich mehr geholfen hätte als von uns erschossen im nächsten Loch oder Busch verwesend!

Man kann den Gedanken weiterspinnen: Dann müssen wir eben auch den Steinadler regulieren… Gut, solche Forderungen werden ja, wo Jäger zusammenkommen, mitunter laut.

Letzte Frage: Wer steht in der Pyramide über dem Adler und vermehrt sich rasant – ohne Regulation?

Unterhalb der Baumgrenze scheint der Horizont auch nicht weiter. Hier muss die Rolle des nicht mehr vorkommenden Birkhuhns vielfach der Hase übernehmen. Der Fuchs muss kurzgehalten werden und mit ihm natürlich Raben- und Greifvögel, so hören und lesen wir es überall. Denn sie alle wollen dem Hasen an den Balg. Nun hat, wer schon etwas länger der Jagd frönt, den Stammtisch gelegentlich mit dem Revier vertauscht und offene Augen hat, vielleicht schon einige Male erlebt, wie sich Fuchs oder Habicht unsterblich blamierten, wenn sie versuchten, einen ausgewachsenen Hasen zu schlagen. Gut, bei Junghasen ist das einfacher. Von denen überleben aber viele auch ohne Druck durch Beutegreifer nicht. Das heißt, die Verluste finden in einer Zeit statt, in der eher wenige überleben.

Was aber passiert mit jenen Junghasen, die den Sommer überleben? Je nach Verlauf der Witterung meldet sich so gegen Ende August, spätestens im September ein anderer „Hasenfeind“ aus einer Art Stand-by-Situation zurück. Er ist zwar im Vergleich mit Fuchs und Habicht winzig klein, dennoch verdammt gefährlich – die Kokzidiose!

Kokzidien sind in vielen Wildtieren vorhanden, ohne dass diese sichtbar leiden. Aber im Herbst werden diese Einzeller von feuchter Witterung begünstigt und legen dann so richtig los. Bei den gesunden, starken Althasen haben sie eher geringe Chancen, doch schwache Alt- und Junghasen werden von ihnen dahingerafft. Allerdings nicht von einem Tag auf den anderen. Die Kokzidien nehmen sich die Zeit, ihre Oozysten zu streuen und möglichst viele Hasen anzustecken. Jetzt bräuchte der Jäger einen fachkundigen Helfer, einen der ungleich mehr sieht und kann als er selbst und der sich die erforderliche Zeit nimmt – den Fuchs! Ja den Fuchs, ausgerechnet den, welchen er als größten „Hasenfeind“ kurzhalten will. Der Fuchs erkennt den Zustand des Hasen, und er hat jetzt leichtes Spiel mit ihm. Wir sagen, er frisst den Hasen. Stimmt, aber in erster Linie entsorgt er ihn samt Kokzidien höchst umweltfreundlich!

Schon Rudolf Wetzel und Walter Rieck stellten in ihrem Buch „Krankheiten des Wildes“ fest, dass eine *hohe Siedlungsdichte* der Hasen und feuchte Sommer eine seuchenhafte Verbreitung begünstigen. Doch genau das – möglichst viele Hasen – will der Jäger, egal wie sehr die Landwirtschaft deren Lebensraum verändert hat. Die Kräuter, die früher zur Stärkung der Selbstheilungskräfte der Hasen beitrugen, gibt es nicht mehr. Und Glyphosat hilft gegen Kokzidien auch nicht!

Warum aber werden in nahezu reinen Schalenwildrevieren, etwa hier in Kärnten, mitten im Sommer Jungfüchse geschossen? Weil's lustig ist?

Ein letzter Gedanke zum Fuchs: Was bewirken wir mit seiner Bekämpfung? Wir bewirken, dass im Herbst durchziehende Füchse in unserem Revier eine Bleibe finden. So können wir im Winter immer noch erfolgreich Füchse bejagen – in erster Linie zugewanderte Jungfüchse. Ändert unsere Radikalität etwas an der Bestandsdynamik der Füchse? Nun, die Fuchsstrecken steigen seit Jahrzehnten europaweit. Das wäre nicht möglich, wenn unsere Jagd einen Einfluss auf ihre Bestandshöhe hätte!

Nicht nur hier in Kärnten, auch in zahllosen Vorbereitungslehrgängen zur Jägerprüfung in Deutschland, wird den Teilnehmern eingetrichtert: *„Der Fuchs muss kurzgehalten werden."* Was das konkret heißt, wird meist nicht gesagt. Allerdings erfahren die Kursteilnehmer, dass bei jenen Wildarten, die keine Schonzeit genießen, die zur Aufzucht der Jungen notwendigen Elterntiere während einer gewissen Zeit dennoch nicht erlegt werden dürfen. Eher selten wird vermittelt, dass beim Fuchs Fähe *und* Rüden an der Aufzucht beteiligt sind. Häufig wird jedoch vermittelt, dass der Rüde leicht daran zu erkennen sei, dass er beim Nässen (wie ein Hund) das Bein hebt. Also alles ganz einfach?

In der Praxis sieht es eher so aus, dass zuerst einmal geschossen wird, denn wer wartet, bis der Fuchs zufällig nässt, wird ihn mehrheitlich nicht mehr erlegen können. Doch – wie bei unseren Jagdhunden – heben auch manche Fuchsfähen beim Nässen das Bein. Darauf, dass sich auch der Rüde an der Aufzucht beteiligt, wird ohnehin eher selten Bedacht genommen.

Die Welpen haben in den meisten deutschen Bundesländern ohnehin keinen Schutz. Sie dürfen ganz legal geschossen werden. Ich selbst habe noch gelernt, zuerst die Fähe zu schießen, weil man so die hungrigen Welpen am sichersten liquidieren kann. Was aber mag die Öffentlichkeit von einem „Weidmann" denken, der am Bau die spielenden Welpen schießt und in den nächsten Busch wirft? Ende des 20. Jahrhunderts wurden in der Jagdpresse Gitterfallen propagiert, die in die Röhren der Baue geschoben werden. Die den Bau verlassenden Welpen fangen sich dann in ihnen und werden erschossen, schlicht erschlagen oder zur Abrichtung von jungen Jagdhunden verwendet, die an ihnen das Abwürgen üben sollen.

Nein – kein Förster hat je ernsthaft gefordert, wir sollten die Rehkitze erschlagen. Dabei tragen Rehe – im Gegensatz zu Füchsen – ganz erheblich zur Entmischung der Wälder bei. Ein Aufschrei ginge durch die Lande! Dabei prägen Wälder nicht nur das Gesicht unseres Landes. Ohne Rehe könnten wir überleben, aber ohne halbwegs intakten Wald wird es für uns wie für die Rehe und zahllose andere Tier- und Pflanzenarten verdammt eng! Wenn der Fuchs Junghasen oder Fasane reißt, geht uns vielleicht Jagdbeute verloren, die wir mit unseren Flinten gerne selbst „gerissen" hätten. Wenn Schalenwild das Aufkommen standortgerechter Wälder verhindert, weil wir den Begriff Hege fehlinterpretieren, hat das Folgen auf ein Jahrhundert hinaus und länger. Doch wer nach der Auffassung des Kollektivs zu viel Schalenwild erlegt, muss sich oft genug beschimpfen, als Wildfeind verunglimpfen und zuweilen sogar anonym bedrohen lassen, berufliche Nachteile eingeschlossen. Was bei Fuchs und Wiesel, Habicht und Bussard als Hege gesehen wird, gilt eben beim Schalenwild mitunter als Verbrechen. So lange das Praxis ist, braucht sich die Jagd keine externen Gegner suchen!

Die jagdliche Ausbildung geht eher selten in die Tiefe. Sie sagt, was erlaubt und was verboten ist, aber sie stellt absolut unzureichend ökologische Zusammenhänge und Wirkungsweisen dar, und wahrscheinlich ist dies auch gar nicht überall erwünscht.

Gerne werden Streckengrafiken als Beweise herangezogen. Da geht dann die Fuchsstrecke steil nach oben und jene von Rebhuhn und Hase steil nach unten. Je weniger nachgedacht wird, umso mehr Eindruck hinterlassen solche Grafiken.

Vergessen und teilweise wissentlich übersehen wird dabei, dass die Streckenkurven – die des Fuchses und jene des Niederwildes – nicht zwingend miteinander zu tun haben. Dass wir heute ungleich mehr Füchse schießen als vor etlichen Jahrzehnten, ist eine Folge der Immunisierung gegen die Tollwut und einer drastischen Verbesserung der Nahrungsbedingungen des Fuchses. Eine nicht unwesentliche Rolle spielt dabei die Landwirtschaft. So wird heute das Grünland bis zu sechsmal in einer Vegetationsperiode geschnitten, früher waren maximal zwei Schnitte üblich. Das bedeutet, dass heute viel mehr und häufiger „jagdtaugliche" Wiesen für den Fuchs zur Verfügung stehen. Denn nur auf gemähten Wiesen jagt der Fuchs erfolgreich Mäuse und Regenwürmer. Im hohen Wiesengras hat er nur geringe Chancen, dort fängt er viel leichter Großinsekten.

Auch für den Rückgang des Niederwildes sind in erster Linie Lebensraumveränderungen ursächlich, verursacht durch die Intensivierung in der Landwirtschaft. Die Landschaft wurde vielerorts ausgeräumt, die Parzellen laufend vergrößert, die Fruchtvielfalt schrumpfte.

Der Feldhase – heute auf der Verliererstraße.
Ursache für den Rückgang des Niederwildes sind in erster Linie Lebensraumveränderungen, verursacht durch die Intensivierung in der Landwirtschaft.

Der massive Einsatz von Pestiziden, Insektiziden, Rodentiziden und Fungiziden raffte die Wildkräuter wie die Insekten dahin. Damit fehlen dem Niederwild pflanzliche (grüne Pflanzenteile, Blüten und Samen) wie tierische Nahrung (Insekten, Spinnen, Weichtiere). Es fehlen aber auch sichere Brutplätze. Auch wenn wir den letzten Fuchs erlegen, ohne Insekten gibt es keine Rebhuhnküken und ohne sicheren Brutplatz kein Fasanengesperre. Schon die Tatsache, dass die Strecken von Fuchs und „Friedwild" so dramatisch auseinanderstreben, zeigt doch, dass dieses Friedwild für den Fuchs nicht als Nahrung entscheidend sein kann!

Die Klimaerwärmung, die inzwischen auch von der Mehrzahl der Politiker nicht mehr grundsätzlich bestritten wird, auch wenn wirksame Konsequenzen weiterhin verweigert werden, lässt viele Jäger hoffen. Trockene Sommer lassen mehr junges Niederwild überleben als nasse Sommer. Genau hier hakt der Heger ein: Jetzt alles tun, damit Beutegreifer das nicht wieder zunichtemachen, was der Klimawandel ermöglicht hat! Was sie vergessen: Die Wilddichte steht immer in einer Abhängigkeit vom Lebensraum.

Vermehren sich in einer „desolaten“ Landschaft infolge vorübergehend günstiger Faktoren wie trockenem Wetter oder geringer Raubwilddichte die Hasen, macht sich ihre Dichte schnell negativ bemerkbar. Stress entsteht, weite Wege müssen bei der Futtersuche zurückgelegt werden, und Krankheiten werden leichter übertragen.

Der Niederwild-Experte Erich Klansek schrieb im September 2011 im Anblick: *„Die Hasenapotheke ist nicht mehr vorhanden. Hasen ernähren sich einseitig und sind dadurch krankheitsanfällig. Stress beeinflusst die Reproduktion. Geschwächte Beutetiere fallen Beutegreifern leichter zum Opfer.“* – Das führt dazu, dass gerade in Revieren mit einem besonders hohen Besatz an Hasen (um die 100 Hasen/Hektar) der Fallwildanteil besonders hoch ist. Wir bekämpfen jene, die den gesunden Hasen helfen zu überleben!

Greifvögel

> *Leider ist die Kenntnis unserer Greifvögel beim Durchschnitt der Jäger, gelinde gesagt, unzureichend. Für viele ist eben alles, was einen krummen Schnabel und scharfe Fänge hat, immer noch Habicht, und der Habicht steht nun einmal im Ruf des Gewaltverbrechers.*
>
> Ulrich Scherping, Hauptgeschäftsführer des Deutschen Jagdschutzverbandes (DJV), 1958

Man kann Scherping nur voll zustimmen. Mir sind in den rund sechs Jahrzehnten, die ich auf die Jagd gehe, nicht allzu viele Jäger begegnet, die draußen im Feld (nicht auf dem Papier oder im Glaskasten) einen Mäuse- von einem Wespenbussard unterscheiden konnten. Dabei ist dies noch eine der leichtesten Übungen. Wenn aber die schon nicht gelingt, wie ist es dann mit Mäuse- und Raufußbussard oder mit dem Habicht im Jugendkleid? Wie oft habe ich erlebt, dass der Bussard als Steinadler angesprochen wurde! Gut, das mag immer noch besser sein als umgekehrt, weil es dem Bussard vielleicht das Leben rettet. Schon Sperberweib und Habichtsterzel machen vielen Jägern (und durchaus auch Vogelfreunden!) Probleme. Und welcher „Nur-Jäger“ spricht die

Weihen halbwegs sicher an – vor allem im Jugendgefieder? Ich selbst habe meine Probleme damit!

Nun müssen Jäger nicht unbedingt über fundierte ornithologische Kenntnisse verfügen. Es genügt durchaus, wenn sie die häufigsten oder wichtigsten Arten halbwegs zutreffend erkennen: Bussard, Habicht, Sperber, die beiden Milane und die Weihen. Es gibt auch keinen Grund, Greifvögel zu „regulieren"! Das Einzige, was wir regulieren müssten, ist die immer schneller fortschreitende Zerstörung der Lebensgrundlage des Niederwildes sowie zahlloser anderer Pflanzen- und Tierarten! Die Folgen des politischen Willens bewirken jedoch das Gegenteil. Die Landwirtschaft, wie sie durch Jahrhunderte verstanden wurde, stirbt. Sie wird ersetzt von einer Agrarindustrie, welcher jedes Mittel recht ist, solange die Profite stimmen. Tun sie das nicht mehr, wandern die Spekulanten weiter. Es geht auch nicht primär um die Ernährung unseres Volkes: Es geht um Exporte und „billige" Energie aus nachwachsenden Rohstoffen, die vom Verbraucher über die öffentlichen Kassen teuer bezahlt werden muss!

Wo der Lebensraum zumindest in Teilen noch intakt ist, wird es Niederwild geben. Dann aber ist es auch nicht so dringend, Mäuse- und Raufußbussard im Flug zu unterscheiden oder die Wiesenweihe von der Rohrweihe, wenn beide ihr Jugendgefieder tragen. Dann muss der Jäger den relativ kleinen Schreiadler auch nicht vom Bussard unterscheiden, und er darf sogar See- und Fischadler verwechseln.

Im Rahmen eines akademischen Lehrgangs erklärte der Dozent, dass alleine in Niederösterreich jährlich mindestens 3.000 Greifvögel ohne Bewilligung geschossen würden, und dass man dazu auch stehen müsse. Bezüglich der Regulierung der Rohrweihe wurde vor dem Abschuss einzelner Weihen gewarnt und der Rat erteilt: *„Schlafplätze auskundschaften, mit 30 Jägern umstellen, dann haben sie auch 30 Rohrweihen liegen!"* Dass dies keine leeren Worte waren, zeigten zumindest zwei aktenkundig gewordene Fälle. Im ersten Fall wurde genau so verfahren, wobei sogar das zuständige Jagdschutzorgan – im Hauptberuf Polizeibeamter – beteiligt war. Strafrechtliche Konsequenzen gab es keine. Im zweiten Fall wurden die illegal abgeschlachteten Weihen einfach in einen Maisacker geworfen, wo sie Ornithologen fanden und die Staatsanwaltschaft verständigten.

Es ist auch schwierig, der Jagd verbunden zu bleiben, wenn akademisch empfohlen wird, Greifvögel nicht im Winter, sondern erst im April (Brutzeit) zu schießen, weil: *„Dann erwischen sie jene, die hier brüten."*

Noch in den 70er-Jahren des 20. Jahrhunderts war in Deutschland wie in Österreich vielfach zu hören, alles was einen krummen Schnabel oder Fangzähne habe, gehöre „weg". Nun, das mag in manchen Niederwildrevieren unter dem Begriff „Hege" heute noch so praktiziert werden. Es entspricht aber wahrscheinlich nur noch dem Denken einer sehr kleinen, ewiggestrigen Minderheit der Jäger. Trotzdem kann nicht geleugnet werden, dass auch nach der Jahrtausendwende immer wieder vergiftete Greifvögel, Füchse und Marderartige in größerer Zahl gefunden wurden und für Negativschlagzeilen in der Presse sorgten. Was der Glaubwürdigkeit der Jäger dabei noch mehr schadet als der eigentliche Tatbestand, sind Hinweise von hochrangigen Vertretern der Jägerschaft, dass die Täterschaft eines oder der Jäger überhaupt nicht erwiesen sei.

Gut – abstrakt gedacht könnten auch Landwirte, Brieftaubenzüchter, ja sogar Ornithologen die Täter sein…? Wenn man aber erlebt, dass auf so prominenten Veranstaltungen wie der Österreichischen Jägertagung Referenten zu Wort kommen, die ziemlich unverhohlen die Reduzierung so relativ seltener Greifvögel wie des Kaiseradlers fordern, wird man schon sehr nachdenklich. Mehr noch, wenn der Referent zur Regulierung missverständlich oder zweideutig die Zulassung und Verwendung von Fallen fordert. Völlig unverständlich, wenn es für derartige Forderungen heftigen Applaus der anwesenden Jäger gibt. Wenn dann auch noch kurze Zeit später ein Jäger, im geistigen Einzugsgebiet des Referenten, einen Kaiseradler erlegt, ihn bei einem Präparator verschwinden lässt und nachher behauptet, er habe am Luderplatz auf eine Elster geschossen und den Adler nur versehentlich getroffen, wird Jagdgegnerschaft nachvollziehbar!

Hören wir hierzu noch einmal einen, der es sowohl dank seiner Praxis wie später seiner Position wissen musste, was man dem Jäger beim Ansprechen von Greifvögeln zumuten kann – Ulrich Scherping: *„Höchst umstritten ist der Bussard. Den Wespenbussard scheide ich aus, weil er ganzjährig geschützt ist, was ihn leider nicht davor schützt, als Habicht totgeschossen zu werden, wie der Kuckuck als Sperber."* Diesen Satz hat er uns vor mehr als sechs Jahrzehnten hinterlassen. Und heute…?

Wie die Zeitschrift „Der Kärntner Jagdaufseher", Ausgabe 2/18, berichtet, wurden 7 von 20 durch Bird-Life Österreich besenderte Kaiseradler illegal getötet.

Wir wollen zum Abschluss dieses Kapitels Max Förderreuther, einen der bedeutendsten Geschichtsschreiber des Allgäus, zitieren, der eine Kindesentführung durch einen Steinadler am 30. August 1886 im Allgäu beschreibt:

> Ein dreijähriges Mädchen war kaum hundert Schritt von seinen Eltern entfernt, aber durch das hügelige Gelände verdeckt, mit Beerenpflücken beschäftigt. Plötzlich vernahmen die in der Heuernte beschäftigten Eltern ein fürchterliches Geschrei des Kindes. Der Vater eilte herbei, hörte es hoch oben über dem Walde schreien. Allmählich aber verlieren sich die jämmerlichen Klagetöne in der Richtung zu Hochifen…

Braunbär – wie viele Gebiete werden seinen Ansprüchen noch gerecht?

Wir und die Rückwanderer

Machen wir Schädlingsbekämpfung?

Wir haben über dieses Thema schon weiter vorne gesprochen. Der Jäger versteht sich oberflächlich betrachtet als Beschützer der von ihm als Jagdbeute erwünschten Wildtiere vor ihren „Feinden". Damit zieht er Wildtiere – kompromisslos und ohne Bereitschaft, sein eigenes Wertesystem zu hinterfragen – auf die Ebene menschlicher Wertevorstellungen. Er macht den Steinadler zum Feind des Murmeltiers, den Habicht zum Feind des Fasans und den Fuchs zum Feind des Hasen. Er schreit aber ganz laut auf, wenn ein Förster oder Waldbauer das Reh zum Feind der Tanne oder der Eiche erklärt. Wenn es darum geht, zum Schutze der Waldverjüngung mehr Rehe zu schießen, reden manche Jäger von „Schädlingsbekämpfung".

Wie schaut es aber aus, wenn vierzig Jäger *(„Jäger" ist verallgemeinernd und somit unkorrekt und gegenüber vielen verantwortungsbewussten Jägern auch ungerecht. Die Verallgemeinerung spiegelt an dieser Stelle vielmehr den Eindruck, den die Öffentlichkeit vom Jäger hat.)* einen Tag lang über die kahlen Felder einer ausgeräumten Agrarsteppe stolpern und am Abend weihevoll den beiden mühsam erweidwerkten Hasen mit Trompetenklängen „die letzte Ehre erweisen"? Nein – das ist sicher keine Schädlingsbekämpfung, aber es schadet den Hasen wie dem Ansehen der Jagd und ihrer Glaubwürdigkeit mehr als jener Jäger, der die Rehe so intensiv bejagt, dass ihr Lebensraum Wald eine Zukunft hat! Trotzdem gelten die beiden letzten Hasen als der Hege geschuldete gerechte Ernte. Den Rehjäger aber diffamiert Inkompetenz und kollektiver Jagdneid als Schädlingsbekämpfer.

Auch wenn angesichts der Tuberkulose die mancherorts weit überhöhten und waldgefährdenden Rotwildbestände ernsthaft abgebaut werden sollen, so wird sofort wieder die Schädlingsbekämpfung aufgefahren. Gestritten wird dann darüber, ob die Tuberkulose von den Rindern auf das Rotwild übertragen wurde oder umgekehrt. Zynischer geht es nicht mehr!

Schlimmer noch: Während die Afrikanische Schweinepest vor der Tür steht, wird über die Notwendigkeit, beim Schwarzwild endlich auch zielgerichtet bei den Bachen einzugreifen, wie über das Dogma der konsequenten Leitbachenschonung immer noch heftig gestritten. Da kommt trotzig die Antwort, man werde sich nicht zum Schädlingsbekämpfer machen lassen! Was sind schon 150 Millionen Mastschweine in der EU, davon rund 28 Millionen in Deutschland, die von der Schweinepest bedroht sind, wenn es um die Hege des Schwarzwildes geht, um den Erhalt intakter „Sozialstrukturen" und Erntekeiler…

Wir müssen uns auch die Frage gefallen lassen, wie die von Fuchs und Jäger gleichermaßen bedrohten Tierarten die Welt sehen *(Anmerkung: Fleischfresser wie Marder, Krähe oder Wolf bedrohen Individuen ihrer Beutetiere, nicht aber deren Art. In diesem Punkt unterscheiden sie sich vom menschlichen Jäger, der durchaus auch Arten bedroht, eben nicht nur Individuen. Wie sonst könnte es verstanden werden, wenn z.B. Behnke Formulierungen benutzt wie „… kann nicht geduldet werden.")*. Sehen diese Tierarten im Fuchs, der sie zu erbeuten trachtet, um selbst zu leben, einen Feind, im Jäger aber, der sie zu seinem Lustgewinn schießen möchte, einen Freund? Ganz sicher nicht. *(Anmerkung: Freude an der Jagd – Lust – wird von vielen Jägern immer noch geleugnet. Der Jäger muss ja angeblich nur einspringen, um das Handwerk der – leider, leider – nicht mehr vorhandenen großen Beutegreifer zu übernehmen. Inzwischen wird auch das Wildbret als „gesündestes Lebensmittel" zur Rechtfertigung bemüht. Verfasser ist sozusagen Großverzehrer von Wildbret, aber er geht auf die Jagd, weil ihm das Erbeuten Freude macht – auch wenn das manche seiner Zeitgenossen als „pervers" empfinden.)* Natürlich können wir nicht sagen, wie Tiere fühlen und denken. Dass sie es tun, steht außer Frage, auch wenn ihnen Letzteres noch vielfach von menschlicher Überheblichkeit abgesprochen wird. Die Wildenten, die im Flachwasser dümpeln, halten den Fuchs am Ufer problemlos aus, den Jäger nicht. Auch der Hase flieht vor dem Jäger, obwohl er den Fuchs oft auf wenige Meter an sich herankommen lässt.

Können wir im Vergleich mit Marder, Fuchs, Adler & Co. punkten, wenn wir unser Jagen damit rechtfertigen, dass wir die von uns erlegten Wildtiere als Nahrung nutzen? Sicher auch nicht, denn das tun fleischfressende Wildtiere ebenfalls.

Bei näherer Betrachtung wird schnell klar, dass der vorgegebene Schutz des „Nutzwildes" vor dem „Raubwild" allenfalls an zweiter Stelle steht. An erster Stelle steht der Schutz eigener ideeller wie materieller Interessen. Diesen Schutz – primär unserer eigenen Interessen – nennen wir Hege!

Ganz interessant ist in diesem Zusammenhang, was der Jagdschriftsteller E. van den Bosch 1879 über den Luchs schreibt, weil er zeigt, wie weit verbreitet das Abschreiben ist:

> Mordgierig im höchsten Grade, ist der Luchs auch noch höchst wählerisch in seinen Genüssen. Dies aber macht ihn doppelt gefährlich. Er pflegt nämlich von seinem Raube nur die delicatesten Bissen, als Herz, Leber, Lunge etc. zu verzehren, das Andere läßt er liegen und verscharrt es. … Hieraus ergibt sich die ganz ungeheuere Gefährlichkeit des Luchses für den Wildstand, denn wo nur ein oder zwei dieser gefährlichen Sippe hausen, ist gewiß in kurzer Zeit der beste Wildstand ruiniert; tritt dann Mangel ein, so wandert er weiter, um es im nächsten Revier ebenso zu machen.

Angst muss sein

> *Aus den weiteren Wildverzeichnissen geht das seltsame Resultat hervor, dass der Rehstand unter der Luchsherrschaft zugenommen, das Edelwild aber abgenommen habe …*
>
> Franz Ritter von Kobell (1803 – 1822)

Kobell ist etwas zu früh gestorben, daher hat er die Entwicklung nach dem letzten Weltkrieg in Schweden nicht mehr erlebt. Dort vermehrten sich zuerst die Rehe und dehnten ihr Siedlungsgebiet gewaltig nach Norden aus. Damit schafften sie die Voraussetzung für die Rückkehr und Vermehrung des Luchses!

Es dauerte lange, sehr lange, bis es – offiziell – zu einem zaghaften Umdenken kam. Während sich die Verbände nach und nach für eine Rückkehr zuvor ausgerotteter Arten aussprachen, wurde inoffiziell umso mehr Stimmung gegen Rückwanderer gemacht, je mehr Hinweise es für eine solche gab. Die Mehrheit der Jäger wehrte sich gegen die Rückkehr des Luchses. Bär und Wolf standen zunächst ohnehin nicht zur Diskussion. Die Politik orientierte sich an den Wünschen der Fachleute, an den Jägern. Gehandelt wurde und wird meist in Vierjahres-Zyklen. Manche hatten auch zwei Meinungen auf Lager und gaben jeweils jene zum Besten, die der jeweiligen Klientel angenehm war. Ablehnung bei den Jägern und Zustimmung beim Naturschutz…

Der Luchs war nicht der Erste, der versuchte, in seiner alten Heimat Mitteleuropa wieder sesshaft zu werden. Der Wolf hat es früher und wahrscheinlich öfter getan. Aber der Luchs löste – zunächst – die heftigeren Diskussionen aus, wahrscheinlich, weil eine Rückkehr und Tolerierung durch den Gesetzgeber bei ihm am wahrscheinlichsten schien. Er war bereits in der Mitte des 19. Jahrhunderts bis auf Einzeltiere ausgerottet worden. Aber es war kein Schachklub und kein Kleingartenverein, der dieser Art das Lebenslicht ausblies – es waren wir Jäger – unsere Vorgänger! Anlass war absolute Unkenntnis, weil befürchtet wurde, der Luchs rotte das Schalenwild aus, aber auch nackte Geldgier. Für die Vernichtung von Raubwild wurde von alters her Schuss- und Fanggeld bezahlt, teils von den Arbeitgebern der Jäger, aber auch vom Staat. Weit mehr noch kassierten die Erleger von Bär, Wolf, Luchs, Wildkatze, Bartgeier und Steinadler jedoch direkt von der Bevölkerung, die sich „ihre Sicherheit" etwas kosten ließ. Das funktionierte aber nur, wenn die betroffenen Tierarten systematisch dämonisiert wurden. Zahlreiche Zeitzeugen beschrieben, wie die Erleger oft eine Woche mit dem erlegten Wild über Land zogen und es überall stolz präsentierten und – kassierten!

Gagern beschreibt anschaulich, wie er im „Kamenjak" einen starken Wildkuder schoss, mit dem der alte Jelinek anschließend, Geld und Naturalien einsammelnd, über die Dörfer zog. Kobell beschreibt, wie beispielsweise einer der letzten, im Kleinwalsertal geschossenen Luchse in den Dörfern des Illertals vor bis nach Immenstadt und von dort entlang der Nagelfluhkette bis in den Bregenzerwald zur Schau gestellt wurde. Die Erleger galten als Heroen, die im Kampf gegen gefährliche Raubtiere ihr Leben einsetzten. In Wirklichkeit waren es eher wenig wissende „Scheißer", vergleichbar mit jenen, die heute nicht anders handeln!

Es ist wohl nicht sehr gewagt anzunehmen, dass Bär, Wolf, Luchs und Steinadler für manches ungeliebte und verschwundene Kind, für manche Ehefrau oder manchen Vater oder Erbonkel geradestehen musste…

Was die Rückkehr des Luchses betrifft, so war die Schweiz Vorreiter. Auch dort war der Widerstand der Jäger ungeheuer groß, als im Dezember des Jahres 1971 die ersten Luchse aus Tschechien eintrafen, um nach vorgeschriebener Quarantäne und Schutzimpfung freigelassen zu werden.

In Bayern, wo die Luchse bis heute verfolgt werden, dauerte es ein Jahr länger. Dort wurden die ersten Luchse 1972 – illegal – im Bereich des Bayerwald Nationalparks freigelassen. Einzelne Luchse spürten sich schon zuvor immer wieder im Grenzgebiet zu Tschechien. Vehemente Gegner des Luchses waren im Bayerwald die Jäger. Auch als es in den 1990er-Jahren um die Wiedereinbürgerung im bayerischen Alpenraum ging, verhinderten diese die Jäger, gemeinsam mit den Bauern, insbesondere mit den Schafhaltern. Schon bald, nachdem die ersten Luchse im Bayerwald auftauchten, waren sie auch schon tot. „Den Vogel abgeschossen" hat der Förster einer privaten Forstverwaltung in Bayerisch Eisenstein. Er gab an, von der Raubkatze angegriffen worden zu sein und sie in Notwehr – um sein eigenes Leben zu retten – erschossen zu haben. So macht man sich nicht nur zum Helden, sondern auch über den eigenen Tod hinaus lächerlich, ein Umstand, den mancher noch lebende „Luchsspezialist" bedenken sollte.

Rund zwanzig Jahre später – eigentlich Zeit genug, um sich in Sachen Luchs ein wenig fortzubilden – war der damalige bayerische Umweltminister geneigt, ein Luchsprojekt im Bereich des inzwischen neu geschaffenen Nationalparks Berchtesgaden zu unterstützen. Der Landesjagdverband Bayern stimmte dem Projekt auch zu – zumindest offiziell. Doch ausgerechnet bei der Hegeschau in Bad Reichenhall warnte, so schrieb der Naturjournalist Roland Kalb in seinem Buch „Der Luchs – Lebensweise, Geschichte, Wiedereinbürgerung", „... *der Kreisverband vor dem Luchs als Bestie, die alles auffresse, angefangen beim Hirsch im Wintergatter über die Schafe in ihren Pferchen bis hin zu Auer- und Birkhühnern in den von Touristen übervölkerten Wäldern.*"

Wäre es nicht ein Lichtblick – ein ganz wichtiges Stück Glaubwürdigkeit! – gewesen, wenn auf dieser bayerischen Hegeschau auch der Luchs (er war und ist in Bayern immerhin jagdbares Wild) in die Hegeüberlegungen sachlich und nicht im Denken des 16. Jahrhunderts mit einbezogen worden wäre, statt nur trophäenliefernde Arten?

Nein, die Antwort ist eine ganz andere: Am 4. September 2017 trieb ein illegal erschossener Luchs mit abgetrenntem Kopf im Saalachsee nahe Bad Reichenhall. Das Bayerische Landeskriminalamt fand Geschossreste im Wildkörper, mit denen es sogar das Kaliber und den Geschosstyp bestimmen konnte. Gemutmaßt wurde, der Luchs könne ja auch im nahen Österreich erschossen worden sein. Das war es dann auch.

Schon als ich im Spätherbst 1992 im Bayerwald einen Vortrag über Rehwild hielt und dabei mit einem Nebensatz um etwas Verständnis für den Luchs warb, stach ich damit in ein Wespennest. Der amtierende Kreisjagdberater (er war immerhin ein vom Jagdverband vorgeschlagener Wahlbeamter des Landratsamtes) erklärte unverhohlen, wie man mit Luchsen verfahren werde. Der anwesende Kreisgruppenvorsitzende pflichtete ihm unter heftigem Beifall der anwesenden Jäger bei.

Seither wurden in Bayern immer wieder Luchse geschossen und vergiftet, Kadaver im Nationalpark abgelegt, und ein besonders dreister bayerischer Jäger, der sich brüstete, Luchsabschüsse zu verkaufen, trat sogar im Fernsehen auf!

Luchse in Slowenien

1973 folgte, was die Rückkehr des Luchses betrifft, Slowenien, und dort war es ein Schweizer Bürger – ein Jäger! – der den Anstoß zur Wiedereinbürgerung des Luchses in den großen Wäldern von Kočevje gab und sie finanzierte! So wurden 1973 drei weibliche und drei männliche Luchse aus der Slowakei importiert, die dort schon länger in „Abschiebehaft" saßen und eigentlich für den Harz bestimmt waren. In Niedersachsen waren aber die politischen Rangeleien um eine Wiedereinbürgerung des Luchses noch lange nicht beendet, und so wurden die sechs slowakischen Luchse nicht zu Niedersachsen, sondern zu Slowenen.

Sloweniens Luchse vermehrten sich rasch. Schon drei Jahre nachdem die sechs Tiere in den Wäldern um Kočevje freigelassen wurden, erreichten ihre Nachkommen nicht nur Kroatien, sondern auch Bosnien. Zur selben Zeit wurden in Slowenien die ersten Luchse zum Abschuss freigegeben. Dies war Teil einer Strategie, mit der man bei

> *Hoffnung ist die Säule, welche die Welt trägt.*
>
> Plinius der Ältere (23 - 79 n. Chr.),
> römischer Gelehrter

Luchs.
Wie bei allem Großraubwild, wurden auch über Luchse Schauermärchen erzählt, sie wurden dämonisiert, und es wurden Schuss- und Fanggelder bezahlt – Angst muss sein!

den Jägern Interesse und Sympathie für den Luchs gewinnen wollte. Dies gelang nur zum Teil. Denn neben jenen Jägern, die sich am Anblick eines Luchses erfreuten, ihn als Teil der Heimatwälder begriffen, um ihn ebenso nachhaltig zu bejagen wie Hirsch oder Reh, Hase oder Fuchs, gab es auch andere. Jene, die bis heute nach dem Grundsatz handeln, nur ein toter Luchs ist ein guter Luchs. Es sind also nicht nur die deutschen oder die slowenischen, nicht die Schweizer oder die Elsässer Jäger, die dem Luchs die Existenz schwermachen. Es sind die Ewiggestrigen, jene, die ein jagdliches Weltbild pflegen, wie es im 17. und 18. Jahrhundert Standard war. Es sind jene, die ihre Sympathie vorzugsweise Trophäenlieferanten schenken und Arten, die ein besonderes Schießvergnügen bereiten und sich für die Küche eignen. Sie verstehen sich als Heger und garnieren ihr jagdliches Denken und Handeln vorzugsweise mit den Begriffen Weidgerechtigkeit, Ethik und Brauchtum.

Dass es eine wachsende Zahl Jäger gibt, die völlig anders denken, deren Hegegedanken nicht nach Einfalt, sondern nach Vielfalt strebt, wird von Jagdgegnern teils ignoriert, teils einfach geleugnet und von der nicht jagenden Bevölkerung nur unzureichend erkannt.

Was nun die Luchse im scheinbar heilen Jagdland Slowenien betrifft, so gerieten sie im zweiten Jahrzehnt dieses Jahrtausend neuerlich an den Rand der Ausrottung. Einerseits waren es genetische Probleme, denn zu einem wirklichen Austausch mit den kläglichen Resten der Balkanluchse im Süden kam es wahrscheinlich nicht. Im Norden aber sorgten Österreichs wie Bayerns Jäger dafür, dass die Verbindung zu den Luchsen der Tatra und folgend der Karpaten ebenso wenig geschlossen werden konnte wie die Verbindung ins Baltikum.

Derzeit kann man nur die Wiedereinbürgerung in der Schweiz als gelungen bezeichnen. Gleichwohl geht auch die stattlich gewordene Schweizer Population auf nur sechs Tiere zurück und zeigt durchaus genetische Probleme.

Im Elsass erging es dem Luchs kaum anders als in Bayern oder Österreich, und so sind heute nur noch wenige Exemplare nachweisbar. Wanderten vor Jahren noch einzelne Luchse aus den Vogesen in den nördlich gelegenen Pfälzer Wald, kann sich dort heute eine kleine, 2016 durch zusätzliche Aussetzung stabilisierte Population halten.

In Österreich, im steirisch-kärntnerischen Grenzgebiet, wurden 1972 Luchse durch die Universität Göttingen ausgesetzt. Dieses Projekt stand von Anbeginn unter keinem guten Stern. Es gab den Vorwurf mangelnder wissenschaftlicher Begleitung, und viele Jäger machten aus ihrer ablehnenden Haltung zum Luchs keinen Hehl. Daran hat sich bis heute nicht viel geändert.

Derzeit kommt der Luchs vereinzelt wieder im Böhmerwald vor, aber wirklich Fuß fassen konnte er dort ebensowenig wie im benachbarten Bayerwald. Einige wenige Luchse leben im Nationalpark Kalkalpen, und selbst dort kam es zu illegalen Abschüssen durch Jäger – verstanden als Hege.

Was in Bayern, wo auf jagdliche Tradition so besonders viel Wert gelegt wird, nicht gelang, schafften die Bundesländer Niedersachsen und Sachsen-Anhalt. Niedersachsen startete im Jahre 2000 mit seinem Luchsprojekt im Harz. Dieses war anfangs sehr umstritten, weil keine Wildfänge, sondern Gehegetiere Verwendung fanden. Von Sommer 2000 bis Herbst 2006 wurden 15 weibliche und 9 männliche Luchse freigelassen. Diese verbrachten ihre erste Zeit alle in einem vier Hektar großen Auswilderungsgatter und verhielten sich nach ihrer Freilassung teilweise völlig untypisch. Manche zeigten kaum Scheu vor Menschen, hielten sich in der Nähe von Menschen auf und besuchten sogar Jäger auf ihren Hochsitzen. Gleichwohl konnte sich ein Luchsbestand etablieren, der bereits 2002 reproduzierte und seither expandiert. Heute verhalten sich die Harzluchse so, wie es ihrer Art entspricht.

Das Rehwild haben sie nicht ausgerottet und das Rotwild schon gar nicht. Sowohl im West- als auch im Ostharz gab und gibt es verschiedene Muffelschafkolonien, und ein Teil der Jägerschaft hatte Bedenken. Befürchtet wurde, dass die Luchse die Muffel aufreiben könnten. Diese Befürchtungen waren nicht unbegründet, aber sie bestätigten sich – im Harz – nicht. Zwar beeinflussten die Luchse durchaus das Verhalten der Muffelschafe, doch lernten diese – dort – auch schnell mit ihrem neuen Feind umzugehen.

Grundsätzlich handelt es sich bei den Luchsen um Tiere, die in ganz Europa autochthon sind und nie mit einer anderen Art eingekreuzt wurden, hingegen sind Muffelschafe weder heimisch noch artrein. Ob es sich überhaupt um Wildtiere oder eher um vor langer Zeit verwilderte Haustiere handelt, wie an anderer Stelle beschrieben, wird diskutiert. Heute geht die Wissenschaft mehrheitlich davon aus, dass es sich auch in ihrer Urheimat schon um Haustiere handelte, die auf Mittelmeerinseln als Lebendproviant der Seefahrer ausgesetzt wurden. Jene Tiere, die von Korsika nach Mitteleuropa verfrachtet wurden *(Anmerkung: Die ersten Muffelschafe kamen bereits 1729 durch Prinz Eugen von Savoyen von Sardinien nach Wien. Erst in der Menagerie von Schloss Belvedere lebend, wurden einige Tiere 1736 in den Lainzer Tiergarten gebracht, ein ummauertes kaiserliches Jagdgehege.)*, kreuzte man hier – um größere Hörner (Schnecken) zu erhalten – von Anbeginn mit anderen Schafen wie Heidschnucken oder Zackelschafen. Auch wenn Muffelschafe heute in vielen europäischen Ländern jagdrechtlich dem „Wild“ zugerechnet werden, im zoologischen Sinne sind sie es wahrscheinlich nicht.

Wir können heute, fast ein halbes Jahrhundert, nachdem die ersten Luchse in Deutschland oder Österreich wieder einwanderten die traurige Feststellung machen, dass sich im Denken und Handeln eines Teils der europäischen Jäger – zumindest was den Luchs betrifft – im letzten halben Jahrtausend nichts geändert hat. Noch immer wird er als Konkurrent verstanden, noch immer wird er illegal verfolgt. Noch immer wird er dem geopfert, was ein Teil der Jäger als Hege versteht!

Der Braunbär

Die Frage, ob der Braunbär in Österreich oder gar in Deutschland wieder leben kann, ist durchaus diskussionswürdig und lässt sich nicht mit ja oder nein beantworten. Dabei kann es nicht nur darum gehen, ob der Bär für den Menschen gefährlich werden kann und ob er unvertretbare Schäden anrichtet. Es muss auch gefragt werden, ob der Raum die Ansprüche des Bären befriedigen kann, ob er ausreichend Rückzugsräume findet, und ob er nicht in hohem Maße durch unsere Infrastruktur gefährdet wird.

Was Deutschland betrifft, so wird er nur wenig Räume finden, die seinen Ansprüchen gerecht werden und die nicht zwangsweise zu Konflikten mit dem Menschen führen. Denkbar wäre allenfalls der bayerische Alpenraum, der ist aber so schmal, dass in ihm alleine kein Bär seine Bedürfnisse befriedigen kann. Wohl aber hängen die bayerischen Alpen, die zu einem erheblichen Teil ja nur touristisch völlig überlaufene Voralpen sind, durchgehend mit den Bergen und Wäldern auf österreichischer Seite – Vorarlberg, Tirol, Salzburg – zusammen. Sollten dort Bären wieder heimisch werden, sind Besuche auf bayerischer Seite ziemlich sicher. Es wäre dieselbe Situation wie im Grenzraum der Länder Slowenien, Kärnten und Friaul. Dort lebten immer Bären, wurden zumindest auf Kärntner Seite lange Zeit ganz legal geschossen, jetzt nur noch illegal. Die Schäden sind – verglichen mit den Schälschäden des Rot- und Muffelwildes – bescheiden. Angriffe auf Menschen gab es in Kärnten nie.

Denkbar wäre in Bayern noch der Bayerische Wald, ein relativ dünn besiedeltes, waldreiches Gebirge, das Tschechien und Bayern verbindet. Berücksichtigt man jedoch die Polemik, die dort seit Jahrzehnten

Da der Bär unter dem Edelwild großen Schaden anrichtet, und weil er sehr schlau ist, und oft weit umher wechselt, manche Jagd auf ihn fruchtlos gemacht wird, so bemühte man sich damals schon, wie später desselben durch Fangen in Gruben, Fallen und Eisen habhaft zu werden oder ihn mit Selbstgeschossen zu erlegen.

Franz Ritter von Kobell

Jungbär – kurz nach der Trennung vom Muttertier.
In Deutschland finden sich nur noch wenige bärentaugliche Gebiete. Ein wenig anders ist die Situation in Österreich.

gegen den Luchs betrieben wird und die erhebliche Zahl der illegal geschossenen, gefangenen und vergifteten Luchse, wünscht man dem Bären, sich nie dorthin zu verirren. Eine Chance hätte er ohnehin nur, wenn ihm auch auf der tschechischen Seite ein Bleiberecht zugestanden würde. Alle anderen deutschen Mittelgebirge, vom Schwarzwald bis zum Harz, lassen sich schwerlich als Bärenlebensräume bezeichnen.

Anders sind die Verhältnisse in Österreich. Das Burgenland und Wien einmal ausgenommen, fänden sich in allen Bundesländern große und relativ dünn besiedelte Waldgebiete. Dass diese bärentauglich sind, haben die Bären durch Zuwanderung und Reproduktion bewiesen. Das Bundesland Steiermark hat einen Waldanteil von rund 61 Prozent, allerdings bei einer sehr unterschiedlichen Waldverteilung. Die Bevölkerungsdichte ist mit 74 Einwohner je Quadratkilometer eher gering. Die besonders waldreiche Obersteiermark ist geprägt durch zahlreiche größere private Forstbetriebe und eine stark kommerzialisierte Jagdwirtschaft. Nach Stand vom 31. März 2014 werden dort 127 Wintergatter und 244 freie Rotwildfütterungen betrieben.

Damit wurde ein Problem schon aufgezeigt – die Wintergatter. Europäische Braunbären sind zwar in erster Linie Pflanzenfresser, in zweiter Linie Aasfresser und erst an dritter Stelle Gelegenheitsjäger. Dennoch ist davon auszugehen, dass es in Wintergattern, wo hundert und teilweise weit mehr Stücke Rotwild an der Fütterung stehen, zu Problemen kommt. Dass sich der Bär dort zu bedienen versucht, ist schlicht natürlich, die Wintergatter selbst sind das Gegenteil! Doch auch dieses Problem ließe sich durch Anbringung eines den Zaun oben abschließenden E-Drahtes, gespeist von einer Solaranlage, zumindest stark entschärfen. Davor steht die Grundsatzfrage, ob man bereit ist, dem Bär eine Chance zu geben oder eben nicht. Derzeit sieht es nicht danach aus.

Es gibt aber noch ein zweites „Problem“, nämlich die zahlreichen Rehfütterungen, besonders jene, an denen Kraftfutter angeboten wird. Das ist völlig unnötig sowie naturwidrig und erfüllt unter Umständen sogar den Tatbestand der Tierquälerei. Die Rehe haben nämlich große Probleme, im Winter besonders eiweißreiche Nahrung zu verdauen und leiden unter Acidose. Gleichwohl wird die Kraftfutterfütterung verteidigt und politisch abgesegnet, da sie das Wachstum starker Trophäen fördert.

Sieht man von Kärnten ab, das ähnlich stark bewaldet ist wie die Steiermark, wurde den Bären nie wirklich eine Chance gelassen, sesshaft zu werden und zu überleben. Sicher vor illegalen Abschüssen sind sie auch hier nicht. Im Grenzgebiet von Steiermark und Niederösterreich, rund um den Ötscher, wanderte 1972 ein männlicher Bär aus Slowenien zu. Auch er machte sich sofort durch Plünderung der zahlreichen Rehwildfütterungen unbeliebt.

In den Jahren 1989 bis 1993 setzte der WWF im Ötschergebiet drei weibliche Bären aus. Eine Bärin stammte aus Delnice in Kroatien, die anderen beiden aus Kočevje in Slowenien. In der Folge wurden von 1991 bis 2006 31 Bären in Österreich geboren. Es müssen also zusammen mit den vier Altbären, aber ohne Kärnten, mindestens 35 Bären in Österreich gelebt haben. In den darauffolgenden Jahren gingen die Nachweise immer mehr zurück. Gerüchte über die Erlegung der Bären gab es genug, doch nur in einem einzigen Fall führten die Ermittlungen, von denen Insider meinten, sie seien wenig ergebnisorientiert geführt worden, auch zum Täter. Das Ergebnis wurde erst bekannt, als der Schütze Jahre später verstorben war. In einem zweiten Fall gab es zwar starke Indizien, aber keine Anklage.

Die vom WWF angeregte Diskussion über eine neuerliche Aussetzung von Bären im Ötschergebiet ist eingeschlafen. 2008/2009 hat der WWF versucht, Partner zu finden. Der Tourismus verhielt sich unentschlossen, nur der Naturschutz war für eine neuerliche Ansiedlung. Landwirtschaft und Jagd stellten sich dagegen. Der Bär behinderte die Hege, indem er für Wintergatter und die Mastfütterung des Rehwildes mit Kraftfutter außerhalb von Gattern ein Risiko darstellte.

Auch in Kärnten, wo der Bär nie völlig ausgestorben war, weil immer wieder einzelne Tiere von Slowenien her einwanderten, lebten diese nicht sicher. Ein norddeutscher Jäger berichtete schon in den 1990er-Jahren, dass er im Gailtal in einer dörflichen Jagdgesellschaft auf einen Bären eingeladen gewesen sei.

Am 11. Juli 2009 wurde auf der slowenischen Seite der Karawanken der fachmännisch enthäutete Kadaver des Bären „Rožnik“, an dem der Kopf fehlte, gefunden. Dieser Bär war am Snežnik (Schneeberg) im Süden Sloweniens gefangen und besendert worden. Der Sender ermöglichte, seine Wanderung nach Kärnten zu verfolgen. Zuletzt wurden am 30. Mai 2009 Signale von Rožnik aus Kärnten empfangen. Er war, wie die Untersuchungen ergaben, in einem Kühlraum zwischengelagert und später von der Passstraße aus in das tiefer liegende Bachbett geworfen worden. Damit sollte der Eindruck erweckt werden, Rožnik sei auf slowenischem Staatsgebiet erlegt worden. Zwar kam es zu einem Verfahren gegen einen der Tat verdächtigten 48-jährigen Kärntner Jäger, jedoch wurde dieser 2012 „Im Zweifel für den Angeklagten“ freigesprochen.

Chronologie eines Falles

Wie skrupellos gelogen wird, wenn es um Bären geht, und wie schnell Politiker und Interessensvertreter ein dummes Geschwätz zu Fakten machen, zeigt ein anderer Fall. Am 26. September 2014 brachten die ORF-news vormittags eine Meldung, wonach am 23. September, also drei Tage vorher, im Lungau (Land Salzburg) ein Jäger von einem Bären angegriffen und schwer verletzt wurde.

Zum Fall: Der Jäger sagte aus, er habe den Bären gesehen und sei dann selbst langsam und vorsichtig zurückgegangen und dabei gestürzt.

Wann i wissat Bruader
wo i jetztn bin
doch der Wein des Luader
macht an blöd und hin.
Ja, vom Cermak Wirten
bin i letztens furt
s' ganze Geld hab i
versoffen durt.

Altes Wienerlied

Daraufhin sei er von dem Bären angegriffen und verletzt worden. Da er sich aber totgestellt habe, habe der Bär sofort von ihm abgelassen, was ihm das Leben gerettet habe.

Warum stellte die Bezirkshauptmannschaft nicht zuerst einige elementare Fragen, ehe sie den Fall publik machte? Solche gab es nämlich eine ganze Reihe:

- Die Bezirkshauptmannschaft erfuhr von dem schweren Vorfall, laut ORF, erst am 25. September. Warum so spät?
- Warum suchte der angeblich schwer verletzten Jäger keinen Arzt auf?
- Warum bescheinigte ein Zahnarzt und Jagdfreund des Jägers die Verletzungen und kein Fach- oder Amtsarzt, ohne dass die Behörde misstrauisch wurde?

Dennoch lief der Behördenapparat sofort voll an. Es gab eine Krisensitzung und eine Pressekonferenz. Der Verletzte durfte untertauchen, niemand wollte ihn sehen.

Für die Bevölkerung wurde eine Hotline eingerichtet. Ein Expertenteam suchte mehrere Tage nach Spuren des Bären, ohne irgendetwas zu finden. Zweifel wurden geäußert, ob der Jäger überhaupt einen Bären gesehen habe.

Der Salzburger Landesrat Josef Schwaiger (ÖVP) wurde auf der Internetseite www.salzburger-fenster.at folgend zitiert: *„Salzburg ist zu klein für Bären und Wölfe. Wir wollen nicht, dass sie hier heimisch werden."*

Ebenso wurde mitgeteilt, dass der „Bärenexperte" Friedrich Mayr-Melnhof (von 1967 bis 1997 Landesjägermeister von Salzburg) bereits mitgeteilt habe, Österreich sei kein für Bären geeigneter Lebensraum. Kurze Zeit später kam die Meldung, ergänzt mit dem Hinweis, dass ein Zahnarzt eine Verletzung des Jägers ursächlich einem Bären zugeordnet habe. Nochmals eine halbe Stunde später war die Meldung aus den ORF-news gelöscht, wurde aber dennoch Gegenstand der Nachrichtensendung „Heute Mittag". In der Sendung wurde mitgeteilt, dass der schwer verletzte Jäger nicht bereit sei, sich fotografieren zu lassen.

Dieser Fall zeigt, dass es durchaus möglich ist, dass aus einem hochprozentigen Affen ein Bär wird.

Ebenfalls im Jahr 2014 gab es in Österreich eine ganze Reihe von tatsächlich schwerwiegenden Zusammenstößen zwischen Menschen und Tieren. Allerdings waren dabei nie Bären beteiligt. Folglich waren weder Krisensitzungen noch Pressekonferenzen angesagt:

- Im Juli 2014 wurde bei Maria Luggau (Kärnten) eine Bäuerin von einer Kuh getötet.
- Ebenfalls im Juli wurde im Lavanttal (Kärnten) ein 58 Jahre alter Bauer ebenfalls von einer Kuh attackiert und musste ins LKH Wolfsberg geflogen werden.
- Am 27. Juli wurde bei Mariazell (Steiermark) ein 43 Jahre alter landwirtschaftlicher Arbeiter von einem Stier getötet.
- Am 28. Juli wurde in Tirol eine 45 Jahre alte Wanderin aus Deutschland von Kühen zu Tode getrampelt.
- Am 21. August wurde ein Bauer bei Vöcklabruck von einem Kalb getötet.
- Am 28. August wurde eine 39 Jahre alte Bäuerin in Ruden (Kärnten) von einer Kuh attackiert und schwerstens verletzt. Sie musste ins LKH Klagenfurt geflogen werden.
- Am 3. September wurde ein 80 Jahre alter Bauer in Ligist (Steiermark) von einer Kuh angegriffen und schwer verletzt ins LKH Graz geflogen.
- Am 29. September kam die ebenfalls vom ORF verbreitete Meldung, nach der ein 60-jähriger Pensionist auf der Obermillstätter Alm (Kärnten) von einer Kuh schwer verletzt wurde und ins Krankenhaus geflogen werden musste. Pressekonferenz oder einen Lokalaugenschein durch ein Expertenteam gab es nicht.

Weidende Kühe.

Die Wahrscheinlichkeit, von einer Kuh zu Tode getrampelt zu werden, ist ungleich höher, als durch einen Bärenangriff ums Leben zu kommen.

In knapp drei Monaten kam es in Österreich zu acht schweren Angriffen von Rindern auf Menschen. Vier Menschen verloren dabei ihr Leben. Mindestens noch einmal so viele teils tödliche Angriffe erfolgten im selben Zeitraum in Deutschland und in der Schweiz. Dass es ungleich mehr Rinder gibt als Bären, ist eine feste Größe und reduziert nicht die Bedeutung des Todes und seiner Wahrscheinlichkeit.

Ein Bär in Bayern…

Dass ausgerechnet Bayern, ein Land, in dem viele Jäger nicht einmal den Luchs tolerieren, einen Bären – ehrlich – willkommen heißen würde, durfte nicht erwartet werden. Dennoch wanderte 2006 ein Bär aus dem italienischen Adamello-Brenta-Naturpark nach Bayern ein und verursachte über Wochen so etwas wie einen Ausnahmezustand. Er wanderte durch Süd- nach Nordtirol und von dort weiter ins benachbarte Graubünden, um sich zuletzt diesseits und jenseits der bayerisch-tirolerischen Grenze aufzuhalten.

Bayerischen Boden betrat er vermutlich erstmals am 17. Mai 2006. Bereits einen Tag später erklärte ihn der zuständige Minister in Bayern als willkommen (Süddeutsche Zeitung vom 19.05.2006). Noch am selben Tag öffnete der Bär einen Bienenstock, womit die Gunst für ihn bereits sank. Am 19. Mai tötete er vier Schafe und am 20. Mai nochmals zwei. Damit war er in Bayern bereits zum Problembär geworden.

Der Preis für ein Schaf lag 2006 etwa bei 100 Euro, womit bereits ein Schaden von 600 Euro entstanden war. In Friaul, wo Bären grenzüberschreitend Standwild sind, entstanden damals in Summe jährlich etwa 4.000 Euro Schaden. Für das vorangegangene Jahr 2005 verzeichnete die deutsche Kriminalstatistik 89.224 Fälle von Wirtschaftskriminalität, darunter 13.742 Insolvenzstraftaten. Auch die Krisensitzungen und Pressekonferenzen, die damals des Bären wegen abgehalten wurden, kosteten bei realer Abrechnung (Minister- und Beamtengehälter, Fahrtkosten usw.) geschätzt das Hundertfache der von „Bruno“ verursachten Schäden. Während Politik und Teile der Tourismuswirtschaft einen Niedergang des Tourismus an die Wand malte und vorsorglich von Millionenschäden und Verlust von Arbeitsplätzen schwafelte, kam tatsächlich ein dem Bären eher schädlicher „Bärentourismus“ in Gang. Bruno wurde zum Rund-um-die-Uhr-Gejagten.

Der Bayerische Jagdverband gab bereits am 23. Mai eine Presseerklärung heraus, in der es unter anderem hieß:

> Der zugewanderte Braunbär wurde von anerkannten Bärenexperten aus Österreich als klarer Problembär eingestuft. Es besteht eine erhöhte Gefahr zufälliger Zusammenstöße mit Menschen, auf die der Bär aggressiv reagieren könnte. Der Bär kann daher nicht in freier Wildbahn bleiben.

Damit war „Brunos“ Schicksal besiegelt.

In einem Interview mit der Frankfurter Allgemeinen Zeitung vom 23. Mai 2006 meinte ein Sprecher des Bayerischen Jagdverbandes: Die Suche nach dem Bären stelle für die Jäger generell eine Gefahr dar – etwa, wenn sie in der Nacht vom Hochsitz zu ihren Autos gehen. Die wichtigste Hilfe dabei sei der Jagdhund. Dieser könne erstens frühzeitig

> *Was ist schwärzer als die Kohle,*
> *als die Tinte, als der Ruß,*
> *schwärzer noch als Rab‘ und Dohle,*
> *als des Negers Vorderfuß …*
> *Sagt mir doch, wer dieses kennt,*
> *Bayerns neues Parlament.*
>
> Ludwig Thoma (1867 – 1921),
> bayerischer Volksschriftsteller

spüren, ob der Bär in der Nähe sei und so den Jäger warnen. Falls der Braunbär direkt auftauchen sollte, würde es zudem eher zu einer Konfrontation mit dem Hund kommen. Der Jäger hätte dann die Chance, sich aus dem Staub zu machen.

Alles in allem eine eher fatale Empfehlung, die letal enden kann. Denn wenn es in den ost- und südosteuropäischen Bärenländern zu Konfrontationen zwischen Bär und Mensch kommt, dann ist fast immer ein Hund im Spiel. Naiver ging's wirklich nicht!

In der Folge traf der Bär mehrfach mit Menschen zusammen, wurde sogar fotografiert, ergriff aber immer panikartig die Flucht. Eigentlich der beste Beweis für „Brunos" Harmlosigkeit. Gleichwohl forderte die Bayerische Staatsregierung aus Finnland „Bärenjäger" mit ihren Hunden an. Nachträglich wurde bezweifelt, dass die Spezialisten schon einmal einen Bären gesehen hatten. Probleme gab es bei den Jagdbemühungen, so sickerte aus dem Ministerium vertraulich durch, mit dem in Bayern frei zugänglichen und preisgünstigen Alkohol.

In der Folge traf der Bär mehrfach mit Menschen zusammen, wurde sogar fotografiert, ergriff aber immer – typisch Problembär… – panikartig die Flucht. Inzwischen trafen die finnischen „Bärenjäger" mit ihren Hunden ein.

Am 15. Juni musste der Seilbahnbetrieb aufs Brauneck (Berg bei Lenggries) eingestellt werden, da der Bär in diesem Gebiet vermutet wurde und keine Menschenleben riskiert werden sollten. Lächerlicher gings nicht mehr!

Am 26. Juni wurde „Bruno" auf einer Alm im Landkreis Miesbach im Auftrag des Landratsamtes erschossen. Der Name des Schützen blieb zu dessen Schutz zunächst geheim. Monate später wurde kolportiert, ein pensionierter Berufsjäger sei mit dem Abschuss beauftragt worden. Die Entrüstung über den Abschuss hielt lange an.

In der Folge wurde 2007 vom zuständigen Ministerium ein Bärenbeauftragter ernannt und ein „Managementplan" erstellt. Nach diesem Plan wäre der zugewanderte Bär als „gefährlich" einzustufen gewesen, obwohl er bei zahlreichen Zusammentreffen mit Menschen immer sofort flüchtete und somit als „ungefährlich" einzustufen gewesen wäre. Es lässt sich so auf den Punkt bringen: Der Bayerische Bären-Managementplan ist so ausgelegt, dass jeder zuwandernde Bär, egal wie er sich verhält, ganz schnell zum Problembären wird…

Die Europäer fühlen sich mehrheitlich wohl, wenn auf ihren Farbbildschirmen möglichst viel Blut fließt, doch ansonsten sind sie – verglichen mit anderen Völkern – ziemlich ängstliche „Scheißer". In der indischen Millionenstadt Mumbai (12 Millionen Einwohner) beispielsweise halten sich Leoparden nachts mitten in der Großstadt auf. Um die vierzig Tiere sollen es sein. Es gibt zahlreiche Infrarot-Aufnahmen, die zeigen, wie nahe sich dabei Menschen und Raubkatze kommen. Leoparden jagen dort Hunde, Katzen und Kleinvieh. Immer wieder kommt es auch zu Angriffen auf Menschen, aber die sind weit geringer als die durch Hunde in Deutschland, weit, weit geringer als Tötungsdelikte, die Männer an ihren Ehefrauen begehen, und zwar in Indien wie in Deutschland und erst in Österreich! Niemand hat bisher die vorsorgliche Tötung oder alternativ die Wegsperrung von Ehemännern gefordert, um Ehefrauen zu schützen…

In Anchorage, einer Stadt in Alaska, mit knapp 300.000 Einwohnern, leben im Sommer zahlreiche Schwarzbären mitten in der Stadt. Sie plündern in den Gärten Obst und Gemüse, während Schulkinder furchtlos wenige Meter an ihnen vorbeigehen.

In Harar in Äthiopien kommen Hyänen seit ewigen Zeiten Nacht für Nacht in die Stadt, wo sie von einem alten Mann gefüttert werden. Dabei gelten Hyänen als besonders gefährlich und ganz im Gegensatz zu Bär und Wolf als überaus mutig und angriffslustig. Hyänen erbeuten gelegentlich sogar Löwen. Aber Harar ist kein Einzelfall. Auch in anderen afrikanischen Städten leben Hyänen, Leoparden und sogar Löwen in enger Nachbarschaft mit Menschen. Dies wohlgemerkt nicht nur weit draußen in der Wildnis, sondern auch am Rande der großen Städte. In Botswana spazieren vielköpfige Elefantenherden – so war in einer Universum-Dokumentation im März 2019 zu sehen – durch die Stadt.

Wir Jäger verstehen uns mehrheitlich als die Fachkompetenz in Sachen Wildtier und Umwelt, jedenfalls soweit es sich um die heimischen Arten handelt. Wäre es da nicht ein Gebot der Stunde, in Sachen große Beutegreifer für Versachlichung und Entspannung zu sorgen statt Ängste zu schüren und Horrorszenarien aufzubauen? Das wäre schlicht Hege – Hege der Jagd, um ihre Glaubwürdigkeit und Zukunft zu sichern!

Wolf – Rotkäppchen darf nicht sterben

Was von den auch heute noch in die Welt gesetzten Horrormeldungen über Wölfe zu halten ist, zeigte uns schon Raoul von Dombrowski aus eigener Erfahrung:

> Ich selbst wurde im Winter 1890 in der Nähe von Curtea de Angesu in Rumänien von 7 Hunden, die übrigens Wölfen täuschend ähnlich sahen, überfallen und dankte mein Leben nur meiner blitzschnell zu ladenden Sauer'schen Selbstladeflinte. Die Hunde, von welchen vier am Platz blieben, sahen, wie gesagt, Wölfen außerordentlich ähnlich, herzueilende Bauern sprachen sie auch, alle Heiligen anrufend, als solche an, und nach wenigen Tagen lief durch die rumänischen Blätter eine Notiz, laut welcher ein deutscher Reisender bei Curtea de Angesu von Wölfen überfallen und – gefressen wurde! Ich lebe aber noch unangefressen und in Wahrheit waren jene vermeintlichen Wölfe bloß halbwilde und halbverhungerte Schafköter.

Berichte dieser Qualität gibt es zahllose. Wer aber glaubt, die Zeiten, in denen derartig dumm und reißerisch geschwafelt wird, seien vorbei, der irrt.

Bei den östlichen und südlichen Nachbarn Deutschland und Österreichs – Polen, Tschechoslowakei, Ungarn, Jugoslawien und Italien – war der Wolf nie ganz ausgestorben. Einzelne Wölfe erschienen sporadisch auch in Deutschland und Österreich. Sie wurden meist sehr rasch Verkehrsopfer oder wurden erschossen. Erst Ende des 20. Jahrhunderts gelang es zwei aus Polen in die Lausitz (Sachsen) eingewanderten Wölfen zu überleben. Dies gelang ihnen wohl vor allem deshalb, weil sie sich einen großen Truppenübungsplatz als neue Heimat aus-

> *Aus dem nämlichen Grunde rühret her, daß unsere Jägerei wegen der Wölfe sehr patriotisch denkt. Wären diese nur Feinde der Schafe, Rinder und Fohlen, nicht aber der Hirsche und wilden Schweine, so stünde es dahin, ob nicht auch eine Hege- und Setzzeit ihnen zum besten werden müßte.*
>
> Johann Friedrich Stahl, 1764,
> Forst- und Jagdprofessor in Stuttgart

Wolfsrudel.

Viele Menschen machen sich bei dem Gedanken, einem Wolf zu begegnen, in die Hose. Aber: Skifahren oder Snowboarden ist viel, viel gefährlicher...

suchten. Im Jahr 2000 wurden dort die ersten Welpen nachgewiesen. Heute kommen in allen deutschen Bundesländern Wölfe vor.

In Österreich lebt der Wolf wieder seit 2009. Erst waren es einzelne Durchzügler aus der Schweiz, Italien, Slowenien und der Slowakei, doch 2016 wurden erstmals hier geborene Jungwölfe auf dem Truppenübungsplatz Allentsteig (Niederösterreich) nachgewiesen. Seither wird die Existenzberechtigung des Wolfes in Österreich zunehmend heftiger diskutiert. Vor allem Jäger und Bauern verneinen diese und fordern eine generelle Freigabe. Während die Befürchtungen der Bauern zumindest teilweise nachvollziehbar sind, ist die Angst der Jäger wenig nachvollziehbar. Sie fürchten um ihre in vielen Gebieten des Landes weit überhöhten Schalenwildbestände. Berechtigt ist hingegen die Sorge der Jäger, der Wolf könne in Wintergatter eindringen und das dort artwidrig eingesperrte Halbjahresrotwild reißen.

In der Schweiz wurden im 20. Jahrhundert immer wieder Wölfe festgestellt; sechs wurden erlegt. Ob es eine Dunkelziffer gibt und wie hoch sie ist, bleibt unbekannt. Inzwischen wurden Wölfe in 22 von 26

Kantonen nachgewiesen. Es gibt mehrere reproduzierende Rudel. Problemwölfe werden erlegt.

Die großen, überregionalen jagdlichen Organisationen machen massiv Stimmung gegen den Wolf. Er stellt ihr Bild von Jagd und Hege in Frage. In „Der Anblick" 10/2018 wird im Artikel „Wolfsrudel und andere Baustellen" ein deutscher Funktionär der FACE zitiert. Er polemisierte ungeniert, in Frankreich würde die Mindestrente pro Jahr nicht einmal 10.000 Euro betragen, gleichzeitig würden 73.000 Euro je Wolf vergeudet. Damit würde jeder Wolf jeden Franzosen 0,001 Euro kosten. Lächerlicher lässt sich nicht argumentieren!

Nun, er hätte nicht nach Frankreich blicken müssen, denn in Deutschland müssen viele Frauen nach einem harten Arbeitsleben mit weit weniger als 500 Euro im Monat zufrieden sein. Nimmt man jene Summen, die zur industriellen Produktion von Fasanen als lebende Schießscheibe aufgebracht werden oder jene, die für Kraftfutter zur Steigerung der Trophäenoptimierung lockergemacht werden, dann verblassen die Kosten für den Wolf. Gut, man könnte dagegenhalten, dass Wolfsschäden mit öffentlichen Geldern beglichen werden. Aber die durch überhöhte Schalenwildbestände entstehenden Schäden am Wald und insbesondere jene im Schutzwald übersteigen die Wolfsschäden in Österreich sicher um das Tausendfache. Man denke nur an die Milliarden teuren Lawinenverbauungen im Alpenraum, die vom Steuerzahler getragen werden. Sie wären mit schlichter Gesetzestreue weitgehend unnötig.

Derselbe Funktionär drückt auch kräftig auf die Tränendrüse. Er meint, *„es könne nicht sein, dass das Leid des Schafes einfach ausgeblendet werde"*. Vielleicht sollte er einmal mit einem im Winter regelmäßig am Kraftfuttertrog stehenden und an Acidose leidenden Reh, einem Jungfasan, dem der Schnabel abgebrannt wird oder mit einem Bussard, der etliche Tage mit den Ständern in einem Schwanenhals hängt, reden… Vom Leid der vielen in Mitgliedsländern der FACE alljährlich von Jägern angeschossenen Menschen und ihrem oft lebenslangen Leid wollen wir gar nicht reden! Davon wurde jedenfalls nichts gesagt, auch nicht über die millionenfache Kastration von Ferkeln ohne jede Betäubung, in Deutschland und anderen EU-Ländern, auf die Bauernverbände und Politiker pochen. Auch werden europäische Rinder, Schweine und Schafe, die in den Viehtransportern jämmerlich leiden und verrecken, kaum glücklicher sein als ein vom Wolf gerissenes Schaf!

Ob Wölfe in Deutschland und Österreich künftig wieder dauerhaft leben werden, hängt in erster Linie vom Hegeverständnis der Jäger ab. Die Wahrscheinlichkeit ist in Deutschland größer als in Österreich, weil es in Deutschland für die Wölfe zahlreiche geschützte Räume in den großen Truppenübungsplätzen gibt. Dort sind sie vor illegalen Abschüssen, Fang und Vergiftung relativ sicher. In Österreich sind – mit Blick auf Luchs und Bär – Zweifel angebracht.

Ein Blick nach Tschernobyl, wo die Explosion eines Kernreaktors weite Landesteile auf Generationen hinaus für Menschen unbewohnbar machte, zeigt uns, dass Wildtiere dort wieder eine Heimat gefunden haben, auch die Wölfe. Menschen können dort nicht mehr leben. Aber ein Wolf wird eben nur fünf, sechs Jahre alt, viele sterben ohnehin früher. Das gilt auch für Wildschweine, Hirsche, Elche, Wisente, ausgewilderte Przewalski-Pferde und zahlreiche andere Tierarten. Doch in diesem Alter ist der Mensch noch lange nicht ausgewachsen, geschweige denn reproduktionsfähig. Das einzige, über das er in diesem Alter schon verfügt, ist seine über Generationen anerzogene Überheblichkeit. Und so ist es durchaus denkbar, dass auch – mit oder ohne atomare Katastrophe – Deutschland, Österreich und andere europäische Länder in gar nicht so ferner Zukunft wieder Heimat von Wolf, Bär, Fischotter oder Luchs sein werden, aber nicht mehr für uns Menschen…

Immer wieder wird die Gefährlichkeit des Wolfes für den Menschen, insbesondere für Kinder, hervorgehoben. Während aber bisher kein einziger Angriff eines gesunden Wolfes auf den Menschen nachgewiesen wurde, sterben in Deutschland im Schnitt jährlich 3,6 Menschen (0 bis 8 Sterbefälle/Jahr) durch Hunde. Nicht tödlich ausgehende Hundebisse werden in Deutschland nicht bundesweit erfasst. Zahlen gibt es in dieser Sparte nur aus einzelnen Bundesländern. In Nordrhein-Westfalen werden im Jahr über 800 Angriffe registriert. Das Deutsche Ärzteblatt spricht von 30.000 bis 50.000 Bissverletzungen jährlich. Eine Meldepflicht gibt es nicht. Von einer Dunkelziffer darf ausgegangen werden. Eine Meldepflicht gibt es auch für all jene Haustiere – insbesondere Schafe – nicht, die von Hunden gerissen werden.

In Österreich (knapp 9.000.000 Einwohner gegenüber 82.000.000 in Deutschland) werden jährlich rund 6.000 Menschen in ein Spital eingeliefert, weil sie von Hunden angegriffen wurden.

Viele Menschen machen sich bei dem Gedanken, einem Wolf zu begegnen, in die Hose. Aber viele von ihnen sind auch Ski- oder Snowboardfahrer. Dabei ist eine Piste und erst recht die Räume neben den Pisten ungleich gefährlicher als der nächtliche Wolfswald. Über 50.000 Unfälle werden pro Jahr verzeichnet, und nicht wenige enden tödlich. In Deutschland werden die Lawinentoten vorsichthalber gar nicht statistisch erfasst. Die Zahlen kämen der Tourismusindustrie und den Sportverbänden wohl nicht gelegen. Nicht nur die Winter sind im Gebirge – auch ohne Wölfe – lebensgefährlich. 2017 verzeichnete die österreichische Bergrettung 238 Bergtote, 110 von ihnen muteten sich beim Wandern zu viel zu (Österreichisches Kuratorium für Alpine Sicherheit). Müssten fairerweise nicht alle jene Touristiker, die bei einer Rückkehr der Wölfe den Tourismus zusammenbrechen und tausende Arbeitsplätze schwinden sehen, dringend vor den tödlichen Gefahren des Aufenthalts im Gebirge warnen?

Vielleicht abschließend noch ein Beispiel, wie auch Menschen, die wir eigentlich kraft ihres Amtes ernstnehmen müssen, geradezu grausig schwadronieren. Oberlandforstmeister Hartig, damals Chef der preußischen Forstverwaltung, hinterließ uns 1836 folgenden Text:

> Man hat Beispiele, daß eine Rotte hungriger Wölfe Reiter angefallen und, trotz der mutigsten Gegenwehr, Mann und Pferd aufgefressen haben. Eine alte, zahnlose Wölfin raubte im Jahre 1813 zwölf kleine Kinder in Preußen und nahm unter anderem ein 13-jähriges Mädchen, das seiner Mutter beim Behacken der Kartoffeln behilflich war, weg. In den preußischen Forsten habe ich selbst einige Schädel von Kindern gefunden, die ohne Zweifel von Wölfen erwürgt und aufgefressen worden waren.

Zumindest ein Mindestmaß an Kenntnis der Tötungstechnik und des Fressverhaltens der Wölfe hätte sich Hartig, bevor er zu schwafeln begann, aneignen können. Alles Tobak von gestern, alles längst vergessen und überwunden? In „Der Anblick“, Heft 7/2018 schreibt ein noch lebender, auch in Österreich hochgeschätzter Wildbiologe über die Gefährlichkeit europäischer Wölfe: „*Wölfe haben Tausende über Tausende Menschen getötet, wie europäische und asiatische Quellen berichten, jedoch gibt es in Nordamerika nur wenige dokumentierte tödliche Attacken.*“ – Dies sagt der Wildbiologe Prof. Dr. Valerius Geist, ohne einen einzigen Fall zu dokumentieren.

Der Tod lauerte auf dem Friedhof…

Im November 2018 berichtete die deutsche „BILD“, in der niedersächsischen Gemeinde Steinfeld habe ein Wolf einen Friedhofsgärtner angegriffen und verletzt. Auch zahlreiche andere Medien berichteten darüber. In den Printmedien wie in den „sozialen“ Medien kochte es. Dabei war für mich nicht eindeutig, was war echte Angst und Empörung und was war Erleichterung darüber, dass endlich etwas passierte. Der Wolf, so es einer war, was keineswegs erwiesen ist, war auch nicht alleine. Nach Aussagen der „BILD“ blickte der Friedhofsgärtner gleich noch drei weiteren Wölfen ins Gesicht. Demnach war es ein ganzes Rudel, welches den armen Gärtner überfiel.

Doch zum Hergang: Der Friedhofsgärtner repariert einen Zaun und hockt dabei auf dem Boden. Dabei soll sich, von ihm unbemerkt, von hinten ein Wolf angeschlichen und ihn in den Arm gebissen haben. Der Biss kann so hart nicht gewesen sein, denn der Verletzte sah keinen Grund, zum Arzt zu gehen. Er tat dies erst am Folgetag auf Drängen Dritter.

Der Gärtner nimmt einen Hammer und schlägt dem mutmaßlichen Wolf auf die Pfote. Dazu musste er sich sicher umdrehen. Ob das ginge, wenn ein Wolf seine Fangzähne in meinen Arm schlägt, weiß ich nicht. Aber sicher hätte ich versucht, dem Wolf den Hammer mit voller Wucht auf den Schädel zu dreschen. Gerangel mit dem Tier gab es keines. Der „Täter“ und die drei zuschauenden Tiere haben sich, ohne irgendwie aggressiv zu reagieren, entfernt.

Niedersachsens Umweltminister Olaf Lies (SPD) ordnete eine Untersuchung an, doch es gab keinen genetischen Nachweis. Auf dem Hammer, mit dem der Friedhofsgärtner den „Angriff“ abgewehrt hatte, fanden sich weder Blut noch Haare noch andere Spuren. Auf dem Pullover des Gärtners fanden sich nur Hunde- und Katzenhaare.

In Österreich sterben jedes Jahr 1.900 Menschen durch Behandlungsfehler – Spitäler etablieren Fehlermanagement.

„Der Standard“, 4. April 2014

Dass vor allem junge, unerfahrene Wölfe eine eventuelle Beute erst einmal testen, ist bekannt. Der Wolf hat das Bild eines aufrechten Menschen gespeichert, nicht das eines am Boden kauernden, für ihn zunächst undefinierbaren „Klumpens". Menschliche Witterung haben Wölfe im dichtbesiedelten Deutschland überall in der Nase, schon weil sie – wenn auch nicht offiziell – mehr als vorstellbar gefüttert werden. Das ist auch auf norddeutschen Truppenübungsplätzen der Fall, wo der Lärm übender Panzer offensichtlich Jungwölfe anlockt, weil sie von Soldaten mit Futterbrocken gelockt und belohnt werden. Dass diese Wölfe später auch außerhalb der Übungsplätze wenig Scheu zeigen, ist nachvollziehbar. Es sind schlicht naive Wolfsfreunde, aber auch Fotografen, die zu Anblick und Bildern kommen wollen. Gleiches erlebten wir hier in Österreich ja auch mit Bären.

Mark McNay hat in Nordamerika neunzig kritische Begegnungen von Wölfen mit Menschen untersucht. In einem Fall wollte ein Jungwolf einem schlafenden Camper das Kopfkissen stehlen. Wotschikowsky schreibt dazu: *„Solche Vorkommnisse sind Teil des Lernverhaltens junger Wölfe. Doch daraus entwickelt sich keine Angriffslust."*

Vielleicht sollten wir abschließend einmal die Abschusszahlen beim Schalenwild in jenen beiden deutschen Landkreisen anschauen, in denen sich die von Polen zugewanderten Wölfe zuerst niederließen und seit vielen Jahren reproduzieren. Es sind die Kreise Bautzen und Görlitz, beide direkt an der polnisch-deutschen Grenze. Ausgehend von 2011 blieben die Strecken beim Rehwild mit rund 8.000 Stück/Jahr etwa gleich. Die Rotwildstrecke schwankt geringfügig, brach aber nicht ein. Die Damwildstrecken stiegen von 300 auf 400 Stück/Jahr, und die Schwarzwildstrecke stieg sogar von rund 6.000 im Jahr 2011 auf über 10.000 Stück. Ulrich Wotschikowsky erklärt die Streckensteigerungen damit, dass sich die Wölfe eventuell aus der „schwarzen Kasse" bedient haben. Will heißen, die Wildbestände wurden wahrscheinlich über Jahrzehnte viel zu niedrig eingeschätzt.

Es ist wohl ein Gebot der Fairness, das Kapitel Wolf mit einer Auflistung jener Verbrechen abzuschließen, an denen sich der Wolf garantiert nicht beteiligt:

– Wölfe sind nicht an der bedrohlichen Anreicherung unseres Trinkwassers mit Nitraten beteiligt. Nach einer Meldung des deutschen Umweltbundesamtes werden an etwa 28 Prozent aller Messtellen im Einzugsbereich landwirtschaftlicher Nutzung die Schwellenwerte für Nitrat überschritten. Das Umweltbundesamt stellt weiter fest, dass diese Nitratanreicherungen zu Preissteigerungen beim Trinkwasser von bis zu 45 Prozent führen, die der Verbraucher tragen muss.

- Wölfe sind nicht an der Verseuchung des Trinkwassers mit Atrazin (verboten seit März 1991) und anderen Rückständen aus der Landwirtschaft beteiligt.
- Wölfe leisten keinen Beitrag zur Verseuchung unserer Lebensmittel mit Antibiotika und zu den daraus resultierenden, unsere Leben bedrohenden dramatischen Folgen in der Medizin.
- Wölfe tragen keine Schuld an der Verseuchung unserer Umwelt mit östrogenähnlichen Substanzen und der damit einhergehende Minderung der Spermienqualität mitteleuropäischer Männer sowie der steigenden Hodenkrebs-Rate.
- Wölfe tragen nicht zum Anstieg des CO_2-Anteils in der Luft und somit zur Zerstörung der Umwelt bei.

Jeder mag sich Gedanken machen, in welchem Maße Wölfe unsere Gesundheit bedrohen und welchen Einfluss sie auf die Zukunft unserer Kinder und Enkel haben.

Biber-Hege (fast) positiv

In Österreich wurde 1869 der letzte Biber erlegt. In der Folge blieb Österreich einhundert Jahre hindurch biberfrei. 1970 setzte dann das Institut für vergleichende Verhaltensforschung zusammen mit der Stadt Wien in den Donauauen 15 kanadische und 32 europäische Biber aus. Während die Kanadier bald wieder verschwanden, breiteten sich die europäischen Biber rasch aus. Heute (2019) gehen Fachleute von

> *Man will auch sagen und ich bin auch dieser Mainung, daß die Piper wie die Hasen Hermaphroditen, das ist Maindl und Weibl, aber abwechselnt ein Jahr umb das andere sein.*
>
> Martin Strasser von Kollnitz

Holzfäller Biber.

Die Wiedereinbürgerung des Bibers ist mehr als gut gelungen. Inzwischen regt sich gegen den Biber vielerorts Widerstand von Seiten der Land- und Forstwirte.

ungefähr 7.600 in Österreich lebenden Bibern aus. Die Art kommt inzwischen in allen Bundesländern vor, ist aber inneralpin eher gering vertreten. Die Hauptvorkommen liegen in Nieder- und Oberösterreich. Bereits seit 1961 lebt er auch wieder in Vorarlberg, wo er zuvor volle 350 Jahre fehlte.

In Mitteldeutschland (DDR) konnten sich einige wenige Vorkommen halten, die auch unter Schutz standen, während die Vorkommen im übrigen Deutschland (BRD) erloschen waren.

Die Wiedereinbürgerung des Bibers ist eine interessante Sache, schließlich ist die Rückholung einer verschwundenen Tierart ein gelungenes Stück Hege. Aber diese Hege geht in erster Linie auf das Konto von Naturschutzorganisationen. Jagdliche Organisationen sind mehrheitlich erst auf den fahrenden Zug aufgesprungen.

Inzwischen regt sich gegen die Biber vielerorts Widerstand von Seiten der Land- und Forstwirte wie von Kommunen bzw. Gemeinden.

Die Rückkehr des Fischotters

Fischotter standen in Deutschland wie in Österreich – wo sie überhaupt noch vorkamen – vor dem Aussterben. Erst in den letzten fünfundzwanzig Jahren gelang es ihnen, längst verlassene Lebensräume wieder zu besiedeln, sodass man die Art in diesen beiden Ländern – im Moment – nicht mehr als vom Aussterben bedroht klassifizieren kann. Für andere europäische Länder lässt sich das so nicht sagen.

Der Wildbiologe und Fischotter-Experte Andreas Kranz weist darauf hin, dass Otter in Österreich inzwischen so ziemlich alle geeigneten Lebensräume wieder besiedelt haben. Fischer behaupten gar, durch den Otter seien zahlreiche Gewässersysteme fisch-ökologisch tot. Tatsächlich sind die Fischbestände in den Fließgewässern vielerorts dramatisch zurückgegangen. Hier muss angemerkt werden, dass der Otterbestand von Fischern auch in jenen Gewässern als viel zu hoch bezeichnet wird, die vor Eintreffen des Otters – nach Aussage derselben Sportfischer und mancher Politiker – bereits vom Kormoran leergefischt waren. Es kann also irgendetwas nicht stimmen. Entweder haben Kormoran und Reiher die Gewässer nicht leergefischt und die Otter fanden hier beste Lebensbedingungen, oder Fische spielen als Otternahrung gar keine große Rolle. Letzteres wird man verneinen müssen.

Anders ist die Situation an kommerziell genutzten Teichen. In diesen ist der Fischbesatz regelmäßig sehr hoch. Regelmäßig werden völlig unerfahrene, futterabhängige Jungfische nachgesetzt. Eine Variante gewerblicher Fischwirtschaft sind die kommerziellen Angelteiche. Auch hier werden laufend fangfähige Fische eingesetzt und fortlaufend von „Sportfischern" wieder herausgefangen. Der Großteil dieser Fische (mehrheitlich Forellen) wird vom Haken befreit und wieder ins Wasser zurückgesetzt – „catch and release".

Fischotter bejagen solche Gewässer besonders intensiv und erfolgreich. Die zwar ans Wasser, aber keineswegs an die Natur angepassten,

> *Wir sind daher gut beraten, das „Otterproblem", das eigentlich „Fischbesatzproblem" heißen müsste, anders in den Griff zu bekommen.*
>
> Andreas Kranz, Wildbiologe

Fischotter.

Fischotter standen in Deutschland wie in Österreich vor dem Aussterben. In Österreich haben sie inzwischen so ziemlich alle geeigneten Lebensräume wieder besiedelt.

zudem futterabhängigen Fische sind eine leichte Beute für den Otter. Hinzu kommt, dass der Drill die am Haken hängenden Fische stresst und entkräftet. (Unter „Drill" wird das Einholen eines Fisches verstanden, der am Haken hängt.) Je mehr sich der Fisch wehrt – was für ihn sicher mit erheblichen Schmerzen und Stress verbunden ist – umso höher das Erlebnis für den Fischer. Zwar wird von den meisten Sportfischern bestritten, dass Fische Schmerzen empfinden, doch konnte dies von der Wissenschaft längst widerlegt werden. Selbstverständlich empfindet ein Fisch erhebliche Schmerzen und Stress, wenn er mit seinem Maul an einem Stahlhaken hängt, ebenso wenn der Fischer diesen Haken vom zappelnden Fisch zu lösen versucht. Bei größeren Fischen sitzt der Haken aber häufig auch viel tiefer im Fischkörper und wird einfach herausgerissen. Es ist klar, dass solche Fische für den Otter eine besonders leichte Beute darstellen.

Wie bei anderen Wildarten auch, schlägt sich beim Otter „Fütterung" in Vermehrung nieder. Fütterung, das bedeutet beim Otter ständiger Besatz der Gewässer mit Zuchtfischen, wobei zumindest in der

Vergangenheit die Gewässerökologie in erhebliche Schieflage geriet. Dieser, von den Fischern mehrheitlich als Hege verstandene Besatz, ist auch notwendig, weil die Zahl der Sportfischer die natürliche Reproduktionskraft vieler Gewässer bei Weitem übersteigt! Früher wurde gefischt, weil Fisch als Lebensmittel begehrt war und benötigt wurde. Heute wird – wenn wir die gewerbsmäßige Fischzucht ausklammern – zum Zeitvertreib gefischt. Die meisten der gefangenen Fische werden wieder ins Wasser zurückgesetzt. Um diesen Zeitvertreib attraktiv zu halten, wird der Otter – ungewollt – gefüttert. Hinzu kommen die Teichanlagen, die der Produktion dienen, und natürlich stellen auch sie „Fütterungen" dar.

Wenn für den Otter auch Fische die Hauptbeute darstellen, so ist sein Beutespektrum doch wesentlich breiter. Jeder Teichwirt weiß, dass Bisam dort schnell verschwinden, wo der Otter jagt. Gleiches ist von Nutrias bekannt. Otter jagen auch Krebse und in erheblichem Maße Amphibien, letzteres besonders in der kalten Jahreszeit, wenn sich diese am Gewässergrund im Schlamm eingegraben haben und leicht zu erbeuten sind. Gerade die früher in Massen vorkommenden Froschlurche sind in den letzten Jahren durch Verlust von Feuchtgebieten und intensivster Landwirtschaft vielerorts fast dramatisch zurückgegangen. Besonders deutlich wird das während der Laichzeit. Fische haben für den Otter heute möglicherweise eine größere Bedeutung als in Zeiten intakter Landschaften!

An dieser Stelle darf Imke Hodi-Rohn zitiert werden, die in „Fischotter", 1978 herausgegeben vom Bayerischen Staatsministerium für Ernährung, Landwirtschaft und Forsten, über die Aufzucht Kanadischer Otter berichtet:

> Seit 1928 befasste sich der Amerikaner Liers mit der Haltung und Aufzucht des Kanadischen Otters *(Luta canadensis)*. Letzteres gelang ihm vorzüglich und sogar in 2. Generation, jedoch erst auf Grund einer sachgemäßen Ernährung, die kaum aus Fisch besteht. Liers Otter starben oder wurden zumindest krank, als er anfänglich nur Fisch fütterte.

Für den Rückgang der Fischbestände wird von den Fischern vor allem der Otter verantwortlich gemacht. Sicher ist wohl, dass es mehrere Ursachen gibt, wobei längst noch nicht alle bekannt sind. Zu den bekannten Ursachen zählen sicher die Fischer selbst. Hierzu Hodi-Rohn:

> Ein dem Otter gegenüber sachlich eingestellter Fischer berichtete mir über die Fischwasser im Landkreis Wegscheid (Bayer. Wald), dass bis 1960 die Forellengewässer ohne besonderes Eingreifen gegen den Fischotter „hervorragende Forellenbestände" aufwiesen. „Erst als die staatlichen Gewässer an Landes- und Bezirksfischereivereine verpachtet wurden, geht es mit den Salmonidenbeständen rapid bergab. Wo früher vier oder fünf Herren gelegentlich fischten, fischen heute 40 oder 50 fast jeden Tag … der schlimmste Feind des Edelfisches ist der Mensch."

Inzwischen wird der Otter – zur Rettung der Angelfischerei – fast in allen österreichischen Bundesländern wieder verfolgt. Es geht also auch hier um „Hege" – um die Hege von Angelfischen für den Massensport Freizeitangeln. Vorreiter war das Bundesland Niederösterreich. Dort wurden 2018 zwar nur 40 Otter zur „Entnahme" durch Fang in Lebendfallen oder Abschuss freigegeben, doch muss befürchtet werden, dass die Praxis kaum anders sein wird als bei den Greifvögeln.

Der Verband der Österreichischen Arbeiter-Fischerei-Vereine verlautbart im „Anblick" 7/2018, in der Steiermark seien durch den Fraßdruck der Otter ganze Gewässersysteme fischökologisch tot. Das sei eine *„Kulturschande"* und eine verantwortungslose Ignoranz gegenüber *„Zehntausenden steirischen Fischern"*, die sich als Heger und Pfleger heimischer Gewässer verstünden. Zumindest wurde hier Farbe bekannt: „Zehntausende Sportfischer" gegen vielleicht 500 Otter – so die offizielle Angabe des Landes Steiermark, basierend auf Daten des Monitorings.

> Zu den wichtigsten Ursachen für die gute Ausbreitung der Fischotterbestände zählen unter anderem intensiv bewirtschaftete Fischteiche und ein teilweise intensiver Besatz mit adulten Fischen in Fließgewässern.
> Dies hat zur Folge, dass dem Fischotter in vielen Fällen übermäßig viel Nahrung zur Verfügung steht. Das dynamische Gleichgewicht zwischen Räuber und Beute wird im Falle des Fischotters unter anderem durch diese „künstlichen" Nahrungsquellen gestört. Damit geht die Rückkopplung verloren, dass bei sinkenden Fischbeständen in natürlichen Gewässern auch der Fischotter im Bestand abnimmt.
> *(Quelle: https://www.verwaltung.steiermark.at/)*

Die heimische Fischfauna hat viele Gegenspieler. Da sind zunächst die Sportfischer selbst, weniger durch die Ausübung ihres Sportes als durch das Einsetzen von Zuchtfischen. Es ist die Wasserwirtschaft in ihrer Gesamtheit, die vielgestaltige Freizeitnutzung der Gewässer und selbstverständlich sind auch alle „Fischfresser" Gegenspieler. Wenig diskutiert wird der Rückgang an Insekten, die für viele Fischarten eine überlebenswichtige Nahrung darstellen. Auch wenn es nicht gerne gehört wird, aber der Maisanbau schlägt bis auf den Gewässergrund durch. Denn es sind ja nicht nur die über dem Wasser tanzenden Images der Insekten, sondern auch ihre Larven vom Grund bis unter den Wasserspiegel.

Eine Frage bleibt unbeantwortet: Wie ist es möglich, dass sich Otter in „fischökologisch toten Gewässersystemen" ansiedeln, dortbleiben und sogar noch vermehren?

Auerhahn beim Flattersprung.

Rücksicht auf bedrohte Arten

Auerwildschutz durch Abschuss?

In Deutschland und in Österreich gilt der Abschuss der Auer- und Birkhähne am Balzplatz bis heute als die traditionelle Jagdart schlechthin. Die Jagd im Herbst vor dem Hund wird von der Mehrheit der Jäger abgelehnt. Argumentiert wird dabei immer wieder mit der „Weidgerechtigkeit". Das war keineswegs immer so. Älter ist wahrscheinlich die herbstliche Suche mit dem Hund, die in anderen europäischen Ländern heute noch betrieben wird. Dabei wird zwischen der Suche mit dem Vorstehhund und jener mit dem Verbeller unterschieden. Döbel bemängelte schon vor rund dreihundert Jahren, dass manche Jäger keine andere Art wüssten, diese Wildarten zu bejagen, als jene am Balzplatz. Er stellte die Balzjagd zwischen den Zeilen als jene dar, für die am wenigsten Können notwendig ist. Daneben gab es aber gerade in unserem Sprachraum noch die Treibjagden, auf denen ursprünglich Raufußhühner beiderlei Geschlechts geschossen wurden.

In alter Zeit bedurfte es keiner Begründung dafür, welcher Jagdart man sich bediente. Im Gebirge galt aus nachvollziehbaren Gründen der Balzjagd die höhere Aufmerksamkeit, das geboten schon das Gelände und das Fehlen geeigneter Hunde zur Suche oder gar zum Vorstehen. Dennoch finden wir bereits bei Strasser von Kollnitz Hinweise auf die Jagd mit dem Verbeller. Abgesehen davon spielte zu seiner Zeit auch der Fang mit Netzen eine nicht geringe Rolle.

... werden bei uns im Gegensatz zu den skandinavischen und anderen Ländern die Hähne ausschließlich im Frühling erlegt. Wer dagegen ist, gilt als jagdlicher Banause. Wohin wir damit gekommen sind, wissen wir ... Vivat sequentes, denn Auer-, Birk- und Haselwild ist nun einmal in vielen Gebieten wirklich zum Naturdenkmal geworden.

Ulrich Scherping

Die Frühjahrsbejagung der Auer- und Birkhähne wird bis heute als Hege verteidigt. Kernsatz war es durch mehr als ein Jahrhundert hindurch, es gelte dabei, die „alten Raufer“ zu erlegen, um ein Veröden der Balzplätze zu verhindern. Es ist gar nicht so lange her, dass dieser ausgemachte Blödsinn den Jungjägern noch vermittelt wurde.

Raesfeld: *„Daher sind die alten Hähne stets das erste Ziel des Abschusses. Nähmen die jungen, abgekämpften, sich verstreichenden Hähne nicht auch die Hennen mit, so brauchte man sich darob nicht so sehr zu grämen.“*

Raesfeld vertrat also die Meinung, die alten Hähne würden die jungen dazu bringen, das Revier zu verlassen und die Hennen gleich mitzunehmen. Daher sollten alte Hähne unbedingt erlegt werden. Er glaubte alte Hähne auch daran zu erkennen, dass sie alleine balzten. Raesfeld: *„Nun handelt es sich um die Frage, an welchen Merkmalen der Beobachter den alten Hahn von jungen Hähnen unterscheiden kann. Da ist zunächst und als sicherstes Zeichen die Tatsache zu nennen, dass, wenn ein Hahn in weitem Umkreis keinen jüngeren duldet, das stets ein alter Hahn ist.“*

So einfach war das also. Balzte auf einem Platz nur noch ein Hahn, weil die anderen erlegt wurden, dann war es ein alter Hahn und musste unbedingt auch noch weg!

Was aber hat sich daran geändert? Nichts – gar nichts! Nach wie vor will der Jäger einen „alten“, starken Hahn, egal ob Auer- oder Birkhahn. Er schießt keinen „Schneider“. Er kann es sich gar nicht leisten, einen Jährling zu schießen, denn das würde von seiner jagdlichen Umgebung kaum verstanden. Als Heger gilt immer noch jener, der einen möglichst alten Hahn schießt, einer, der angeblich dazu beiträgt, Reliktvorkommen erlöschen zu lassen oder der einfach seine Lebensaufgabe bereits erfüllt hat.

Wir müssen weder Auerwild noch Birkwild bejagen. Die Zeiten, da für Abschuss und Fang von Auerhühnern noch Prämien bezahlt wurden, sind vorbei. Sie gelten auch nicht mehr als schwere Forstschädlinge, weil sie im Winter vor allem Nadelholztriebe fressen. Wo ihre Bestände gesichert sind, mag auch eine sparsame jagdliche Nutzung unbedenklich sein. Dann sollten jedoch nicht den alten Hähnen das Lebenslicht ausgeblasen werden, sondern eher den jungen Beihähnen.

Schnepfenjagd im Frühjahr

Man hat sich in älterer Zeit wohl keine Gedanken darüber gemacht, welche Art der Bejagung für die Waldschnepfe wohl die gelindeste sei. Man schoss sie einfach – im Frühjahr auf der Einzeljagd wie im Herbst bei den Treibjagden. Dass die Frühjahrsbejagung der abgemagert aus ihren Winterquartieren zurückkehrenden Schnepfen schließlich zum jagdlichen Mythos wurde und bis heute beschworen und verteidigt wird, hat sicher mehrere Gründe. Mit dem Schnepfenstrich war die jagdlose Zeit während der Winterwochen zu Ende. Diese gab es früher allerdings in vielen Revieren gar nicht, denn wenn das Schalenwild Schonzeit hatte, wurde immer noch auf Füchse, Marder, Otter und andere Arten gejagt. Abgesehen davon hatte mancherorts das Wasserwild auch im März und teilweise noch im April Jagdzeit. Heute ist es vielerorts das Schwarzwild, das den Jäger auch in der „jagdlosen Zeit" beschäftigt.

Früher gab es ja auch noch die Raben- und Greifvögel, für deren Bekämpfung der Jäger gerade im Spätwinter und zeitigen Frühjahr Zeit fand. Viele Jäger hielten sich einen Uhu für die Krähenhütte – eine am Boden befindliche Ansitzeinrichtung, von der aus die „Hüttenjagd" auf Raben- und Greifvögel ausgeübt wurde. Dazu wurde vor der Hütte eine „Jule" angebracht, ein in den Boden geschlagener Pfahl mit einem Querholz, auf die ein ansonsten in einer Voliere oder in einem Stall gehaltener Uhu gesetzt wurde. Krähen- und Rabenvögel sowie Greifvögel „hassten" auf den Uhu und wurden aus der Hütte heraus erlegt.

Welches Vergnügen haben jene Jagdliebhaber, die da im Frühjahr mit dunstgeladener Flinte früh und abends Wege laufen und fahren, um das in zärtlicher Begattung lebende Schnepfenpaar, in Stärke einem Sperling gleich, sei es Hahn oder Henne … während ihrer vertraulichen Annäherung durch einen wenig muthigen Angriff zu 2/3 anzuschießen, 1/3 aber nur wirklich todtzuschießen oder zu fehlen?

Oberförster Elias, 1880,
auf der 38. Generalversammlung
des Schlesischen Forstvereins

Schnepfenstrich.

Früher hat man sich keine Gedanken darüber gemacht, welche Art der Bejagung für die Waldschnepfe wohl die gelindeste sei. Man schoss sie einfach...

Auch das Ausschießen brütender oder ihre Jungen aufziehenden Vögel galt nicht nur als Erfordernis der Hege, sondern auch als nettes Vergnügen.

Doch die Waldschnepfe stand ihres Wildbrets wegen über Krähe und Bussard. Es war zwar nicht viel dran an ihr, aber ihr Wildbret galt als ganz besonders delikat, und die Frühjahrsbejagung war schlicht ein Mythos. Daher löste ihr Verbot in Deutschland heftige und durch viele Jahre anhaltende Proteste hervor. Selbstverständlich wurde die Frühjahrsbejagung auch als ein Erfordernis der Hege verteidigt. Argumentiert wurde, dass man nur auf dem Balzflug die Schnepfen nach dem Geschlecht ansprechen und selektiv erlegen könne. Das ist richtig.

Wenn heute immer wieder mit der geringen Zahl der im Frühjahr erlegten Schnepfen argumentiert wird, verschweigt man die Zahl der beschossenen, aber nicht zur Strecke gekommenen geflissentlich. Es wird so getan, als gäbe es beim Schrotschuss auf Federwild – zumal auf ein so kleines wie die Schnepfe – nur zwei Möglichkeiten: Das beschossene Wild fällt tot zu Boden oder es ist schlicht vorbeigeschossen.

Es muss aber davon ausgegangen werden, dass die Zahl jener Schnepfen, die sehr wohl Schrote abbekommen, ohne zu Boden zu gehen und gefunden zu werden, die größere ist. Das wird bei anderen Niederwildarten ebenso sein.

Ein Problem ist, dass beim Schuss in der Dämmerung gegen den hellen Himmel die Entfernung grundsätzlich schwer einzuschätzen ist. Das gilt auch für die Entenjagd beim Schuss übers Wasser oder beim Schuss auf den Hasen, der über den strukturarmen Brachacker flüchtet. Das zweite Problem ist die mangelnde Bereitschaft vieler Jäger, wirklich regelmäßig auf dem Schießstand zu üben. Sie bevorzugen die lebende und leidende Kreatur als Übungsobjekt.

Inzwischen ist die Frühjahrsjagd auf Schnepfen fast überall Vergangenheit. Das war abzusehen, und gerade deshalb ist es schade, dass es wieder einmal nicht die Jäger selbst waren, die das Heft des Handelns in die Hand nahmen. Es waren die EU mit ihrer Vogelschutzrichtlinie und die Vogel- und Naturschutzorganisationen, welche der Schnepfenjagd im Frühjahr den Hahn zudrehten. Wir aber schwafelten etwas von Hege, deretwegen wir auf der Frühjahrsjagd beharren, und standen völlig unnötig als Verlierer und Ewiggestrige da.

Wo Landschaft noch Struktur hat, da leben Wildtier und Mensch gut.

Der Kampf gegen die Umwelt

Das organisierte Schweigen der Heger

> *„Grönland war einmal ein grünes Land, mit Weinanbau."*
>
> H.C. Strache, ehemaliger Vizekanzler der Republik Österreich, im Ö1-Mittagsjournal, zu einem Land, das seit mindestens hunderttausend Jahren mit Eis bedeckt ist.

Es ist schon erstaunlich, welche Kraft Jagdorganisationen für den Erhalt von Dingen investieren, die dem Ansehen und der Glaubwürdigkeit der Jagd nur schaden können. Es ist unglaublich, wie manche jener, die die Jagd aus dem Gestern in die Zukunft führen sollen, argumentieren, für wie dumm sie unsere Kritiker und Gegner einschätzen oder wie wenig sie mit der Realität vertraut sind. Aber geradezu verantwortungslos ist das Schweigen vieler jagdlicher Organisationen und ihrer Repräsentanten, wenn es darum geht, laut und unmissverständlich zu sagen, wer und was für den Schwund an jagdbaren Arten und an der großflächigen Zerstörung ihrer Existenzgrundlagen verantwortlich ist. Vor allem in Deutschland sind Jagdverbände in erster Linie politische Organisationen, zu einem erheblichen Teil geführt von Politikern.

Welche Sympathie hätte sich für Natur, Jagd und Wild erreichen lassen, hätte zumindest ein einziger Verband ein einziges Mal klar und unmissverständlich Farbe bekannt. Die meisten Jagdverbände und Jägerschaften standen immer auf der Seite der Agrarindustrie, nicht auf der Seite der Bauern. Der Begriff „Bauer" muss definiert werden. Der Bauer in unserem Sinne hat nichts mit Massentierhaltung zu tun, und er ernährt seine Nutztiere mit dem, was auf seinem Grund wächst. Alles andere ist Industrie. Sie betätigten sich – wenn es um die Lebensraumzerstörung ging – nie als vorausschauende Mahner. Eher war das Gegenteil der Fall. Biolandwirte waren für manche Jägerpräsidenten lange ahnungslose, in einer Traumwelt lebende „linke Spinner". Der frühere DJV-Präsident Heereman machte schon bei seiner Wahl deutlich, dass er auf der Seite der industriellen Landwirtschaft steht. Das war auch nicht verwunderlich, denn er war gleichzeitig der Präsident des Deutschen Bauernverbandes, dem viele kleine Bauern den Rücken kehrten, weil sie sich und ihre Interessen verraten fühlten. Heereman war überdies selbst Großagrarier.

Während beispielsweise die Naturschutzorganisationen schon vor Jahren auf die verheerende Wirkung von Glyphosat hinwiesen und dessen Verbot forderten, schwiegen die jagdlichen Organisationen, obwohl es für das Niederwild und große Teile der heimischen Fauna schlicht um „Sein oder Nichtsein" ging! Dabei ist es nicht entscheidend, ob der Wirkstoff Glyphosat Krebs erregt oder nicht. Selbst wenn Hase und Fasan, Wachtel und Ammer Glyphosat völlig unbeschadet saufen könnten, es ist ihr Ende, weil sie ohne die von diesem Wirkstoff vernichteten Wildkräuter und ohne die auf Wildkräuter angewiesenen Insekten nicht existieren können.

Die jagdlichen Organisationen hätten in der Öffentlichkeit unglaublich punkten können, wenn sie den Schutz elementarster Lebensinteressen genauso unüberhörbar vertreten hätten wie Umwelt-, Natur- und Tierschutzorganisationen! Sie taten es nicht. Sie tabuisierten Glyphosat, forderten Rabenvogel- und Greifvogelabschüsse und trommelten für Fallenjagd und „ökologisches Gleichgewicht". Sie waren bemüht, ihre Klientel – uns Jäger – in dem Glauben zu halten, man müsse nur intensiv Füchse, Marder und Wiesel fangen und eifrig Rabenvögel schießen und nach Freigabe der Greifvögel plärren, dann sei die großindustrielle Landwirtschaft, samt Grundwasserverseuchung, radikaler Wildkräuter- und Insektenvernichtung nur halb so schlimm.

In der Tat: Fallen lassen sich auch im Mais stellen und Krähen vorzüglich aus ihm heraus erlegen. Und die Fasanen und die Rebhühner, denen Profitgier und Skrupellosigkeit die Lebensgrundlagen entziehen? Kein Problem, die industrielle Geflügelaufzucht stellt uns alles wunschgemäß zur Verfügung, was wir für ein weidgerechtes Schießvergnügen brauchen!

Es ist besser, ein unzufriedener Mensch zu sein als ein zufriedenes Schwein; besser ein unzufriedener Sokrates als ein zufriedener Narr.

Jon Stuart Mill, Philosoph, Politiker und Ökonom des 19. Jahrhunderts

Mais rein – Beutegreifer raus

Auf die Masse der Bevölkerung darf sich der Jäger in dieser Frage nicht verlassen. Für viele Menschen ist Natur dort, wo Asphalt und Baulichkeiten in der Minderheit sind. Daran ändert auch nichts, dass solche Flächen in unseren beiden Ländern vielfach nur noch Minderheitsstatus haben. Je flacher das Land, umso kleiner werden diese grünen Inseln.

Da werden die vielfach schon von Horizont zu Horizont reichenden Raps- oder Maiseinöden bereits als „Natur" empfunden. Man kann sie auch als seelische Grausamkeit empfinden. Man kann Angst vor ihnen bekommen, wenn man sich Gedanken darüber macht, was für diese Agrarwüsten vernichtet wurde und weiterhin wird, und wenn man zur Kenntnis nimmt, wie skrupellos und menschenverachtend im Mais gewirtschaftet wird.

Glyphosat! Wir müssen zur Kenntnis nehmen, dass die von unzähligen Wissenschaftlern skizzierten Gefahren für die menschliche Gesundheit von einer Politik, die von der Industrie geduldet wird, keine Bedeutung hat, denn es geht um Milliardengewinne. 2017 wollte die gerade von Jägern vielgescholtene EU die Zulassung für dieses „Pflanzenschutzmittel" nicht mehr verlängern. Die EU war geneigt, diesem Mittel zum Schutze von Menschen und Natur die Zulassung zu verweigern. Aber da war ein deutscher Landwirtschaftsminister, gestellt von einer christlichen Partei, die den Schutz des ungeborenen Lebens als höchstes Gut darstellt. Der Vorsitzende dieser Partei verordnete allen öffentlichen Räumen ein Kruzifix, während die katholischen Bischöfe darin einen Missbrauch des Kreuzes sahen und heftig protestierten. Der Landwirtschaftsminister aber fuhr nach Brüssel und sorgte dafür, dass Glyphosat seine Zulassung verlängert bekam. Dies – angeblich – gegen die klare Weisung seiner Kanzlerin und gegen den Willen seiner für Gesundheit zuständigen Kollegin.

Welchen Dank ihm die Industrie dafür erwies, wird sein Geheimnis bleiben. Es gab nicht einmal einen Untersuchungsausschuss, und dies, obwohl zahlreiche Wissenschaftler und Mediziner seit vielen Jahren vor der von diesem Mittel ausgehenden Krebsgefahr warnten! Wäre der Minister ein kleiner Buchhalter bei einer Privatfirma gewesen, hätte ihn sein Chef wahrscheinlich postwendend gefeuert, und er hätte sich verdammt schwergetan, in seinem Alter noch einmal einen Arbeits-

Maisfeld ohne Ende.
Mais wird heute vor allem zur Energiegewinnung angebaut oder zur Massenproduktion von Rindern und Schweinen für den Export. Die Ernährung der Bevölkerung ist zweitrangig.

platz zu finden. Gefolgt wären in Deutschland zwölf Monate Arbeitslosengeld und anschließend Hartz IV, sowie der totale Verlust des bis dahin von ihm Ersparten und der gesellschaftliche Absturz in bodenlose Tiefe. Aber Politik funktioniert eben anders.

Die Jagd schwieg…

Mais wird heute zu einem erheblichen Teil zur Energiegewinnung angebaut, aber auch zur Massenproduktion von Rindern und Schweinen, die in den Export gehen. Die Ernährung der heimischen Bevölkerung ist eher zweitrangig! In Österreich wurden 2017 mehr als zwei Millionen Tonnen Mais geerntet, fast die Hälfte dessen, was in Deutschland geerntet wird. Dabei ist Deutschland mehr als viermal größer. Vergleicht man die für den Maisanbau tauglichen Flächen der beiden Länder, schneidet Österreich noch weit schlechter ab.

Was zurückbleibt sind riesige Monokulturen, in denen kaum noch Wildkräuter wachsen und keine Insekten mehr leben. Daher finden in ihnen Hase, Rebhuhn, Wachtel, Lerche und viele andere Arten keine Existenzgrundlage mehr. Als „Begleitkulisse“ werden sie von Joggern,

Radbegeisterten, Reitern und „Naturfreunden“ offenbar immer noch als ausreichend empfunden.

Was aber ist mit uns Jägern? Was ist mit jenen von uns, die das Wort „Hege“ so oft in den Mund nehmen und vor die Jagd selbst stellen? Wir buckeln vor denen, die für eine lebenswerte Landschaft, für eine Heimat von Pflanze, Tier und Mensch eintreten oder aber selbst abtreten sollten. Sie bieten uns Rezepte an, die seit mehr als fünf Jahrhunderten weitergegeben und abgeschrieben werden. Sie machen uns unermüdlich auf die Wichtigkeit eines guten „Beutegreifer-Managements“ aufmerksam und bieten Fallenkurse an. Sie lenken ab von den wirklichen Problemen, denen Wild und Jagd heute ausgesetzt sind und an denen sie wahrscheinlich zerbrechen werden!

Und in der Landschaft die Windräder…

Windräder sollen uns vor dem Energiekollaps bewahren. Sie sollen verhindern, dass auf einem restlos übervölkerten Kontinent, der sich ein weiteres und stetiges Bevölkerungswachstum auf die Fahnen geschrieben hat, das Licht nicht ausgeht. Aber dieser Kontinent will nicht weniger Strom verbrauchen, sondern unbedingt mehr. Daher setzt er auf Elektromobilität. Der Dieselmotor, lange Zeit von den Marionetten der Industrie dafür gepriesen, umweltfreundlicher als der Benzinmotor zu sein, wurde als Ursache unserer Überlebensprobleme entdeckt. Oder braucht man die Elektromibilität nur als Vehikel für neue, langanhaltende Profite? Wo der für die E-Mobilität benötigte Strom kom-

Durch Leitlinien für Windkraftanlagen können wir uns Streitereien wie um die Standorte Petzen und Dobratsch ersparen und gleich darangehen, Kärnten grüner zu machen. Im Sinne des Natur- und Umweltschutzes gilt es jedoch auch, Standorte klipp und klar auszuschließen.

Rolf Holub, einst Kabarettist, Parteiobmann der Kärntner Grünen, von 2013 bis 2018 Landesrat; inzwischen Aufsichtsrat der KELAG. Er drängt auf vereinfachte Genehmigungsverfahren für Windkraftanlagen.

men soll, sagt uns weder die Industrie (die sich lange dagegen gewehrt hat) noch die Politik, die sich ihr längst unterworfen hat. Atomkraft und fossile Brennstoffe sind „out". Die Wasserkraft hat ihre Grenzen erreicht und wird im Zeichen der Klimaerwärmung und dramatischen Wasserverknappung nicht mehr punkten.

Woher also soll die Elektrizität kommen, wenn man der Kraft aus Steckdosen alleine keinen Glauben schenkt? Aus den Lebensräumen der Wildtiere! Die Flächen für Energiepflanzen werden nicht schrumpfen, sondern wachsen. Insekten, Nager, Reptilien und Niederwild werden allenfalls noch auf bunten Flyern eine Rolle spielen, nicht mehr in der abgetöteten Feldlandschaft.

In und aus diesen Energieflächen werden die Windräder wachsen, mit all ihrem Schrecken für die Tierwelt und für das Landschaftsbild. Für die Windräder stehen auch nicht wenige Jäger, vor allem solche, die Windräder gerne gewinnbringend auf ihren eigenen Flächen sehen würden.

Eine Gefahr stellen diese Räder mit ihren jeweils drei bis zu fünfzig Meter langen Rotorblättern vor allem für ziehende Vogelarten dar, wie Gänse, Kraniche und Greifvögel ganz allgemein. Letzteres wird mancher Heger alter Schule durchaus positiv sehen. Selbst bei recht langsamer Drehung erreichen die Rotorblätter an ihren äußeren Enden Geschwindigkeiten von 130 Kilometer pro Stunde. Für große Vögel ist ein Ausweichen bei Nebel oder in der Nacht nicht mehr möglich. Bei starkem Wind verdreifacht sich die Geschwindigkeit.

Betroffen sind, wo diese Anlagen im Wald oder im Gebirge oberhalb der Waldgrenze stehen, auch Auer- und Birkhühner. Beide Arten verlieren immer mehr an Lebensraum, viele Vorkommen sind bereits am Erlöschen. In Deutschland gibt es hier nicht mehr viel zu schützen, anders in Österreich, wo inzwischen im Alpenraum Windräder mitten in Auer- und Birkwildvorkommen errichtet werden.

Kleinere Vogelarten fliegen bodennah und unterhalb der Rotorblätter. Anders die Fledermäuse, aber auch Schwalben und Mauersegler. Kritiker bezeichnen Windkraftanlagen als „Vogel-Schretteranlagen". Vögel und Fledermäuse sterben jedoch nicht nur bei direkten Kollisionen mit den Rotorblättern. Durch und bei diesen entstehen auch gefährliche Druckunterschiede und Luftwirbel. Diese können bei kleinen Arten wie Fledermäusen einfach die Lungen platzen lassen.

Birkhahn – ein Betroffener der Windkraft, wie viele andere Arten auch. Aber selbst wenn Tierarten zugrundegehen: Unser Kontinent will nicht Strom sparen, sondern braucht unbedingt mehr...

In der Steiermark waren die Bezirksjägermeister von Voitsberg, von Deutschlandsberg, vom Murtal und von Wolfsberg (Kärnten) wach. Sie protestierten schon im Vorfeld gegen die 21 geplanten Windkrafträder auf der Stubalm, einem Raufußhuhngebiet. Genutzt hat der Protest nichts. Das Land drückte den Bau durch, und zur Beruhigung der Gemüter wollte man Ersatzflächen schaffen und die bedrohten Auerhühner „umsiedeln". Eine grandiose Idee und Hegemaßnahme, die schon ein Kärntner Jäger als Gutachter hatte. Es ist halt jammerschade, dass die Raufußhühner selbst so unvernünftig sind, starrsinnig an ihren bisherigen, jetzt „verwindradelten" Lebensräumen festhalten und die für sie gedachten neuen Biotope nicht annehmen…

Als in Nordrhein-Westfalen Rot-Grün ein neues Landesjagdgesetz auf den Weg brachte, das mit der unsinnigen Rehwildfütterung, mit Fallenjagd und anderen Anachronismen Schluss machen wollte, riefen der Landesjagdverband und die Jagdzeitschriften zu Demonstrationen auf, und tausende Jäger folgten. Für den Schutz der Wildlebensräume ging von der organisierten Jägerschaft kaum jemand auf die Straße.

Das überlässt man den „linken Spinnern“, wie die gängige, auch in den jagdlichen Medien regelmäßig gebrauchte Bezeichnung für nicht konforme Querdenker lautet.

Wäre es nicht für die Spitzen der Jägerschaft in Deutschland wie in Österreich geboten, laut und glaubhaft gegen diese Projekte aufzutreten, die für bedrohte und dem Jagdrecht unterstellten Arten existenzbedrohend sein können? Ja, es wäre, doch vielfach ist das Gegenteil der Fall! Ein inzwischen verstorbener Politiker, Jäger- und Bauernpräsident warb bei den Bauern, unter Hinweis auf die gewaltigen Profite, die zu erwarten waren, ganz massiv, Boden zur Errichtung von Windkraftanlagen anzubieten. Und in Österreich wird von einem Expolitiker und Spitzenfunktionär der Jägerschaft kolportiert, auf Umwegen an einem bundesdeutschen Windkraftunternehmen beteiligt zu sein.

Erinnert werden muss an dieser Stelle an die Steirische Jägerschaft, die eine wegweisende Untersuchung von Veronika Grünschachner-Berger und Michael Kainer finanzierte. Die beiden Wissenschaftler zeigten die Auswirkungen von Lift- und Windkraftanlagen auf. Ihre Arbeit änderte aber nichts an dem Druck, mit dem Investoren und Politiker weitere Windkraftanlagen forcieren!

Und wir einfachen Jäger? Wir tragen die sekundären Geschlechtsmerkmale von Hirsch, Reh und Gams zur Begutachtung und lassen uns sagen, was wir wieder falsch gemacht haben. Wir ließen uns Jahrzehnte bei der Jagd ausbremsen, um dem Gesetz Genüge zu tun – das einen „artenreichen, gesunden Wildbestand“ in Einklang mit der Land- und Forstwirtschaft und Fischerei von uns wünscht. Wir verwechselten geflissentlich *arten*reich mit *zahl*reich, pfiffen auf den Rest und nannten das Hege – so wie es die Obrigkeit von uns verlangte.

Und heute? Heute treten uns mancherorts genau jene in den Arsch, die Jahrzehnte mit erhobenem Zeigefinger vor uns standen, wenn wir die Vorgaben des Jagdgesetzes ernst nahmen. Sie bestraften uns lange genug mit roten Punkten und öffentlicher Brandmarkung, wenn wir unserer gesetzlichen wie gesellschaftlichen Pflicht, die Wildbestände den Erfordernissen der Lebensräume anzupassen, nachkamen. Jetzt, wo der Karren restlos im Dreck steckt, soll der Jäger das machen, was man mancherorts nur auf dem Papier von ihm wollte, nicht aber in der Realität.

Was aber, wenn der Jäger umdenkt, wenn er seiner Pflicht heute ernsthaft nachkommt und – im Rahmen der Legalität! – anwendet, was

Übrigens: Der deutsche Biologe und Gehirnforscher Gerhard Roth schätzt die Zahl der Unbelehrbaren auf 25 Prozent.

Rudolf Winkelmayer in dem Buch
„Ein Beitrag zur Jagdethik“

an Jagdmethoden zielführend ist? Was, wenn er mit Fachverstand einen Riegler riskiert und dabei Strecke macht? Nicht mehr die Behörden und eher selten die Spitzen der Jägerschaft, wohl aber der kollektive Jagdneid und die in Loden gehüllte Heuchelei fallen über ihn her. Üble Nachrede, Beschimpfung und Ächtung sind ihm sicher. Beschworen wird dann ganz schnell der Untergang der Hege!

Mögen nachkommende Jäger unter Jagd nicht mehr und auch nicht weniger verstehen als das freud- und respektvolle Ernten dessen, was die Natur uns anbietet. Mögen sie sich freimachen vom Wahn, die Natur verbessern, korrigieren und auf den rechten Weg bringen zu müssen. Dann werden vielleicht auch ihre Nachkommen Achtung vor ihnen haben.

Lebensdaten

Nachstehend Eckdaten zum Leben einiger Personen, die in diesem Buch vorkommen:

Dr. Gerhard **Anderluh** war von 1971 bis 1992 Landesgerichtspräsident in Kärnten und Landesjägermeister. Er war ein in Europa hochgeschätzter jagdlicher Vordenker seiner Zeit und vielen Jägern seines Landes weit voraus.

Ökonomierat Egon **Anheuser** wurde 1912 in Bad Kreuznach geboren, wo er 2009 verstarb. Er war Weingutsbesitzer und Begründer des amerikanischen Brauerei-Weltkonzerns Anheuser-Busch. Anheuser war zwei Jahrzehnte lang Präsident des Deutschen Jagdschutzverbandes.

Dr. Wolf-Eberhard **Barth** (geb. 1941) studierte Forstwirtschaft, war prominenter deutscher Jäger, Kynologe und Naturschützer. Er war der erste Direktor des Nationalparks Harz in Niedersachsen.

Herzog Albrecht von **Bayern** (1905 – 1996) studierte in München Forstwirtschaft. In langjährigen Studien in seinem 10.000 Hektar großen steirischen Gebirgsrevier widerlegte er die primäre Abhängigkeit der Stärke von Rehgeweihen von der Genetik. Ebenso dokumentierte er die Unzuverlässigkeit sogenannter Altersmerkmale, wie sie zum Teil bis heute in den Vorbereitungslehrgängen zur Jägerprüfung vermittelt und bei Prüfungen abgefragt werden.

Luitpold Karl Joseph Wilhelm von **Bayern** wurde 1821 in Würzburg geboren und starb 1912 in München. Er übernahm zunächst für drei Tage die Regierungsgeschäfte für den im Starnberger See ertrunkenen König Ludwig II. und danach für dessen nachfolgenden geisteskranken Bruder Otto I. Prinzregent Luitpold gilt bis heute als legendäre Jägerpersönlichkeit.

Hans **Behnke** (1912 – 1998), Wildmeister. 1949 Mitbegründer des DJV. 1954 bis 1974 Geschäftsführer des Landesjagdverbandes Schleswig-Holstein.

Forstmeister Dr. Joachim **Beninde** (1905 – 1939) hatte Forstwirtschaft studiert und war der hoffnungsvollste Jagdwissenschaftler seiner Zeit. Er fiel zu Beginn des Zweiten Weltkrieges.

Bertolt **Brecht** (1898 – 1956) war einer der bedeutendsten deutschen Dramatiker und Lyriker. 1933 musste er vor den Nazis ins Exil flüchten, 1935 wurde ihm die deutsche Staatsbürgerschaft aberkannt, seine Bücher wurden von den Nazis verbrannt.

Alfred **Brehm** (1829 – 1884) war Zoologe, Jäger und Schriftsteller. Sein bedeutendstes, 1860 erschienenes Werk ist „Brehms Tierleben". Als Wissenschaftler war er schon zu Lebzeiten umstritten.

Dr. rer. pol. André **Brie,** geboren 1950 in Schwerin, ist Politikwissenschaftler, war Europaabgeordneter der Linkspartei und Abgeordneter im Landtag von Mecklenburg-Vorpommern.

Dipl. Ing. Oberförster Siegfried **Bruchholz** (1927 – 2012) war Leiter des Staatsjagdgebietes Lausitz und Autor vieler populärwissenschaftlicher Arbeiten.

Prof. Dr. Johannes **Dieberger** ist promovierter Forstwirt und war Ass.Professor an der Universität für Bodenkultur in Wien, wo er Jagdgeschichte lehrte.

Carl Emil **Diezel** (1779 – 1860) war ein deutscher Forstmann, Jäger, Philosoph, Musiker und Schriftsteller. Sein 1849 erschienenes Standardwerk „Erfahrungen aus dem Gebiet der Niederjagd“ setzte Maßstäbe und prägte die deutsche Jagd bis heute.

Heinrich Wilhelm **Döbel** (1699 – 1759) war ein deutscher Jäger und Forstmann. Er verfasste jagd- und forstwissenschaftliche Schriften, unter anderem die „Jäger-Practica“.

Prof. Dr. Detlef **Eisfeld** leitete den Fachbereich Wildökologie und Jagdwirtschaft des Forstzoologischen Instituts der Universität Freiburg.

Dr. Hermann **Ellenberg** (1944 – 2009) studierte in Kiel und Göttingen Zoologie, Botanik und Chemie. Er starb mit nur 65 Jahren, hinterließ aber eine Reihe wesentlicher Arbeiten zu Biologie und Ökologie des Rehwildes.

Eckhard **Fuhr** (geb. 1954) ist Jäger, studierte Geschichte und Soziologie und war politischer Redakteur der „Frankfurter Allgemeinen Zeitung“, leitete zehn Jahre das Feuilleton der „Welt“ und ist Kulturkorrespondent mehrerer großer bundesdeutscher Tageszeitungen.

Friedrich von **Gagern** (1882 – 1947) wurde in Mokrice im heutigen Slowenien geboren. Er gilt heute noch als der wortgewaltigste deutschsprachige Jagdschriftsteller und war zeitweise Redakteur der Hugo‘schen Jagdzeitung in Wien. Der jüngeren Jägergeneration ist er kaum noch bekannt. Tatsächlich beschäftigt sich der überwiegende Teil seines Oeuvre nicht direkt mit der Jagd, sondern besteht aus Gesellschaftsromanen.

Dr. Roland **Girtler (**geb. 1941), Universitätsprofessor, Soziologe und Kulturanthropologe und vielfacher wie höchst erfolgreicher Autor. Er ist Träger des Österreichischen Ehrenkreuzes für Wissenschaft und Kunst I. Klasse.

Otto **Grashey** (1833 – 1912) war ein deutscher Maler, Schriftsteller und Redakteur. Er redigierte von 1878 bis 1908 die Zeitschrift „Der deutsche Jäger“ und veröffentlichte unter anderem das Werk „Praktisches Handbuch für Jäger“.

Univ.-Prof. Dr. Klaus **Hackländer** (geb. 1970), Leiter des Departments für Integrative Biologie und Biodiversitätsforschung an der Universität für Bodenkultur, Wien.

Prof. Dr. Wilhelm **Hartfiel** (geb. 1936) lehrte am Institut für Tierwissenschaft der Universität Bonn. Einer seiner Forschungsschwerpunkte war die Ernährung von Rot- und Rehwild.

Hans-Heinrich **Hatlapa** (1920 – 2009) studierte Medizin und Betriebswirtschaft und übernahm 1951 die Geschäftsführung des elterlichen Industriebetriebes. Er gründete ein Rotwildforschungsgehege, aus dem der Wildpark Eekholt und schließlich eine Umweltbildungsstätte hervorgingen. Er schrieb grundlegende Werke über die Wildhaltung in Gehegen und die Wildtierimmobilisation. Er galt als einer der großen Pioniere des Naturschutzes.

Alfons **Heidegger**, geb. 1942, war von 1984 bis 1990 Leiter der Jagdschule Hahnebaum in Südtirol (weiland Ausbildungsstätte der Südtiroler Berufsjäger) und Bezirksjägermeister.

Rolf **Hennig** (1928 – 2016) studierte Forst- und Holzwirtschaft sowie Biologie und Philosophie in Hamburg. Er arbeitete als freiberuflicher Fachschriftsteller. Er war Verfasser des Standardwerkes „Schwarzwild – Biologie, Verhalten, Hege und Jagd".

Oberforstmeister Dr. Otto **Henze** (1908 – 1991) war ein deutscher Forstwissenschaftler und Ornithologe. Er war eine engagierte Persönlichkeit des Vogelschutzes und prägte entscheidend die Entwicklung von Nistkästen.

Adolf **Hitler** (1889 – 1945). Geboren in Braunau am Inn, keine Lehre, kein Studium, Maler und Buchautor, zeitweise Obdachloser in Wien, in Deutschland bejubelt und demokratisch zum Reichskanzler gewählt. Führte konsequent durch, was er in seinem einzigen Buch versprach, Bilanz: 60 Millionen Tote.

Prof. Dr. Reinhold **Hofmann** studierte in Gießen Tiermedizin. Er arbeitete am Royal College of Nairobi , dessen Leiter er 1967 wurde. Er war Mitbegründer des Arbeitskreises Wildbiologie und Jagdwissenschaft, dessen Vorsitzender er bis 1988 war.

Heribert **Kalchreuter** (1939 – 2010) studierte Forstwirtschaft in München und promovierte in Freiburg, war Dozent am College of African Wildlife Management in Tansania. Ab 1978 war er im Jagdreferat des Bundesministeriums für Ernährung, Landwirtschaft und Forsten tätig.

Mag. Erich **Klansek** war bis 2019 wissenschaftlicher Mitarbeiter der Veterinärwissenschaftlichen Universität Wien mit Schwerpunkt Lebensraumgestaltung und Niederwild. Autor und Mitautor zahlreicher wissenschaftlicher Arbeiten.

Ritter Franz von **Kobell** (1803 – 1882) war Jäger, Mineraloge und Schriftsteller, lebte in München. Er war Mitglied der Akademie der Wissenschaften in Göttingen sowie in Sankt Petersburg. Sein großer jagdlicher Gönner war König Maximilian II. Joseph von Bayern. Jagdlich ist er besonders durch sein dem König gewidmetes Werk „Wildanger" bekanntgeworden.

Otto **König** (1914 – 1992) wurde in Wien geboren, begann als Tierfotograf und traf früh mit dem späteren Nobelpreisträger Konrad Lorenz zusammen, der zu seinem Lehrer wurde. König war zehn Semester an der Universität Wien eingeschrieben, hatte aber keinen akademischen Abschluss. Als Autodidakt gründete er die Biologische Station Wilhelminenberg in Wien. Bekannt wurde er durch zahlreiche Fernsehsendungen. 1962 wurde ihm der Titel „Professor" verliehen.

Dr. Andreas **Kranz** studierte in Wien Biologie, war Wildbiologe der Steirischen Jägerschaft und betreibt heute ein Ingenieurbüro für Wildökologie und Naturschutz. Er ist unter anderem Fischotterombudsmann für das Burgenland.

Herbert **Krebs** (1901 bis 1980) war Revierförster und später Schriftleiter der Zeitschrift „Der Deutsche Jäger". Bekannt wurde er durch sein 1940 erschienenes Lehrbuch „Vor und nach der Jägerprüfung", das inzwischen in mehr als 60 Auflagen erschien.

Franz **Krichler** lebte um 1900, war Förster, Redakteur der Deutschen Forst- und Jagdzeitung, Herausgeber der „Jagdlichen Rundschau" sowie der Wochenschrift „Zwinger und Feld" und mehrfacher Buchautor.

Hermann **Löns** (1866 – 1914) war Redakteur bei der Tagespresse und blieb bis heute einer der bekanntesten Jagdschriftsteller und Jägerdichter. Er fiel 1914 als Kriegsfreiwilliger vor Reims.

Prof. Dr. Hannes **Mayer** (1922 – 2001) wurde in Altötting (Bayern) geboren und starb 2001 in Wien. Er war einer der renommiertesten Forstwissenschaftler seiner Zeit und lehrte von 1965 bis zu seiner Emeritierung an der Universität für Bodenkultur in Wien.

Prof. Dr. Detlev **Müller-Using** war Zoologe und von 1930 bis 1936 Mitarbeiter des Institutes für Jagdkunde in Berlin-Zehlendorf, danach des Institutes für Jagdkunde der Universität Göttingen bei Hannoversch Münden.

Prof. Dr. Günther **Niethammer** (1908 – 1974) studierte Zoologie in Tübingen und Leipzig. Er war zunächst Kurator am Museum König in Bonn. Im April 1940 wurde er Abteilungsleiter im Naturhistorischen Museum in Wien. Einen Monat später trat er in die Waffen-SS ein, mit Verwendung im KZ Auschwitz. 1950 kehrte er wieder ans Museum König in Bonn zurück, wo er fortan die ornithologische Abteilung leitete.

Friedrich **Nietzsche** (1844 – 1900) studierte in Bonn Philologie und Theologie. Als Preuße übersiedelte er nach Basel, wo er als staatenloser Professor an der Universität arbeitete. Er gilt als einer der großen Philosophen seiner Zeit und trat ebenso als Dichter und Schriftsteller hervor.

Fritz **Nüßlein** (1899 – 1984) studierte in München Forstwirtschaft. 1936 wurde er in das Reichsforstamt nach Berlin berufen, wo er Referent für den Aufbau und die Verwaltung der Staatsjagdreviere tätig war. Nach Kriegsende erhielt er zunächst einen Lehrauftrag an der Forstlichen Fakultät der Universität Göttingen, wurde in der Folge Honorarprofessor und am Ende seiner Karriere Dekan der Forstlichen Fakultät. Nüßlein war Gründer der Zeitschrift für Jagdwissenschaft und Autor des Buches „Jagdkunde".

Dipl.-Ing. Martin **Oesterreich** (1935 – 2017) war Leiter der Gräflich Douglas'schen Forstverwaltung im Landkreis Konstanz in Baden-Württemberg und Präsidiumsmitglied des Landesjagdverbandes Baden-Württemberg.

Hans Heinrich XI., Graf von Hochberg, Fürst von **Pleß** und Freiherr von Fürstenstein, war Industrieller und General der Kavallerie in der Preußischen Armee. Kaiser Wilhelm I. ernannte ihn zum Oberstjägermeister. Der im heutigen Oberschlesien ansässige Pleß züchtete Flachland-Wisente und trug ganz wesentlich zur Erhaltung dieser Art bei.

Prof. Dr. Klaus **Pohlmeyer** ist Veterinärmediziner und war von 1988 bis 2008 Vorstand des Institutes für Wildforschung an der Tierärztlichen Hochschule Hannover. Von 2004 bis 2008 war er Präsident der Landesjägerschaft Niedersachsen.

Josef H. **Reichholf** (geb. 1945) studierte Biologie, Chemie, Geographie und Tropenmedizin. Bis 2010 war er Sektionsleiter Ornithologie der Zoologischen Staatssammlung München. Er ist Honorarprofessor der Technischen Universität München.

Kurt **Reulecke** (1922 – 2010) war Forstdirektor der Landesforstverwaltung Niedersachsen, Mitglied des Schalenwildausschusses des DJV, Experte für Rotwildfragen des CIC, Lehrbeauftragter für Wildbiologie und Jagdkunde an der Fachhochschule Hildesheim/Holzminden in Göttingen und Bearbeiter der 9. Auflage des Klassikers „Das Rotwild“.

Henning von **Rumohr** (1904 – 1984) gehörte dem holsteinischen Uradel an; er war Gutsbesitzer und Landeshistoriker und siedelte das Sikawild in Schleswig-Holstein an.

Eugen von **Savoyen** wurde 1663 in Paris geboren und starb 1736 in Wien. Er war Oberbefehlshaber im Großen Türkenkrieg und sicherte die österreichische Vorherrschaft in Südeuropa.

Ulrich **Scherping** (1889 – 1958) wurde zu Beginn des Dritten Reiches zum Leiter des Reichsjagdamtes bestellt. Der „Oberstjägermeister“ war maßgeblich an der Ausarbeitung des Reichsjagdgesetzes beteiligt. Von 1953 bis 1958 war Scherping Hauptgeschäftsführer des Deutschen Jagdschutzverbandes (DJV).

Dr. Karoline **Schmidt** studierte in Wien Zoologie und Humanbiologie, arbeitet heute als freie Wildbiologin und Publizistin.

Pater Agnellus **Schneider** (1913 – 2007) war Salvatorianerpater und Lehrer am Salvatorkolleg in Bad Wurzach. Er war darüber hinaus ein erfolgreicher Schriftsteller, Ornithologe und Ökologe. Er machte über 500 Rundfunksendungen und war führend im Kampf um die Erhaltung der oberschwäbischen Moore.

Dipl.-Ing. OFM Paul **Schwab** (1919 – 2010) studierte in Wien Forstwirtschaft, war Wirtschaftsführer der Österreichischen Bundesforste in Achenkirch (Tirol) und Leiter des FUST-Projektes „Alpine Umweltgestaltung“.

Dr. Heinrich **Spittler** (geb. 1938) studierte Biologie und war Mitarbeiter der Forschungsstelle für Jagdkunde und Wildschadensverhütung des Landes Nordrhein-Westfalen. Als Jagdwissenschaftler beschäftigte er sich überwiegend mit Niederwild. Er galt als Vertreter einer intensiven Raubwildbejagung, insbesondere des Fuchses.

Ernst Graf **Silva-Tarouca** (1860 – 1936) war ein österreichischer Dendrologe und Politiker. 1899 erschien sein Buch „Kein Heger, kein Jäger!“.

Dr. Dietrich **Stahl** (1935 – 2003) studierte in Göttingen Forstwirtschaft, war wissenschaftlicher Assistent am Institut für Jagdkunde der Universität Göttingen. Danach wurde er Leiter des Forstamtes Ebstorf in der Lüneburger Heide.

Johann Friedrich **Stahl** (1718 – 1790), Forst- und Jagdprofessor in Stuttgart, war zunächst Privatlehrer, später Hofmeister, Bergrat, Fachautor und ab 1758 Leiter des württembergischen Forstwesens.

Martin **Strasser** von Kollnitz (1556 – 1624), war oberster Salzburger Jägermeister, der nach 1600 auf die erzbischöflichen Besitzungen in Kärnten kam. Zu Ruhm gelangte er durch das 1624 erschienene Standardwerk „Das Jagdbuch des Martin Strasser von Kollnitz“. Es handelt sich um die Niederschrift der jagdlichen Erfahrungen des Gasteiner Gewerkensohnes – ein hochinteressantes Kompendium der frühneuzeitlichen Jagdtechnik der Alpenländer.

Ludwig **Thoma**, 1867 in Oberammergau geboren und 1921 in Tegernsee gestorben, war Sohn eines königlich bayerischen Försters. Er studierte zunächst in Aschaffenburg zwei Semester Forstwissenschaft und danach in München und Erlangen Jura. Er gilt heute als der bayerische Volksschriftsteller schlechthin. Seine Büste fand Platz in der Ruhmeshalle in München.

Dr. Erhard **Ueckermann** (1924 – 1996) studierte in Göttingen Forstwirtschaft und war von 1957 bis zur Pensionierung im Jahre 1989 Leiter der Forschungsstelle für Jagdkunde und Wildschadensverhütung des Landes Nordrhein-Westfalen.

Dr. Miroslav **Vodnansky** (geb. 1958) hat Veterinärmedizin studiert und leitet das „Mitteleuropäische Institut für Wildtierökologie“ mit Standorten in Wien, Brünn und Nitra.

Hubert **Weinzierl** (geb. 1935) war Jäger, studierte Forst- und Landwirtschaft, war unter anderem ab 1953 in der Naturschutzbewegung tätig, Präsidiumsmitglied des Deutschen Naturschutzringes, Regierungsbeauftragter für Naturschutz in Niederbayern, Vorsitzender des „Bund Naturschutz“ in Bayern sowie von 1983 bis 1998 Vorsitzender des „Bund für Umwelt und Naturschutz“. Er betätigt sich als Unternehmer ebenso wie als Forst-, Land- und Teichwirt.

Prof. Dr. Rudolf **Winkelmayer** (geb. 1956) ist Tierarzt und Jäger und prominenter Vordenker in Sachen Tierschutz, Wildbrethygiene und Jagdethik.

Dr. Helmuth **Wölfel** ist promovierter Zoologe und arbeitete als wissenschaftlicher Mitarbeiter am Institut für Wildbiologie und Waldökologie an der Universität Göttingen. Schwerpunkte seiner Tätigkeit waren verhaltenskundliche und soziologische Studien an Rothirschen und Rehen.

Ulrich **Wotschikowsky** studierte Forstwirtschaft, war von 1973 bis 1978 stellvertretender Leiter des Nationalparks Bayerischer Wald und arbeitet heute freiberuflich als Wildbiologe mit den Schwerpunkten Schalenwildmanagement und Großraubwild.

Literatur

Bücher, Diplomarbeiten und Dissertationen

ASCHENBRENNER LEOPOLD et al.; 1972: Naturgeschichte Wiens Band II (Naturnahe Landschaften, Pflanzen- und Tierwelt), Jugend und Volk, Wien-München.

BARTH WOLF-EBERHARD; 1987: Praktischer Umwelt- und Naturschutz, Verlag Paul Parey, Hamburg.

BEHNKE HANS; 1960: Raubwildjagd und Raubzeugbekämpfung im Revier des hegenden Jägers, Landesjagdverband Schleswig-Holstein.

BEHNKE HANS; 1973: Hege und Jagd im Jahreslauf, BLV, München.

BERGER ANDREAS; 2011: Einstellung der Rehwildwinterfütterung in einem niederösterreichischen Gebirgsrevier und deren Auswirkung auf die Raumnutzung, Bejagbarkeit und Nahrungswahl des Rehwildes, Diplomarbeit, Universität für Bodenkultur, Wien.

BOCH JOSEF und SCHNEIDAWIND HELMUT; 1988: Krankheiten des jagdbaren Wildes, Verlag Paul Parey, Hamburg und Berlin.

BOSCH E. v. d.; 1879: Fang des einheimischen Raubzeugs und Naturgeschichte des Haarraubwildes, Wiegandt, Hempel und Parey, Nachdruck Jagd- und Kulturverlagsgesellschaft, Sulzberg.

BODE WILHELM, EMMERT ELISABETH; 1998: Jagdwende – Vom Edelhobby zum ökologischen Handwerk, C.H. Beck, München.

BREHM ALFRED; 1954: Brehms Tierleben – Säugetiere, Safari-Verlag, Berlin.

DIEZEL CARL EMIL; 1949: Erfahrungen aus dem Gebiete der Niederjagd, 4. und 16. Auflage, zuletzt Verlag Neumann-Neudamm.

DOBLER GERNOT, SIEDLE KLAUS; 1993: Fänge von Habichten (*Accipiter gentilis*) im Wurzacher Ried: Kritische Fragen zu einem behördlich genehmigten Wiedereinbürgerungsprojekt, Journal für Ornithologie.

DÖBEL HEINRICH WILHELM; 1746: Jäger-Practica, Nachdruck als unverkäufliche Ausgabe 1964 durch Robert Heitkamp, Wanne-Eickel.

DOMBROWSKI ERNST; 1897: Jagd ABC, Nachdruck Edition Artio.

FREVERT WALTER; 1939: Jagdliches Brauchtum, 3. Auflage, Verlag Paul Parey, Berlin.

FUST-Tirol; 2008: „Jagdgatter“ und Aussetzung von Wildtieren zum Abschuss, Förderungsverein für Umweltstudien, Achenkirch.

FUST-Tirol; 2008: „Alpine Umweltgestaltung“, Förderungsverein für Umweltstudien, Achenkirch.

FUST-Tirol; 2010: Winterfütterung von Rot- und Rehwild, Förderungsverein für Umweltstudien, Achenkirch.

GAUTSCHI ANDREAS; 1997: Die Wirkung Hermann Görings auf das deutsche Jagdwesen im Dritten Reich, Dissertation, Institut für Wildbiologie und Jagdkunde der Universität Göttingen.

GEORGI BERTRAM et al.; 1988: Schalenwildplanung Oberallgäu, Gutachten der Wildbiologischen Gesellschaft München.

GEIST VALERIUS; 2018: Der Ursprung vom Mythos über den harmlosen Wolf, „Der Anblick" 7/2018, Seiten 42-47.

GEIST VALERIUS; 2018: Plädoyer für den echten Wolf, „Der Anblick" 8/2018, Seiten 54-57.

GRAESER KURT; 1904: Die Freude am Weidwerk – Eine Geschichte und Philosophie der Jagdlust, Verlagsbuchhandlung Paul Parey, Berlin.

GRELL E. & CO.; 1927: Hauptkatalog Nr. 67 der Haynauer Raubtierfallenfabrik E. Grell & Co., Haynau.

GORTON FERDINAND; 2018: Auch wir hinterlassen Trittsiegel, „Der Anblick" 3/2018, Seiten 46-51, Graz.

HAARSTICK K.H.; 1982: Erfahrungen bei der Wiedereinbürgerung des Auerhuhns, Wild und Hund 4/1982, S. 48-50, Hamburg.

HACKLÄNDER KLAUS; 2017: Das Aussetzen von Wild: Zwischen Artenschutz und Abschussbelustigung, Der OÖ Jäger, März 2017, Seiten 8–11, OÖ Landesjagdverband, St. Florian.

HARTIG GEORG HEINRICH; 1810: Lehrbuch für Jäger und die es werden wollen, Neumann-Neudamm, Berlin.

HENNIG Rolf; 1962: Die Abschussplanung beim Schalenwild, BLV, München.

HENNIG Rolf; 2001: Schwarzwild, Biologie, Verhalten, Hege und Jagd, 6. Auflage, BLV, München.

HENZE OTTO; 1943: Vogelschutz gegen Insektenschaden in der Forstwirtschaft, Verlag Bruckmann, München.

HESPELER BRUNO; 1980: Jäger wohin?, BLV, München.

HESPELER BRUNO; 2014: Die Entwicklung des Großraubwildes (Bär, Wolf und Luchs) in Slowenien – Hinweise für Deutschland und Österreich, Abschlussarbeit Akademischer Jagdwirt an der Universität für Bodenkultur, Wien.

HILLER HUBERTUS; 2003: Jäger und Jagd – Zur Entwicklung des Jagdwesens in Deutschland zwischen 1848 und 1914, Kieler Studien zur Volkskunde und Kulturgeschichte, Band 2, Waxmann Verlag, Münster.

KALB ROLAND; 1992: Der Luchs – Lebensweise, Geschichte, Wiedereinbürgerung, Weltbild Verlag, Augsburg.

KALCHREUTER HERIBERT; 1978: Die Sache mit der Jagd, BLV, München.

KLEIN FRANCOIS et al.; 1994: Transferrin polymorphism of red deer in France: Evidence for spatial genetic microstructure of an autochthonous herd, Office National de la Chasse et de la Faune Sauvage.

KOBELL FRANZ VON; 1859: Wildanger, J. G. Cotta'scher Verlag, Stuttgart.

KÖNIG Otto; 1990: Naturschutz an der Wende, Jugend und Volk, Wien

KÖNIGLICH BAYERISCHES MINISTERIAL-FORSTBUREAU; 1861: Die Forstverwaltung Bayerns beschrieben nach ihrem dermaligen Stande, C. Wolf & Sohn, München.

KRANZ ANDREAS; 2015: Fischotter im Burgenland, Naturschutzbund Burgenland, Eisenstadt.

KRICHLER FRANZ; 1891: Katechismus für Jäger und Jagdfreunde, Verlagsbuchhandlung von J. J. Weber, Leipzig.

LANDAU GEORG; 1849: Die Geschichte der Jagd und der Falknerei in beiden Hessen, Verlag Theodor Fischer, Kassel.

MOLINARI PAOLO; 2011: Die Kunst des Aucupium – Vogeljäger im Friaul, „Der Anblick" 10/2011, Graz.

NIEDERSÄCHSISCHES MINISTERIUM FÜR ERNÄHRUNG, LANDWIRTSCHAFT UND VERBRAUCHERSCHUTZ; 2017: Wild und Jagd – Landesjagdbericht 2015/16, Eigenverlag, Hannover.

NIETHAMMER GÜNTHER; 1963: Die Einbürgerung von Säugetieren und Vögeln in Europa, Paul Parey, Hamburg und Berlin.

OTT WILFRIED; 2004: Die besiegte Wildnis, DRW-Verlag Weinbrenner GmbH & Co.KG, Leinfelden-Echterdingen.

PEITZMEIER JOSEPH; 1979: Avifauna von Westfalen, Abhandlungen aus dem Landesmuseum für Naturkunde zu Münster in Westfalen.

POHLMEYER K, und SODEIKAT G.; 2004: Populationsdynamik, Raumnutzung und Bejagung des Schwarzwildes *(Sus scrofa Ferus)*, in: Ein Versuch, HJC Förderkreis Jagdpolitik, Eigenverlag, Hamburg.

STRASSER MARTIN VON KOLLNITZ;1582: Das Jagdbuch des Martin Strasser von Kollnitz, 2. Auflage als Sonderdruck im Verlag des Kärntner Landesarchivs, Klagenfurt.

RAESFELD FERDINAND VON; 1920: Die Hege in freier Wildbahn, Verlagsbuchhandlung Paul Parey, Berlin.

RAESFELD FERDINAND VON; 1921: Das Deutsche Waidwerk, Verlagsbuchhandlung Paul Parey, Berlin.

REIMOSER Susanne et al.; 2010: Veränderung von Jagdstrecken, Wildlebensraum und Jagdgesetzgebung seit 1891 in einem Wienerwald-Revier.

SCHERPING ULRICH; 1958: Krone des Waidwerks, Verlag Paul Parey, Hamburg.

SCHMIDT KAROLINE; 1992: Von Wölfen und Hirschen in Polen – Beeinflusst der Wolf die Geweihstärke des Rotwildes?, „Der Anblick" 6/92, Seiten 9-12.

SCHMIDT KAROLINE; 1992: „Steinhirsche" – Beiträge zur Fütterungsfrage des Rotwildes in den Ostalpen Österreichs, Institut Für Wildbiologie der Universität für Bodenkultur, Wien.

SCHMIDT KAROLINE; 2018: Das Geheule um die Wölfe in Österreich, Der Standard vom 27. März 2018.

SILVA-TAROUCA ERNST; 1899: Kein Heger – kein Jäger. Ein Handbuch der Wildhege für weidgerechte Jagdherren und Jäger, Paul Parey, Berlin.

SPITTLER HEINRICH; 1993: Einbürgerungsversuche mit Wildtruthühnern *(Meleagris gallopavo L.)* in der Bundesrepublik Deutschland und ihr derzeitiges Vorkommen, Zeitschrift für Jagdwissenschaft, Band 39, Seiten 246-260.

STAHL DIETRICH; 1979: Wild – Lebendige Umwelt, Verlag Karl Alber, Freiburg und München.

STEIERMÄRKISCHER JAGDSCHUTZ VEREIN; 1899: Der Steirische Lehrprinz – Ein Handbuch zum Gebrauche für das Jagdschutz-Personale in Steiermark, 6. Auflage, Eigenverlag.

STEIXNER A., DONAUBAUER E., REIMOSER F.; 2002: Rotwild-Wintergatter und Ausgrenzungszäune, Forst Zeitung 1/02 S. 40 u. 41.

STRAUSS EGBERT et al.; 2014: Birkwild in der Lüneburger Heide – Die Letzten ihrer Art, Der Niedersächsische Jäger, Heft 18/2014, Seiten 35 – 38, Deutscher Landwirtschaftsverlag.

STRÖSE A.; 1935: Neudammer Jäger-Lehrbuch – Leitfaden der Jagdkunde, Neumann-Neudamm, Berlin.

TISCHLER F.; 1914: Die Vögel der Provinz Ostpreussen, Springer-Science + Business Media.

UECKERMANN ERHARD; 1977: Der Schwarzwildabschuss, Paul Parey, Hamburg und Berlin.

VODNANSKY MIROSLAV: 2018: Hohe Besätze und deren tiefer Fall, „Der Anblick" 2/2018, Graz.

VOGT FRANZ und FERDINAND SCHMID; 1950: Das Rehwild, Österreichischer Jagd- und Fischerei-Verlag, Wien.

WETZEL, R., und RIECK, W.; 1972: Krankheiten des Wildes. Paul Parey, Hamburg und Berlin.

WILDFORSCHUNGSSTELLE DES LANDES BADEN-WÜRTTEMBERG; 1990: Fütterung und Äsungsverbesserung für Reh- und Rotwild, Eigenverlag.

WILLSCHER ODO; 1948: Der Raubzeugführer, nicht deklarierter Nachdruck.

WINCKELL DIETRICH; 1820: Handbuch für Jäger, Jagdberechtigte und Jagdliebhaber, 2. Auflage, Leipzig.

WÖLFEL HELMUTH; 1999: Turbo-Reh und Öko-Hirsch, Leopold Stocker Verlag, Graz.

WÖLFEL HELMUTH; 2003: Bewegungsjagden, Leopold Stocker Verlag, Graz.

WOTSCHIKOWSKY ULRICH und HEIDEGGER ALFONS; 1990: Wild und Jagd in Südtirol, Verlagsanstalt Athesia, Bozen.

WÜBBENHORST JANN und PRÜTER JOHANNES; 2007: Grundlagen für ein Artenhilfsprogramm Birkhuhn in Niedersachsen, Niedersächsisches Landesamt für Wasserwirtschaft, Küsten- und Naturschutz, Hannover.

ZIMPEL HERBERT; 1960: Praxis der Jagd, VEB Deutscher Landwirtschaftsverlag, Berlin.

ZÖRNER HERBERT; 2010: Der Feldhase, 3. Auflage, Neue Brehm-Bücherei, Hohenwarsleben.

Sammelbände

Norddeutsche Naturschutzakademie Berichte 1. Jahrgang/Heft 2, 1988.

Internet

https://www.dib.boku.ac.at/iwj/forschung/projekte-aktuelle-informationen/der-biber-castor-fiber-in-oesterreich/biberverbreitung-und-bestand/biber-in-oesterreich/
Daten zur aktuellen Verbreitung des Bibers in Österreich.

http://www.lwf.bayern.de/mam/cms04/waldschutz/dateien/a91
LEMME HANNES: Von Eulen, Spannern und Nonnen in Bayern – Ein Rückblick auf Massenvermehrung an Kiefern und Fichten durch nadelfressende Insekten, Wald-Wissenschaft-Praxis.

http://biosphaerenreservat-rhoen.de/265-das-birkhuhn-in-der-rhoen
Birkwild in der Rhön.

http://www.wildland-bayern.de/aktuelles/fuenf-jahre-birkwild-auswilderung
Birkwild in der Rhön.

https://www.birdlife.at/web/ binary/saveas
VERONIKA GRÜNSCHACHNER-BERGER UND MICHAEL KAINER: Birkhühner Tetrao tetrix (Linnaeus 1758): Ein Leben zwischen Windrädern und Schiliften.

https://www.strom-magazin.de/ratgeber/windkraft-auswirkungen-umwelt
Rentabilität von Windkraftanlagen und Auswirkung auf die Umwelt.

https://www.umweltdachverband.at/assets/Umweltdachverband/Publikationen
Positionspapiere/UWD-Positionspapier-Windkraft-mit-Deckblatt.

https://www.nabu.de/tiere-und pflanzen/voegel/gefaehrdungen/windenergie
Studie des Michael-Otto-Instituts im NABU.

https://kieferle.com/jagdbedarf/fangeisen/index.php
Tellereisen.

https://www.spektrum.de
Spektrum, Akademischer Verlag, Heidelberg.

https://www.vinorama-ermatingen.ch/museum
Wasservogeljagd.

http://de.wikipedia.org/wiki/Flächenstillegung
Flächenstilllegungsprogramm der EU.

https://www.umweltbundesamt.de/faqs-zu-nitrat-im-grund-trinkwasser#textpart-10
FAQs zu Nitrat im Grund- und Trinkwasser.